中国地质大学(武汉)教学改革研究项目教材类(2025036)
中国地质大学(武汉)教学改革研究重点项目(2019G39)
湖北省新工科实践教学建设与研究项目(XGK03026)　联合资助
中国地质大学(武汉)教学改革研究重点项目(2023058)

秭归野外地质实习指导书

GEOLOGICAL FIELD GUIDE TO ZIGUI

刘晓峰　编著

图书在版编目(CIP)数据

秭归野外地质实习指导书/刘晓峰编著．—武汉：中国地质大学出版社，2025.8．—ISBN 978-7-5625-6287-0

Ⅰ．P562.634

中国国家版本馆 CIP 数据核字第 2025UY8618 号

秭归野外地质实习指导书   刘晓峰 编著

责任编辑：王凤林	**选题策划**：王凤林	**责任校对**：何澍语

出版发行：中国地质大学出版社（武汉市洪山区鲁磨路388号）   邮编：430074
电　　话：(027)67883511　　传　　真：(027)67883580　　E-mail：cbb@cug.edu.cn
经　　销：全国新华书店　　　　　　　　　　　　　　　　　　https://cugp.cug.edu.cn

开本：880mm×1230mm 1/16　　　　　　　　　　　　　字数：468千字　　印张：14.75
版次：2025年8月第1版　　　　　　　　　　　　　　　印次：2025年8月第1次印刷
印刷：湖北睿智印务有限公司

ISBN 978-7-5625-6287-0　　　　　　　　　　　　　　　　　　　　　　　定价：45.00元

如有印装质量问题请与印刷厂联系调换

序

"秭归"欢迎你

秭归地质教学实习区以坐落于秭归县的中国地质大学(武汉)三峡秭归产学研基地为核心,向周缘辐射,涵盖了宜昌市夷陵区、点军区、秭归县、远安县、兴山县、长阳土家族自治县(长阳县)等行政区划,人们习惯简称为"秭归"。"秭归"隶属扬子地块北缘黄陵隆起区,拥有"三峡国家地质公园"和"G348国家最美地质科普公路"。黄陵隆起核部出露有扬子地块最古老的TTG片麻岩(距今34.5亿年)和古元古界孔兹岩系、中元古代超基性—基性岩体与新元古代黄陵复式花岗岩体。黄陵隆起翼部呈环形出露有新元古界拉伯系—第四系。黄陵隆起是扬子地块向人类敞开的"心扉",是探索扬子地块地层序列、沉积演化、构造变革、生物进化、地球演化和矿产资源等地球科学问题的窗口。跋涉在"秭归"的地质露头,你可以领略地球之初的水火交融、超大陆聚合与裂解的沧海桑田、造山运动幕的跌宕起伏、海陆沉积的多姿多彩、生命进化的悲壮与激扬、矿产资源的富饶与璀璨。著名地质学家李四光、谢家荣、赵亚曾、许杰、尹赞勋、卢衍豪、张文堂等奠定了三峡地区地质研究的根基。跋涉在"秭归"地质露头,油然而起的是"跋山涉水终无悔,我为地球写春秋"的万丈豪情。

秭归——地质工作者的圣地,欢迎你!

秭归是中国历史上第一位伟大的爱国诗人屈原的故里,有"中国诗歌之乡"的美誉。来秭归,你可以感受传承千年的浪漫诗情,思索屈原《天问》的"遂古之初,谁传道之?上下未形,何由考之?"领略屈原《橘颂》的"后皇嘉树,橘徕服兮""深固难徙,更壹志兮";抒发屈原《离骚》的"路漫漫其修远兮,吾将上下而求索"。你也会与宋代爱国主义诗人陆游一样地感慨"平生离骚读千遍,屈沱秭归要亲见"。秭归历史悠久,文化积淀深厚。与纪念屈原相结合的"屈原故里端午习俗",神奇浪漫、内涵深邃的"屈原传说",高亢浑厚、雄壮有力的"江河号子"被列入国家级非物质文化遗产名录。秭归还拥有西陵峡的秀美、三峡大坝的雄伟、高峡平湖的宽广、屈原祠的凝重、九畹溪的兰香。秭归是中国的脐橙之乡。来秭归,你可以赏长江之畔的橙林、尝伦晚脐橙的甘甜——"未尝伦晚一缕香,莫道己是秭归客"。秭归人有诗人的情怀,有文化传承的担当,有纤夫的坚韧,有三峡移民的奉献,有龙舟竞渡的拼搏。秭归山美水美人更美,是"一个美得让长江驻足的地方"。

秭归——物华天宝与人杰地灵的地方,欢迎你!

中国地质大学(武汉)三峡秭归产学研基地坐落于秭归夔龙山西北,向东直面长江,可谓"朝看重山生云雾,暮观江水摇星光"。秭归基地拥有:宽敞的教学楼、配置完善的教学和科研设施、丰富多彩的岩石园、通畅的实习车辆调度场、馨香的柑橘园林、舒适的学生宿舍、洁净的学生食堂、开放的运动场所、便捷的洗衣房。漫步在秭归基地,你可以感受到教师的诲人不倦、学子的勤奋刻苦、基地人员的兢兢业业。

秭归基地——神圣的学堂与温馨的家园,欢迎你!

前 言

关于本书

这是一本可以将秭归地质装进地质包的书,仅仅是一本实习指导书而已。

露头才是最好的教科书。

但愿翻开这本实习指导书,就会开启一扇通往地学殿堂的大门。

《秭归野外地质实习指导书》的写作思想是以地质年代为顺序,以地质路线为主线,以露头照片展示为主要形式,辅以引导观察的描述和相关的测试数据,并提供地质专业知识和人文知识链接,以便加深对地质现象的理解。全书分3篇。

第一篇秭归区域地质概况。概述了秭归实习区区域构造特征、地层特征、岩浆作用和变质作用。

第二篇秭归路线地质实习。骨干剖面指露头具有连续性和代表性且可供实习首选的地质路线;辅助剖面指骨干路线之外的地质路线,以补充骨干路线上被覆盖的部分。

【实习路线】确定路线起始地点及途经主要地点

【路线任务】明确该路线的实习目的和任务

【路线简介】结合地质图介绍路线上的主要地质现象

【骨干点号】例如 ZJA05(路线名缩写+数字)

【骨干点义】地质点的性质和观测主题

【骨干剖面】展示露头全景照片和特写照片并配有观察引导

【薄片照片】展示岩石薄片照片和观察提示

【测试数据】针对点位的岩石矿物和地球化学等相关测试数据

【知识链接】介绍与地质现象相关的且满足野外需求的地质专业知识

【野外编图】提示针对重要地质现象的野外编图

【实习文化】地质路线涉及的文化现象

这些内容的设置体现了宏观与微观相结合、定性描述与定量描述相结合、基础地质与专业特色相结合、规范性与创新性相结合、地学与文化相结合、理性与感性相结合。

第三篇秭归地质演化实习。以地质时间为轴勾勒秭归构造作用、沉积作用、成矿作用和重大地质事件的演化纲要。立足秭归,放眼全球,将秭归实习区地质历史纳入全球岩石圈、水圈、生物圈、大气圈演化的宏观框架中。

本书因系统展示秭归实习区露头剖面全景和特写照片而具有一定的仿真性。在野外,指导书与露头合一,以指导学生聚焦观测对象和观测内容;在室内,露头印象与指导书合一,以加深学生对路线地质现象的理解。

感谢中国地质大学(武汉)本科生院、资源学院、秭归产学研基地等单位对本书编写的支持和帮助。感谢中国地质大学(武汉)教学改革研究重点项目"资源类专业特色的秭归实践教学体系建设"(2019G39)、湖北省新工科项目"三峡地区能源资源特色实践教学数字化建设"(XGK03026)、中国地质大学(武汉)教学改革研究重点项目"三峡地区能源资源特色实践教学体系的构建"(2023058)等对本书的资助。《秭归野外地质实习指导书》是集体智慧的结晶,凝聚了很多人的心血。感谢2017—2024年间秭归实践教学团队的所有教师!特别感谢资源学院李建威、沈传波、王家豪、严德天、魏启荣、蒋少涌、张树林、阮小燕、皮道会、周江羽、谢丛姣、李嘉光、张恒等;地球科学学院冯庆来、喻建新、张雄华、彭松柏、周汉文、向树元、林启祥、王岸等;海洋学院解习农、刘占红等;地球物理与空间信息学院袁晏明等。感谢研究生王宣淳、季泽龙、吴旭东、王立皓、钟亚男、何中天等为本书付出的努力。

谨以此书献给所有为秭归实践教学付出智慧和汗水的人们!

目 录

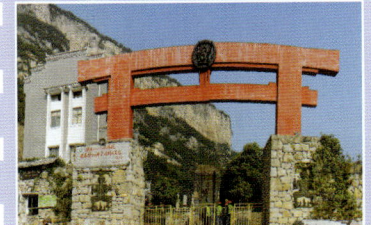

第一篇　秭归区域地质概况 …………………… 1
C01 秭归实习区构造特征 …………………… 3
C02 秭归实习区地层特征 …………………… 6
C03 秭归实习区岩浆作用 …………………… 10
C04 秭归实习区变质作用 …………………… 13

第二篇　秭归路线地质实习 …………………… 15
L00 实习区路线分布 …………………… 17
L01 茅垭村地质路线 …………………… 18
L02 秭归港地质路线 …………………… 33
L03 花鸡坡地质路线 …………………… 42
L04 周家坳地质路线 …………………… 74
L05 罗家村地质路线 …………………… 87
L06 黄花场地质路线 …………………… 104
L07 王家湾地质路线 …………………… 111
L08 西陵峡地质路线 …………………… 117
L09 链子崖地质路线 …………………… 126
L10 文化乡地质路线 …………………… 143
L11 水田坝地质路线 …………………… 155
L12 高家堰地质路线 …………………… 164

第三篇　秭归地质演化实习 …………………… 175
S01 秭归实习区构造演化 …………………… 177
S02 秭归实习区沉积演化 …………………… 181
S03 秭归实习区成矿作用 …………………… 185
S04 秭归实习区地质事件 …………………… 189

主要参考文献 …………………… 193

附录 …………………… 205
F01 野外岩石分类方案 …………………… 205
F02 野外含量目测图版 …………………… 212
F03 野外岩石描述模版 …………………… 213
F04 野外地质编图模版 …………………… 217
F05 野外地质编图图例 …………………… 219
F06 湖北岩相古地理图 …………………… 223
F07 地质图幅统一图例 …………………… 227

后记 …………………… 228

第一篇 秭归区域地质概况

C01 秭归实习区构造特征

1. 构造位置

秭归地质教学实习区位于扬子地块北缘中部黄陵背斜南翼（图1-1-1）。黄陵背斜位于华南板块北缘，是华南板块北侧秦岭-大别陆内造山系统和华南板块内部雪峰陆内变形系统的复合部位。

扬子地块最北端为米仓山-大巴山逆冲褶皱带，其南中部为轴向近东西的神农架隆起与轴向近南北的黄陵隆起。神农架-黄陵隆起之西为四川盆地，南东向为江汉-洞庭盆地，正南为湘鄂西褶皱带。

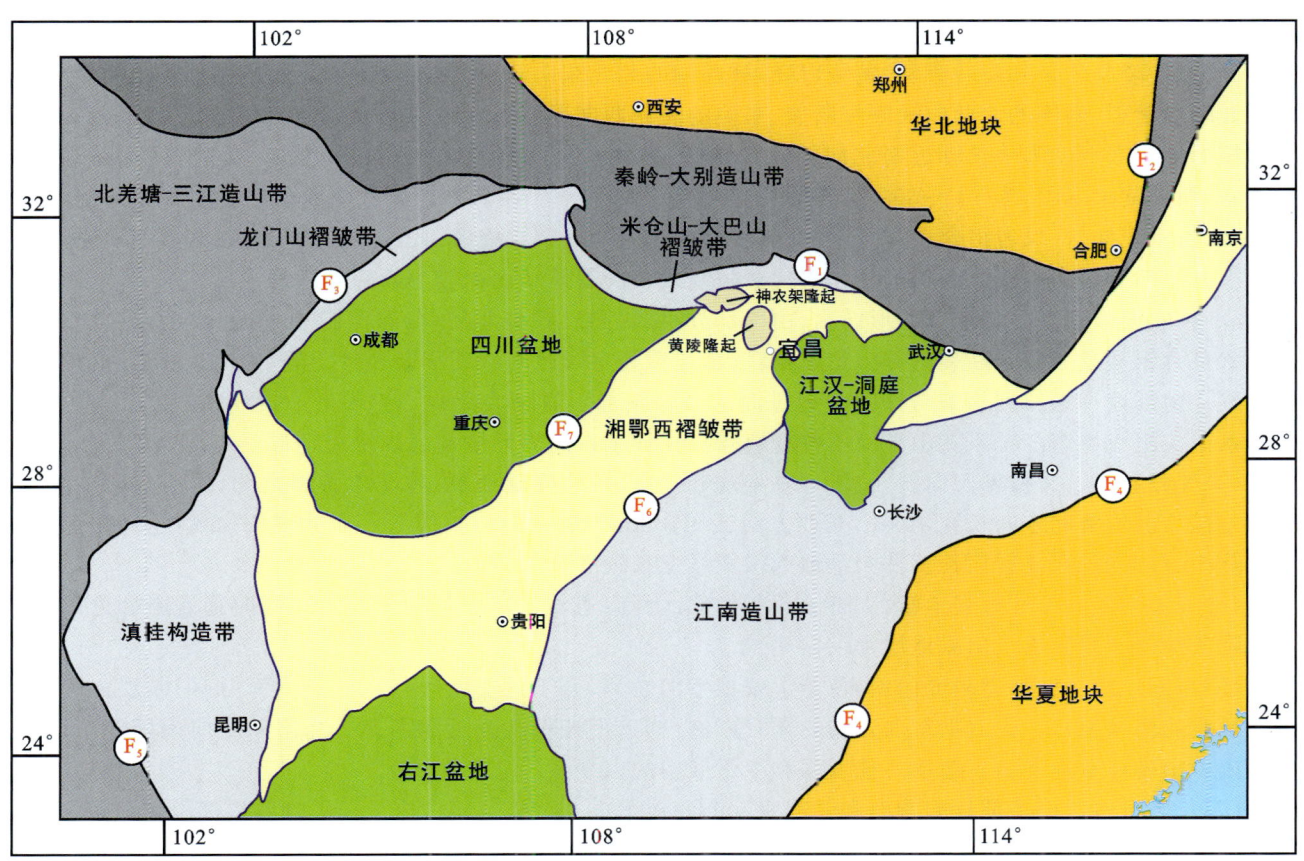

F_1.青峰-襄阳-广济断裂带；F_2.郯庐断裂带；F_3.龙门山断裂带；F_4.江山-绍兴-郴州断裂带；F_5.哀牢山断裂带；F_6.石台-吉首断裂带；F_7.齐岳山断裂带。

图1-1-1 华南大地构造单元划分图

2. 断裂分布

秭归实习区及周缘主要断裂如下：

（1）东西向断裂。分布在黄陵背斜以北，襄广断裂带（F_{XG}）为扬子地块与秦岭-大别造山带的分界断层。阳日断裂带（F_{YR}）分隔了北部的大巴山逆冲褶皱带与南部的神农架隆起及当阳盆地。

（2）北西向断裂。雾渡河断裂带（F_{WDH}）穿越黄陵隆起中部，将黄陵隆起核部分割成两部分：北部主体为变质岩系（北崆岭群），南部主体为黄陵复式花岗岩体及出露较小面积的变质岩系（南崆岭群）。天阳平断裂（F_{TYP}）位于黄陵背斜西南边缘，北西侧被仙女山断裂截断，向南东延伸没入江汉盆地；北东侧为黄陵背斜南缘以及宜昌白垩系盆地。

(3)北北西向断裂。仙女山断裂（F_{XNS}）位于黄陵背斜的南西侧，截断了天阳坪断裂，错断了长阳背斜。该断裂向北北西终止于长江，向南东延伸至东山峰背斜。仙女山断裂属于右旋走滑-挤压断裂，在黄陵背斜南西翼控制了仙女山白垩系盆地。通城河断裂分割了黄陵隆起东翼与远安盆地，向南东延伸入江汉盆地。

(4)北东向断裂。新华断裂带（F_{XH}）大致分割了神农架隆起与黄陵隆起，向北东抵达襄广断裂，向南西进入秭归盆地，再向南西进入湘鄂西复式褶皱带。

(5)南北向断裂。九畹溪断裂带（F_{JWX}）位于黄陵背斜西南缘，向南交会于仙女山断裂带。该断裂带整体为西倾正断层，错断了奥陶系与志留系。

3. 构造单元

黄陵隆起是秭归实习区的核心部位。与黄陵隆起相邻的构造单元分别为其西北侧的神农架隆起、西侧的秭归盆地，东侧的远安盆地、当阳盆地，东南侧的宜昌盆地（宜昌斜坡）、江汉盆地，南侧的长阳背斜，南西侧的仙女山盆地和香龙山背斜（图1-1-2）。

(1)黄陵隆起。又称黄陵背斜、黄陵穹隆，被西侧的北北东向新华断裂、西南侧北北西向仙女山断裂和南北向九畹溪断裂、南侧的北西向天阳坪断裂、东侧的北北西向通城河断裂围割，内部有北西向雾渡河断裂等。背斜核部的出露形态为一长轴近南北向的短轴椭圆，南北长约73km，东西长约36km。黄陵背斜为一不对称背斜，西翼陡峭，倾角为40°～60°，东翼平缓，倾角为10°～20°。背斜核部雾渡河断裂以北主要出露北崆岭群，由太古宙花岗岩-绿岩组合、古元古代变质表壳岩和蛇绿混杂岩构成，普遍遭受角闪岩相区域变质作用改造。雾渡河断裂以南出露大面积的新元古代黄陵复式花岗岩体和面积较小的南崆岭群。

(2)神农架隆起。呈穹隆状背形产出，由两部分组成：阳日断裂北侧，分布范围小，为轴迹近东西向延伸的线状复背斜构造。阳日断裂南部出露范围较大，与黄陵穹隆之间以新华断裂带分隔，由两个背斜和一个向斜组成。南部以一组斜列褶皱与秭归盆地过渡。穹隆核部出露神农架群（1.4～1.0Ga），被拉伸系莲沱组、成冰系南沱组或埃迪卡拉系陡山沱组不整合覆盖。拉伸系古生界环绕基底周缘近环形分布。

(3)秭归盆地。又称秭归向斜，位于神农架隆起之南、黄陵隆起西翼、香龙山背斜之北，向西与四川盆地相望。秭归盆地南北方向长约40km，东西方向长约30km。秭归向斜整体为一非共轴叠加褶皱，向斜南翼、东翼陡而短，北翼、西翼缓而长。秭归盆地内侏罗系发育较齐全。

(4)远安盆地。又称远安地堑，夹持于西侧的北北西向通城河断裂和东侧的北北西向远安断裂之间，向南东隐伏于江汉盆地内。出露地层为上白垩统。

(5)当阳盆地。又称当阳复向斜，位于远安地堑的东侧，介于远安断裂与东侧的南漳-荆门断层之间，构造线呈北北西向展布。向北抵东西走向的阳日断裂，构造形迹偏转为近东西向。当阳向斜向南延伸至江汉盆地内。出露地层主要为三叠系—侏罗系和少量残留的白垩系。

(6)长阳背斜。由南部长阳背斜和北部张家河背斜组成一个复背斜构造。长阳背斜核部出露新元古界，两翼为古生界。长阳背斜呈箱状，翼部倾角30°～45°，核部地层较缓，约为15°。背斜轴部整体呈北西西—南东东走向，东西延伸约为80km，西端转折为北东-南西走向。张家河背斜核部出露大面积的新元古界，两翼为寒武系，整体走向与长阳背斜平行。张家河背斜轴面倾伏，北翼倒转，北西-南东向长约27km，核部宽约5km。长阳-张家河背斜、香龙山背斜在空间上距离较近，是湘鄂西褶皱带北部的延伸区域。

(7)香龙山背斜。整体由3个背斜近东西向排列构成，背斜核部出露上寒武统—下奥陶统，被北北东向新华断裂切割。

(8)宜昌盆地。笔者将宜昌斜坡带称为宜昌白垩系盆地。盆地南侧由天阳坪逆冲断裂与长阳-张家河背斜分隔，东侧由通城河断裂与远安地堑分隔。盆地边界天阳坪逆冲断裂呈北西西—南东东走向，向西转变为北西-南东走向，出露的长度约60km。断裂为向南倾的逆断层，断裂浅部倾角从西北部60°～70°向东南逐渐变缓为20°～40°。

(9)仙女山盆地。位于黄陵隆起南西部，夹持在西侧的北北西向仙女山断裂和南北向九畹溪断裂之间，为白垩系盆地。盆地边界仙女山断裂整体呈北北西—南南东走向，长约90km。断裂北端位于秭归地区荒口，南端终止于渔洋关断裂。

C01 秭归实习区构造特征

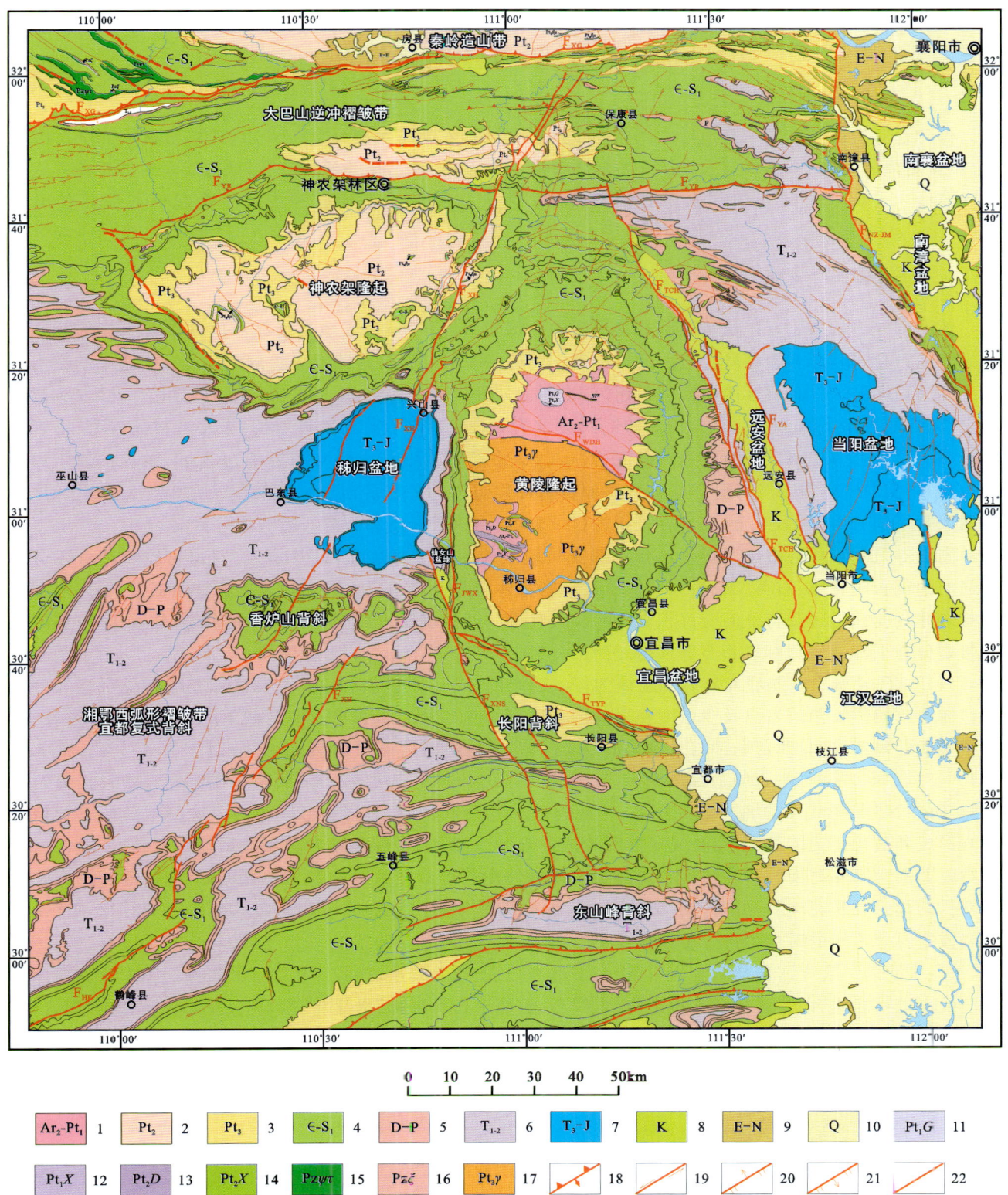

1.古太古界—古元古界；2.中元古界；3.新元古界；4.寒武系—下志留统（兰多维列统）；5.泥盆系—二叠系；6.下—中三叠统；7.上三叠统—侏罗系；8.白垩系；9.古近系—新近系；10.第四系；11.古元古界圈椅埫超单元龚家湾单元正长花岗岩；12.古元古界圈椅埫超单元下阳坡单元二长花岗岩；13.中元古界梅子厂超单元大坪单元超基性侵入岩；14.中元古界梅子厂超单元肖家咀单元基性侵入岩；15.古生界辉石岩或辉石玢岩；16.古生界正长岩；17.新元古界黄陵花岗岩；18.逆冲推覆断层；19.走滑断层；20.逆断层；21.正断层；22.性质不明断层 F_{XG}.襄广断裂；F_{YR}.阳日断裂；F_{WDH}.雾渡河断裂；F_{TYP}.天阳坪断裂；F_{XNS}.仙女山断裂；F_{TCH}.通城河断裂；F_{NZ-JM}.南漳－荆门断裂；F_{YA}.远安断裂；F_{XH}.新华断裂；F_{JWX}.九畹溪断裂。

图 1-1-2 秭归实习区构造单元划分图

C02 秭归实习区地层特征

秭归地质实习区属于华南地层大区北扬子地层分区神农架—黄陵地区(小区),地层出露较齐全。区域上,以黄陵隆起为核心,出露有太古宇—古元古界变质岩系,构成了扬子地块基底,后被新元古界黄陵复式花岗岩体侵入。神农架隆起核部出露有中元古界。新元古界及之上地层围绕黄陵隆起核部呈环状出露(图1-1-2)。秭归实习区岩石地层单元及其接触关系见表1-2-1。

1. 太古宇—古元古界

崆岭群或崆岭杂岩——黄陵隆起核部出露的中深变质岩系,是扬子地块结晶基底的重要组成部分。李四光等(1924)将其命名为崆岭片岩。北京地质学院(1960—1962)将黄陵穹隆核部黄陵花岗岩之外的变质岩系改称为崆岭群,在南区(雾渡河断裂以南)自下而上划分出古村坪组、小以村组和庙湾岩组,在北区(雾渡河断裂以北)划分出下组、中组和上组。1996年,湖北岩石地层清理改称为崆岭岩群,沿用古村坪岩组、小以村岩组、庙湾岩组。《中国区域地质志·湖北志》(2021)将崆岭群划分出野马洞岩组(Ar_2y)、黄凉河岩组(Pt_1h)、白竹坪组(Pt_1b)和庙湾岩组($Pt_{2-3}m$),将原古村坪岩组内的一套弱混合岩化的斜长角闪岩、变粒岩、片麻岩归入野马洞岩组(绿岩组合)。本书采用古村坪岩组、小以村岩组和庙湾岩组的划分方案。

高山等(1990)首次报道了扬子地台北部宜昌地区崆岭群中存在TTG片麻岩,并指出崆岭群由混合岩化强烈的英云闪长质、石英二长质和花岗质片麻岩主体与表壳岩组成。表壳岩为一套富铝富碳、含大理岩和石英岩并具孔兹岩建造特征的变沉积岩系。马大铨等(1997)根据岩石组合、原岩建造和同位素年龄,将崆岭杂岩划分为下部基底片麻岩和上部表壳岩两部分。

(1) TTG片麻岩。基底片麻岩的主体为侵入起源的TTG片麻岩(高山等,1990),其中常见呈岩屏(墙)与包体产出的斜长角闪岩以及少量变粒岩和副变质岩。基底片麻岩相当于北区的下组和南区的古村坪组。大量年代学研究表明,北部东冲河片麻岩作为扬子克拉通最古老基底岩石,其形成时代为3.0~2.9Ga和3.45~3.2Ga(Gao et al., 2011;Guo et al., 2014, 2015)。马大铨等(1997)于北区基底片麻岩中斜长角闪岩获得Sm-Nd等时线年龄3290±170Ma,并认为代表其原岩,即玄武岩的形成年龄。这些年龄标志着崆岭杂岩形成和演化历史的起点,也是扬子陆壳形成的开始。南区TTG片麻岩测年数据较少。GAO等(2011)在黄陵背斜南部邓村南崆岭杂岩的花岗闪长质片麻岩中获得其侵入时代约为2.98Ga。陈超等(2020)于采自邓村的黑云二长花岗质片麻岩获得约2.9Ga原岩结晶年龄。综合北区和南区的年龄测试结果,TTG片麻岩或古村坪岩组的时代为古—中太古代。

(2) 表壳岩。表壳岩包括两套岩石单元,下部为孔兹岩(姜继圣,1987),相当于北区中组—上组的主体和南区的小以村岩组,以含石墨和富铝矿物(夕线石、石榴子石等)的云母片麻岩和英云片岩为主,夹大理岩、石英岩及斜长角闪岩、变粒岩和浅粒岩。孔兹岩年龄数据有2332Ma(姜继圣,1987)、2172Ma(李福喜,1987)和2432±28Ma(郑维钊等,1991)。马大铨等(1997)在采自北区上部孔兹岩系中的条带状变粒岩和斜长角闪岩分别获得锆U-Pb一致曲线年龄2427±42Ma和2031±4Ma,认为分别代表了孔兹岩形成的上限和下限。这些年龄表明孔兹岩或小以村岩组形成于古元古代。

孔兹岩之上为一套细粒斜长角闪片岩,仅见于南区庙湾岩组。马大铨等(1997)认为孔兹岩中斜长角闪岩的角闪石K-Ar年龄1891±54Ma(姜继圣,1987),包括混合岩、斜长角闪岩和片岩等岩石的Rb-Sr等时线年龄1824±19Ma(郑维钊等,1991),这两个年龄指示了崆岭杂岩发生最后一次角闪岩相变质作用的时间。因此,角闪岩相的庙湾岩组上限年龄理应小于或等于1850Ma,下限年龄则大于或等于孔兹岩的上限年龄,有可能约为2000Ma。由此推断庙湾岩组也形成于古元古代。

2. 中元古界

黄陵隆起区缺失中元古界,而在其西北的神农架地区出露中元古界神农架群(1.4~1.0Ga)。神农架群(Pt_2Sn,未见底)由下至上划分为羊圈河组、石槽河组、大窝坑组和矿石山组。

3. 新元古界

新元古界最下部为拉伸系（南华系底部）莲沱组（$To\,l$）。成冰系（南华系主体）暂按照冰期与间冰期划分为 3 个统：下统古城组（Cr_1g）、中统大塘坡组（Cr_2d）和上统南沱组（Cr_3n）。埃迪卡拉系（震旦系）暂分 2 个统：下统陡山沱组（Ed_1d）和上统灯影组（Ed_2dy）。

4. 古生界

寒武系分四统，分别为纽芬兰统、第二统、苗岭统和芙蓉统，为了便于记忆，分别记为始寒武统（ϵ_1）、下寒武统（ϵ_2）、中寒武统（ϵ_3）和上寒武统（ϵ_4）。岩家河组（$Ed_2\epsilon_1y$）跨埃迪卡拉系和寒武系纽芬兰统，之上为第二统水井沱组（ϵ_2s）、石牌组（ϵ_2sp）、天河板组（ϵ_2t）和石龙洞组（ϵ_2sl），再上为苗岭统覃家庙组（ϵ_3q），最上为芙蓉统—下奥陶统娄山关组（ϵ_4O_1l）。下奥陶统自下而上为南津关组（O_1n）、分乡组（O_1f）、红花园组（O_1h）和下—中奥陶统大湾组（$O_{1-2}d$）。中奥陶统大坪阶金钉子即位于大湾组内。大湾组之上为牯牛潭组（O_2g）；上奥陶统庙坡组（O_3m）、宝塔组（O_3b）、临湘组（O_3l）、五峰组（O_3w），上奥陶统赫南特阶金钉子即位于五峰组内。

志留系分四个统，分别为兰多维列统、温洛克统、罗德洛统和普里道利统，为便于记忆，分别记为下志留统（S_1）、中志留统（S_2）、上志留统（S_3）和顶志留统（S_4）。龙马溪组（O_3S_1l）跨上奥陶统赫南特阶与兰多维列统鲁丹阶。其上为兰多维列统新滩组（S_1x）、罗惹坪组（S_1lr）和纱帽组（S_1s）。区域上普遍缺失志留系温洛克统—罗德洛统—普里道利统。泥盆系缺失下泥盆统，出露有中泥盆统云台观组（D_2y）、上泥盆统黄家磴组（D_3h）和写经寺组（D_3x）。

石炭系二分为密西西比亚系和宾夕法尼亚亚系，分别记为下石炭统（C_1）和上石炭统（C_2），不再细分。秭归实习区石炭系缺失下石炭统的金陵组（C_1j）、高骊山组（C_1g）、和州组（C_1h），仅出露上石炭统大埔组（C_2d）和黄龙组（C_2h）。二叠系三分为乌拉尔统、瓜德鲁普统和乐平统，为便于记忆，分别记为下二叠统（P_1）、中二叠统（P_2）和上二叠统（P_3）。二叠系缺失乌拉尔统下部的船山组（P_1c），仅发育梁山组（P_1l）和栖霞组（P_1q）；之上为瓜德鲁普统茅口组（P_2m）及乐平统龙潭组（P_3l）和吴家坪组（P_3w）。

5. 中生界

秭归实习区下—中三叠统分布广泛，而上三叠统和侏罗系主要分布在秭归盆地与当阳盆地。三叠系发育有下三叠统大冶组（T_1d）和嘉陵江组（T_1j），中三叠统巴东组（T_2b），上三叠统九里岗组（T_3j）。下侏罗统称为桐竹园组（J_1t），中侏罗统包含千佛崖组（J_2q）和沙溪庙组（J_2s），上侏罗统为遂宁组（J_3s）和蓬莱镇组（J_3p）。白垩系出露于宜昌盆地、远安盆地和仙女山盆地。下白垩统为石门组（K_1s）和五龙组（K_1w）；上白垩统含罗镜滩组（K_2l）、红花套组（K_2h）和跑马岗组（K_2p）。

6. 新生界

区域上新生界主要出露于江汉盆地西北缘，秭归实习区仅零星分布。古近系自下而上为古新统龚家冲组（E_1g），始新统洋溪组（E_2y）和牌楼口组（E_2p），缺失渐新统。新近系发育中—上新统掇刀石组（$N_{1-2}d$）。

秭归实习区岩石地层单元表编制依据：国际年代地层表据 International Commission on Stratigraphy（2024）；中国地层表据全国地层委员会《中国地层表》编委会（2014）；秭归地层表据《中国区域地质志·湖北志》（2021），《湖北省岩石地层》（1996）；周口店地层表据童金南等（2013），周江羽等（2018），李莹等（2021）。

表 1-2-1 秭归实习区岩石地层单元表

国际年代地层单元				GSSP	绝对年龄/Ma	中国年代地层单元				秭归实习区岩石地层单元	周口店实习区岩石地层单元
宇	界	系	统	阶			宇	界	系	统	阶		
显生宇	新生界	第四系	全新统	梅加拉亚阶		pre.	显生宇	新生界	第四系	全新统Qh			
				诺斯格瑞比阶		0.004							
				格陵兰阶		0.008							
			更新统	上阶		0.012				更新统Qp	萨拉乌苏阶Qp₃		周口店组Qp₂₋₃z
				千叶阶		0.129					周口店阶Qp₂		
				卡拉布里雅阶		0.774					泥河湾阶Qp₁		太平山组Qp₁t
				杰拉阶		1.800							
						2.580							东岭子组N₂d
		新近系	上新统	皮亚琴察阶		3.600			新近系	上新统N₂	麻则沟阶N₂²		新庄组N₂x
				赞克勒阶		5.333					高庄阶N₂¹		鱼岭组N₂y
			中新统	墨西拿阶		7.246				中新统N₁	保德阶N₁⁵	掇刀石组N₁₋₂d	
				托尔托纳阶		11.63					灞河阶N₁⁴		
				塞拉瓦莱阶		13.82					通古尔阶N₁³		
				兰盖阶		15.98					山旺阶N₁²		
				波尔多阶		20.45							
				阿基坦阶		23.04					谢家阶N₁¹		
		古近系	渐新统	夏特阶		27.30			古近系	渐新统E₃	塔本布鲁克阶E₃³		
				吕珀尔阶		33.90					乌兰布拉格阶E₃²		
			始新统	普利亚本阶		37.71				始新统E₂	蔡家冲阶E₂⁵	牌楼口组E₂p	
				巴顿阶		41.03					垣曲阶E₂⁴		
											伊尔丁曼哈阶E₂³		
				卢泰特阶		48.07					阿山头阶E₂²	洋溪组E₂y	
				伊普里斯阶		56.00					岭茶阶E₂¹		
			古新统	坦尼特阶		59.24				古新统E₁	池江阶E₁²	龚家冲组E₁g	
				塞兰特阶		61.66					上湖阶E₁¹		
				丹麦阶		66.00							
	中生界	白垩系	上白垩统	马斯特里赫特阶		72.20		中生界	白垩系	上白垩统K₂	绥化阶K₂³	跑马岗组K₂p	
				坎潘阶		83.60					松花江阶K₂²	红花套组K₂h	
				圣通阶		85.70							
				康尼亚克阶		89.80					农安阶K₂¹	罗镜滩组K₂l	
				土伦阶		93.90							
				塞诺曼阶		100.5							
			下白垩统	阿尔布阶		113.2				下白垩统K₁	辽西阶K₁³	五龙组K₁w	
				阿普特阶		121.4					热河阶K₁²	石门组K₁s	
				巴雷姆阶		125.8							
				欧特里夫阶		132.6					冀北阶K₁¹		
				瓦兰今阶		137.1							
				贝里阿斯阶		143.1							
		侏罗系	上侏罗统	提塘阶		149.2			侏罗系	上侏罗统J₃	待建阶	蓬莱镇组J₃p	
				钦莫利阶		154.8						遂宁组J₃s	
				牛津阶		161.5							
			中侏罗统	卡洛夫阶		165.3				中侏罗统J₂	玛纳斯阶J₂²	沙溪庙组J₂s	九龙山组J₂j
				巴通阶		168.2							
				巴柔阶		170.9					石河子阶J₂¹	千佛崖组J₂q	龙门组J₂l
				阿林阶		174.7							
			下侏罗统	托阿尔阶		184.2				下侏罗统J₁	硫磺沟阶J₁²	桐竹园组J₁t	窑坡组J₁y
				普林斯巴阶		192.9							
				辛涅缪尔阶		199.5					永丰阶J₁¹		南大岭组J₁n
				赫塘阶		201.4							
		三叠系	上三叠统	瑞替阶		205.7			三叠系	上三叠统T₃	亚智梁阶T₃³	九里岗组T₃j	
				诺利阶		227.3					亚智梁阶T₃²		
				卡尼阶		237.0							
			中三叠统	拉丁阶		241.5				中三叠统T₂	新铺阶T₂²	巴东组T₂b	双泉组P₃T₂s
				安尼阶		246.7					关刀阶T₂¹		
			下三叠统	奥伦尼克阶		249.9				下三叠统T₁	巢湖阶T₁²	嘉陵江组T₁j	
				印度阶		251.9					印度阶T₁¹	大冶组T₁d	
	古生界	二叠系	乐平统	长兴阶		254.1		古生界	二叠系	乐平统P₃	长兴阶P₃²	吴家坪组P₃w	红庙岭组P₃h
				吴家坪阶		259.5					吴家坪阶P₃¹	龙潭组P₃l	
			瓜德鲁普统	卡匹敦阶		264.3				阳新统P₂	冷坞阶P₂⁴	茅口组P₂m	石盒子组P₂sh
				沃德阶		266.9					孤峰阶P₂³		
				罗德阶		274.4					祥播阶P₂² / 罗甸阶P₂¹	栖霞组P₂q	
			乌拉尔统	空谷阶		283.3							
				亚丁斯克阶		290.1				船山统P₁	隆林阶P₁²	梁山组P₁l	山西组P₁s
				萨克马尔阶		293.5					紫松阶P₁¹		
				阿瑟尔阶		298.9							太原组C₂P₁t

续表 1-2-1

国际年代地层单元				GSSP	绝对年龄/Ma	中国年代地层单元				秭归实习区岩石地层单元	周口店实习区岩石地层单元
宇	界	系	统	阶			宇	界	系	统	阶		
显生宇	古生界	石炭系	宾夕法尼亚亚系	上宾夕法尼亚统	格舍尔阶		298.9	显生宇	古生界	石炭系	上石炭统 C_2	逍遥阶 C_2^4	黄龙组 C_2h	太原组 P_1t
					卡西莫夫阶		303.7							本溪组 C_2b
			中宾夕法尼亚统	莫斯科阶		307.0					达拉阶 C_2^3		
			下宾夕法尼亚统	巴什基尔阶		315.2					滑石板阶 C_2^2 / 罗苏阶 C_2^1	大埔组 C_2d	
			密西西比亚系	上密西西比统	谢尔普霍夫阶		323.4				下石炭统 C_1	德坞阶 C_1^3		
				中密西西比统	维宪阶		330.3					维宪阶 C_1^2		
				下密西西比统	杜内阶		346.7					杜内阶 C_1^1		
		泥盆系	上泥盆统	法门阶		358.9			泥盆系	上泥盆统 D_3	邵东阶 D_3^2 / 阳朔阶 D_3^1	写经寺组 D_3x	
				弗拉阶		372.2					锡矿山阶 D_3^2		
											余田桥阶 D_3^1	黄家磴组 D_3h	
			中泥盆统	吉维特阶		382.3				中泥盆统 D_2	东岗岭阶 D_2^2		
				艾菲尔阶		387.9					应堂阶 D_2^1	云台观组 D_2y	
			下泥盆统	埃姆斯阶		393.5				下泥盆统 D_1	四排阶 D_1^3 / 郁江阶 D_1^2		
				布拉格阶		410.6					那高岭阶 D_1^2		
				洛赫考夫阶		413.0					莲花山阶 D_1^1		
		志留系	普里道利统	待建阶		419.6			志留系	普里道利统 S_4	待建阶		
			罗德洛统	卢德福特阶		422.7				罗德洛统 S_3	卢德福特阶 S_3^2		
				高斯特阶		425.0					高斯特阶 S_3^1		
			温洛克统	侯墨阶		426.7				温洛克统 S_2	侯墨阶 S_2^2		
				申伍德阶		430.6					申伍德阶 S_2^1		
			兰多维列统	特列奇阶		432.5				兰多维列统 S_1	特列奇阶 S_1^3	纱帽组 S_2s	
				埃隆阶		438.6					埃隆阶 S_1^2	罗惹坪组 S_1lr	
												新滩组 S_1x	
				鲁丹阶		440.5					鲁丹阶 S_1^1	龙马溪组 O_3S_1l	
		奥陶系	上奥陶统	赫南特阶		443.1			奥陶系	上奥陶统 O_3	赫南特阶 O_3^3	五峰组 O_3w	
				凯迪阶		445.2					钱塘江阶 O_3^2	临湘组 O_3l	
				桑比阶		452.8					艾家山阶 O_3^1	宝塔组 O_3b	
												庙坡组 O_3m	
			中奥陶统	达瑞威尔阶		458.4				中奥陶统 O_2	达瑞威尔阶 O_2^2	牯牛潭组 O_2g	马家沟组 O_2m
				大坪阶		467.3					大湾阶 $O_{1-2}d$	大湾组 $O_{1-2}d$	
			下奥陶统	弗洛阶		470.0				下奥陶统 O_1	益阳阶 O_1^2	红花园组 O_1h	亮甲山组 O_1l
				特马豆克阶		477.7					新厂阶 O_1^1	分乡组 / 南津关组 O_1n	冶里组 $\epsilon_4 O_1y$
		寒武系	芙蓉统	第十阶		485.4			寒武系	芙蓉统 ϵ_4	牛车河阶 ϵ_4^3	娄山关组 $\epsilon_4 C_1l$	炒米店组 ϵ_4c
				江山阶		494.0					江山阶 ϵ_4^2		
				排碧阶		497.0					排碧阶 ϵ_4^1		
			苗岭统	古丈阶		500.5				苗岭统 ϵ_3	古丈阶 ϵ_3^3	覃家庙组 ϵ_3q	张夏组 ϵ_3z
				鼓山阶		504.5					王村阶 ϵ_3^2		
				乌溜阶		506.5					台江阶 ϵ_3^1		馒头组 $\epsilon_{2-3}m$
			第二统	第四阶		514.5				第二统 ϵ_2	都匀阶 ϵ_2^2	石龙洞组 ϵ_2sl / 天河板组 / 石牌组 ϵ_2sp	昌平组 ϵ_2c
				第三阶		521.0					南泉阶 ϵ_2^1	水井沱组	
			纽芬兰统	第二阶		529.0				纽芬兰统 ϵ_1	梅树村阶 ϵ_1^2	岩家河组 $Ed_2 \epsilon_1y$	
				幸运阶		538.8					晋宁阶 ϵ_1^1		
元古宇	新元古界	埃迪卡拉系	上埃迪卡拉统					新元古界	震旦系 Z	上震旦统 Z_2	灯影峡阶 Z_2^2	灯影组 Ed_2dy	
						530					斗崖坡阶 Z_2^1		
			下埃迪卡拉统							下震旦统 Z_1	陈家园子阶 Z_1^2	陡山沱组 Ed_1d	
						635					九龙湾阶 Z_1^1		
		成冰系	上成冰统			650			南华系 Nh	上南华统 Nh_3		南沱组 Cr_3n	
			中成冰统			660				中南华统 Nh_2		大塘坡组 Cr_2d	
			下成冰统			720				下南华统 Nh_1		古城组 Cr_1g	
		拉伸系				780			青白口系 Qb			莲沱组 Tol	姜儿峪组 Pt_3j
						1000							骆驼岭组 Pt_3l
	中元古界	狭带系				1200		中元古界		待建		矿石山组 Pt_2k	
		延展系				1400				待建		大窝坑组 Pt_2c 神农架群 $Pt_2 Sn$ 石槽河组 Pt_2s 羊圈河组 Pt_2y	下马岭组 Pt_2x
		盖层系				1600			蓟县系 Jx				铁岭组 Pt_2t 洪水庄组 Pt_2h 雾迷山组 Pt_2w
	古元古界	固结系				1800		古元古界	长城系 Ch			庙湾岩组 Pt_1m	
		造山系				2050			滹沱系 Ht				
		层侵系				2300						崆岭群 小以村岩组 Pt_1x	官地杂岩 Ar_3g
		成铁系				2500						$Ar_3 Pt_1K$	
太古宇	新太古界					2800		新太古界				古村坪岩组 $Ar_{2-3}g$	
	中太古界					3200		中太古界					
	古太古界					3600		古太古界					
	始太古界					4031		始太古界					
冥古宇						4567	冥古宇						

C03 秭归实习区岩浆作用

秭归实习区侵入岩有古—中太古代中—酸性侵入岩黄陵 TTG 片麻岩（黄陵超单元）、中元古代超基性—基性侵入岩（梅子厂超单元）和新元古代中—酸性侵入岩（黄陵复式花岗岩体）。岩浆侵入单元划分与侵入年龄见表 1-3-1。此外，秭归实习区未见典型的喷出岩，仅见不同时代的火山灰或沉凝灰岩。

表 1-3-1　秭归实习区岩浆侵入单元划分与侵入年龄

超单元	单元	代号	岩性	同位素年龄
晓峰超单元	七里峡岩墙群	$Pt_3 Q\delta\mu - \gamma\pi$	闪长玢岩、花岗斑岩等	806～797Ma②；744±22Ma⑤
大老岭超单元	鼓浆坪单元	$Pt_3^4 G\eta\gamma$	二长花岗岩	795±8Ma⑤；817±22Ma②
	凤凰坪单元	$Pt_3^4 F\eta\delta$	中粒石英二长闪长岩	
黄陵庙超单元	龙潭坪单元	$Pt_3^3 Lt\pi\gamma\beta$	细粒斑状黑云母花岗岩	844±10Ma①
	金龙沟单元	$Pt_3^3 J\delta$	中细粒闪长岩	
	总溪仿单元	$Pt_3^3 Zx\eta\gamma$	中粒二长花岗岩	
	内口单元	$Pt_3^3 N\pi\gamma\delta$	中粒斑状花岗闪长岩	835±14Ma⑨
	茅坪沱单元	$Pt_3^3 M\pi\gamma\delta$	中粒含斑花岗闪长岩	844±11Ma⑨
	鹰子咀单元	$Pt_3^3 Yz\gamma\delta$	中粒花岗闪长岩	850±4Ma⑨
	路溪坪单元	$Pt_3^3 L\gamma o$	中细粒斜长花岗岩	852±12Ma⑨
茅坪超单元	金盘寺单元	$Pt_3^2 J\gamma o\beta$	中粗粒角闪黑云英云闪长岩	842±10Ma①
	三斗坪单元	$Pt_3^2 S\gamma o\beta$	中粒黑云角闪英云闪长岩	863±9Ma①；837±7Ma③；837.3±4.2～844.0±4.2Ma④
	太平溪单元	$Pt_3^2 T\delta o$	中粗粒石英闪长岩	
	中坝单元	$Pt_3^2 Zb\delta o\psi$	中细粒角闪石英闪长岩	
端坊溪超单元	寨包单元	$Pt_3^1 Z\delta\beta$	细中粒黑云闪长岩	
	垭子口单元	$Pt_3^1 Y\delta\psi$	中细粒角闪闪长岩	推测>860Ma
梅子厂超单元		$Pt_2 X\nu$	中—粗粒角闪辉长岩	1135～1096Ma⑧
		$Pt_2 D\Sigma$	纯橄岩、辉石橄榄岩	
黄陵超单元		$Ar_{2-3} HLTTG$	英云闪长质片麻岩、奥长花岗质片麻岩、花岗闪长质片麻岩	2.947～2.903Ga⑥；3.45～3.2Ga⑦

注：据彭松柏等(2014)和喻建新等(2016)修编。同位素年龄来源：①据 Wei Yunxu 等(2012)；②据张少兵(2008)；③据高维等(2009)；④据李益龙等(2007)；⑤据凌文黎等(2006)；⑥据高山等(2001)；⑦据 Guo Jingliang 等(2014,2015)；⑧据蒋幸福(2014)；⑨据1:5万莲沱幅地质图(2011)。

1. 古—中太古代中—酸性侵入岩（黄陵超单元 TTG 片麻岩组合）

(1)岩体特征。分布于黄陵穹隆北部水月寺—坦荡河、东冲河、交战垭—雾渡河一带的古—中太古宙 TTG 片麻岩，主体呈北东向展布。片麻理发育，可见流状褶皱、无根褶皱及紧闭同斜褶皱甚至宽缓开阔褶皱。变形带中见变晶糜棱岩、糜棱岩、构造片麻岩等。分布于黄陵穹隆西南部古村坪—邓村一带的 TTG 片麻岩上部与古元古界黄凉河岩组（小以村岩组）呈沉积不整合接触，北部被新元古代 TTG 组合侵入，西部被拉伸纪—埃迪卡拉纪沉积盖层覆盖，总体上呈北西向狭长带状展布。岩石具片麻状、条带状、条纹状构造，片麻理呈北西-南东向展布（《中国区域地质志·湖北志》，2021）。

杂岩体中捕房体、包体非常发育，总体上可以分为两类：一类为围岩捕房体，包括斜长角闪岩、黑云斜长片麻岩等，呈条带状、球状、角砾状等，与母岩间具有较清楚的界线；另一类为深源包体，规模不大，成分为角闪石、黑云母、斜长石、辉石等，为熔融残余体。包体形态多样，有棱角状、透镜状、土豆状、条状及不规则状，边缘圆化，受剪切改造后呈残斑状、石香肠状，与寄主岩石的边界部分清楚，部分呈过渡状。

（2）岩石类型。为英云闪长质片麻岩、奥长花岗质片麻岩、花岗闪长质片麻岩组合，即 TTG 片麻岩。

（3）岩体时代。前人对其测得同位素年龄值变化较大，但多数集中在 3400～2900Ma。据此将该套 TTG 组合侵位时代划归为古—中太古代。

（4）构造背景。黄陵太古宙 TTG 组合形成于古—中太古代与俯冲有关的岛弧环境，它们与中太古代交代超基性—超基性岩共同构成了黄陵地区古老的陆核（花岗-绿岩地体）。

2. 中元古代超基性—基性侵入岩体（梅子厂超单元）

中元古代超基性—基性岩主要分布于邓村、小溪口一带，称梅子厂超单元。总体呈北西西向带状展布，也是中南地区出露的最大超镁铁质岩体，连续出露长达 13km，宽近 2km。根据其岩石中矿物成分、结构构造特征及相互接触关系，梅子厂超单元划分为中元古代超基性岩组合（纯橄岩、橄榄岩），即大坪超基性岩（$Pt_2D\Sigma$）与中元古代基性岩组合（中粗粒角闪辉长岩），即肖家咀基性岩（$Pt_2X\nu$）。

（1）中元古代超基性岩体（$Pt_2D\Sigma$）。

地质特征：呈大小不等的团块或透镜体的形式产于中元古代基性岩中，而该区中元古代基性岩则呈捕房体或残留体零星分布于新元古代黄陵庙序列中，并被黄陵庙序列中的内口斑状花岗闪长岩、路溪坪奥长花岗岩侵入。该套岩石主要侵入古元古界庙湾岩组，接触界面波曲，一般向北倾，倾向 5°～30°，倾角 60°～70°。磁测剖面资料显示，岩体深部总体向北倾。西端被成冰系南沱冰碛岩沉积角度不整合覆盖。

岩石组合：主要岩性为橄榄岩、辉石橄榄岩。矿物蚀变强烈，以蛇纹石化、滑石化和透闪石化为主，其次为绿泥石化和碳酸盐化。现今以蛇纹岩、蛇纹石化纯橄岩、蛇纹石化辉石橄榄岩为主。含铬铁矿体。

侵入时代：太平溪白沙包超基性岩全岩 Sm-Nd 等时线年龄为 1282±86Ma（胡正祥，1990；《中国区域地质志·湖北志》，2021），属中元古代。

产出背景：属镁质超基性岩。彭松柏等（2010）认为该岩石属蛇绿岩的组成部分，与之共生的基性岩属大洋中脊构造环境形成的拉斑玄武岩。

（2）中元古代基性岩体（$Pt_2X\nu$）。

地质特征：各侵入体均呈北西—北西西向带状展布，呈斜切式穿切中元古代超基性岩，在内接触带常见淡色化边及较强的叶理化带，并产出超基性岩捕房体。中元古代基性岩多呈透镜体分布，并被黄陵庙序列中的内口中粒斑状花岗闪长岩及路溪坪中细粒奥长花岗岩侵入。

岩石组合：中元古代基性岩多遭受强烈变质形成斜长角闪岩，局部保留变余辉长结构、反应边结构，块状构造。原岩为中—粗粒角闪辉长岩、中—细粒角闪辉长岩。现今以层状、块状变辉长岩岩体、岩脉和辉绿岩岩脉侵入于似层状细粒斜长角闪岩和蛇纹石化纯橄岩、方辉橄榄岩之间。

构造背景：属亏损上地幔超基性—基性岩浆结晶分异作用的产物，并在其侵位过程中有一定量地壳物质的混染。

彭松柏等（2010）、Peng Songbai 等（2012）对变镁铁—超镁铁质岩进行了详细野外地质调查、岩相学、地球化学和构造变形特征研究，提出这套变镁铁—超镁铁质岩与被其侵入的庙湾岩组实际上是一套中—新元古代蛇绿岩残片的新认识，并将其命名为庙湾蛇绿岩。梅子厂基性—超基性岩组合形成于中元古晚期（1135～1096Ma）和新元古早期（1007～971Ma）两个构造岩浆演化阶段（蒋幸福，2014）。

3. 新元古代中—酸性侵入岩（黄陵复式花岗岩体）

新元古代黄陵复式花岗岩体（$Pt_3HL\gamma$），常称黄陵花岗岩岩基，出露于扬子地台北缘黄陵隆起雾渡河断裂以南的大部分地区，侵入太古宙—元古宙的崆岭群中—深变质岩系中。举世瞩目的三峡大坝就建在三斗坪岩体上。按照花岗岩类岩石谱系单位和岩浆活动阶段划分为 5 个超单元：新元古代第一期端坊溪超单元中—基性侵入岩组合、新元古代第二期茅坪超单元中—酸性侵入岩组合、新元古代第三期黄陵庙超单元中—酸性侵入岩组合、新元古代第四期大老岭超单元中—酸性侵入岩组合和晓峰超单元。

(1) 新元古代第一期中—基性侵入岩组合（端坊溪超单元）。主要分布于太平溪镇端坊溪、寨包一带，总体呈北西西向，由变辉长岩和角闪辉长岩体组成，岩石具中细粒等粒结构，块状构造，各岩石单元均具较弱的绿泥石化、绿帘石化、绢云母化等。根据其岩性、结构和接触关系等，将该单元划分为垭子口、寨包两个岩浆侵入单元。

(2) 新元古代第二期中—酸性侵入岩组合（茅坪超单元）。位于黄陵穹隆西南部，分布于三斗坪、黄家冲一带，总体呈北北西向展布，西北侧侵入庙湾岩组，南端被拉伸系莲沱组沉积不整合覆盖，东侧被黄陵庙超单元侵入。主要岩性为石英闪长岩-英云闪长岩，具细—粗粒不等粒结构，块状构造，主要矿物为斜长石、角闪石、石英、黑云母等，属次铝质钙碱性中酸性岩类。岩体中微粒包体较发育。根据岩性、矿物成分、结构构造、包体及接触关系等特征，将其划分为中坝中细粒石英闪长岩体、太平溪中粗粒石英闪长岩体、三斗坪英云闪长岩体、金盘寺英云闪长岩体 4 个岩浆侵入单元。

(3) 新元古代第三期侵入岩（黄陵庙超单元）。是黄陵花岗岩岩基的主要组成部分，分布于鹰子咀、内口、古城坪等地，西侧侵入新元古代第二期中—酸性侵入岩组合，南端被拉伸系莲沱组沉积不整合覆盖。总体具细—中—粗粒等粒或连续不等粒结构，块状构造。包体类型单调，零星出露。根据岩石成分、结构、构造及地质接触关系等，新元古代第三期侵入岩可划分为路溪坪斜长（奥长）花岗岩体、鹰子咀花岗闪长岩体、内口斑状花岗闪长岩（二长花岗岩）岩体和茅坪沱含斑花岗闪长岩（二长花岗岩）岩体 4 个岩浆侵入单元。

(4) 新元古代第四期侵入岩（大老岭超单元）。主要分布于黄陵花岗岩岩基西北部大老岭林场一带，包含 4 个岩浆侵入单元，即凤凰坪中粒二长闪长岩岩体、鼓浆坪二长花岗岩体、田家坪似斑状角闪黑云二长花岗岩体、马滑沟中细粒含石榴二云二长花岗岩体。西部被埃迪卡拉系沉积不整合覆盖，北、东、南三面侵入新元古代第三期侵入岩和崆岭群。

(5) 新元古代中—基性岩墙或岩脉群（晓峰超单元）。新元古代中—基性岩墙群主要分布于黄陵穹隆核部东侧晓峰一带，前人称其为晓峰岩套、七里峡岩墙群。该类岩墙群单个脉体的规模较小，数量多，且岩性变化大，脉岩十分发育，走向多为北东 30°～70°。北、西、南分别侵入路溪坪单元和内口单元，皆为超动接触。该岩墙群由大量密集的北东向陡立岩墙（脉）组成，单个脉体一般宽 1～10m，沿走向长 30～70m，多倾向南东，少数倾向北西。七里峡岩墙群岩性较复杂，按照侵位先后顺序主要有细粒闪长岩、闪长玢岩、石英闪长玢岩、石英二长闪长玢岩、斜长花岗斑岩等（喻建新等，2016）。

关于黄陵复式花岗岩体侵入的时间数据较多，但一般认为其形成的时间节点为 825Ma。马大铨等（2002）认为黄陵花岗岩基形成于（侵位时间 832～750Ma）晋宁晚期扬子地台北侧的"秦岭洋"壳向南俯冲导致的大陆边缘造山运动过程中。目前大多数学者认为黄陵花岗岩体是在地幔上涌、地壳伸展的背景中，下地壳部分物质重熔而侵位于太古宇—古元古界结晶基底中的岩浆作用事件（李献华等，2001；李益龙等，2007）。825Ma 的地幔柱上隆事件与导致的 Rodinia 超级大陆的裂解事件相互响应。

4. 火山灰或沉凝灰岩

秭归实习区存在多层火山灰或沉凝灰岩夹层，反映曾有火山喷发事件发生，它们存在于莲沱组中上部、陡二段底部、水井沱组底部、五峰组和龙马溪组底部、龙潭组底部、大冶组底部等地层。

C04 秭归实习区变质作用

秭归实习区出露的变质岩体主要为黄陵背斜核部的崆岭群。最古老的变质岩单元为古—中太古界古村坪岩组的TTG片麻岩(按照习惯放在地层部分介绍),之上为古元古界小以村岩组的茅垭片麻岩和孔兹岩系及其上部的庙湾岩组。此外,尚有中元古界变质的超基性—基性侵入岩体。按照变质作用类型划分,秭归实习区变质岩主要为区域变质岩,其次为接触变质岩、动力变质岩。兹仅介绍区域变质作用的变质岩类型、变质作用、变质相和变质作用演化。

1. 区域变质岩类型

秭归实习区常见的区域变质岩有片岩类、片麻岩类、角闪岩类、石英岩类、大理岩类、钙硅酸盐类、变镁铁—超镁铁质岩类、变粒岩类和麻粒岩类(表1-4-1)。

表1-4-1 秭归实习区常见区域变质岩类型表

岩石类型		常见岩石名称	原岩类型
片岩类	云母片岩类	(含石英)黑云片岩	基性火山岩
	富铝片岩类	含石墨红柱石十字石夕线石二云石英片岩	黏土质粉砂岩、含有机质黏土岩
	绿片岩类	绿帘角闪片岩	基性火山岩
片麻岩类	花岗质片麻岩类	英云闪长质片麻岩、奥长花岗质片麻岩、花岗闪长质片麻岩	英云闪长岩、奥长花岗岩、花岗闪长岩
	斜长片麻岩类	角闪斜长片麻岩	英安质凝灰岩
	富铝片麻岩类	含石墨石榴子石黑云斜长片麻岩	黏土质粉砂岩、含有机质黏土岩
斜长角闪岩类		石英斜长角闪岩、黑云斜长角闪岩	基性火山岩、辉绿岩
石英岩类		角闪石英岩、石榴子石英岩、长石石英岩	石英砂岩
大理岩		透闪石大理岩、橄榄石大理岩	含泥质碳酸盐岩为主
钙硅酸岩类		透闪岩、透闪透辉岩	钙质粉砂岩,以碳酸盐岩为主
变镁铁—超镁铁质岩类		蛇纹岩、透辉石岩、绿泥透闪片岩	辉石岩、橄榄岩、辉长岩、辉绿岩
变粒岩类		黑云变粒岩、角闪斜长变粒岩	长石砂岩、石英砂岩、英安质火山岩
麻粒岩类	基性麻粒岩	紫苏麻粒岩	基性岩(岩脉或夹层)
	泥质麻粒岩类	含刚玉夕线石片岩、榴线英岩	高岭石黏土岩

2. 变质作用和变质相

秭归实习区属扬子克拉通基底变质区,崆岭群普遍经历3期中高级区域变质作用(表1-4-2)。

3. 变质作用演化

秭归实习区经历了新太古代末、古元古代晚期和中元古代末的区域变质作用(《中国区域地质志·湖北志》,2021)。

(1)新太古代的构造热变质事件。太古宙是扬子陆块演化史中一个重要地质时期。黄陵地区和大别地区太古宙变质地质体主要由花岗岩-绿岩组合构成,代表了最早期陆核或初始地壳形成。黄陵地区花岗岩主要为钙碱性英云闪长岩、奥长花岗岩、花岗闪长岩组成的TTG花岗岩。绿岩主要由变基性火山岩(斜长角闪岩)夹少量变中(酸)性火山岩及沉积岩石组成,并常与超镁铁质岩共生,呈残片、残块状产于花岗岩中。新太古代黄陵地区花岗岩-绿岩组合经历了明显构造热事件改造。早期(2.72Ga)区域中高温变质作用,形成了一套低角闪岩相黑云角闪片麻岩、角闪变粒岩、斜长角闪岩、花岗质片麻岩等区域变质岩系。晚期(2.56Ga)叠加退变质作用,形成了一套绿片岩相(或绿帘角闪岩相)黑云钠长片麻岩、浅粒岩、绿岩等变质岩系。新太古代构造热变质事件使黄陵太古宙花岗岩-绿岩组合转变成稳定陆块。在相当一段时间内,该稳定陆块发生克拉通化作用,在其边缘形成硅铝质陆源碎屑建造,成为古元古代孔兹岩系原岩(原岩形成时代多集中于2.4~2.0Ga)。

(2)古元古代末的构造热变质事件。古元古代末的黄陵地区经历了一次重要构造热事件改造,形成了一套角闪岩相-麻粒岩相变质的富铝片岩-片麻岩、榴线英岩、麻粒岩、长英质粒状岩、斜长角闪岩和大理岩及钙镁硅酸盐岩(孔兹岩系的变质),变质年龄主要集中于2.0~1.9Ga间。以孔兹岩系为主体的古元古代结晶基底与新太古代稳定陆块焊接在一起,最终形成整个黄陵结晶基底。因此,黄陵地区古元古代构造热事件可能是哥伦比亚超大陆聚合造山事件的反应。

(3)中元古代末的构造热变质事件。湖北省中元古代地质体为仅分布在神农架及大洪山地区出露的一套稳定碎屑岩-碳酸盐岩建造,区域变质作用不明显。中元古代末(1.0Ga)扬子多地块聚合造山和边缘增生造山,形成了扬子统一克拉通基底。发生区域低温动力变质作用,形成了一套板岩、千枚岩、变质基性岩等较低级区域变质岩系。变质程度为绿片岩相绢云母-绿泥石组合级别,具有应力强、温度低,以构造变形为主,受造山作用控制的特点。中元古代末的构造热变质事件可能是罗迪尼亚超大陆聚合造山事件的响应。

扬子区在古生代—中生代表现为小幅度地壳升降运动的特点,总体显示稳定的沉积环境,未能使该时期物质建造发生变质。

表1-4-2 秭归实习区区域变质作用和变质相一览表

岩石单元	变质作用	变质相	变质岩石组合	变质时间
庙湾岩组	中高温区域变质作用	角闪岩相	变玄武岩(斜长角闪岩)、条带状—条纹状石英岩-黑云母片岩-大理岩	古元古代晚期(2.0~1.9Ga)
小以村岩组(孔兹岩系)	低中压高温区域变质作用	角闪岩相-麻粒岩相	富铝片岩-片麻岩及榴线英岩、长英质变(浅)粒岩、斜长角闪岩、大理岩和钙镁硅酸盐岩,局部出现基性麻粒岩	古元古代晚期(2.0~1.9Ga)
古村坪岩组(TTG片麻岩-绿岩组合)	中高温区域变质作用	角闪岩相	TTG组合:英云闪长质片麻岩、奥长花岗质片麻岩、花岗闪长质片麻岩。绿岩组合:斜长角闪岩、黑云角闪斜长片麻岩	新太古代末(2.7~2.5Ga)

第二篇 秭归路线地质实习

L00 实习区路线分布

本书厘定了12条骨干地质路线和若干条辅助路线(图2-0-1,表2-0-1),连续展示了实习区太古宙—古近纪所有的地层、沉积、构造、岩浆、变质、矿产现象。

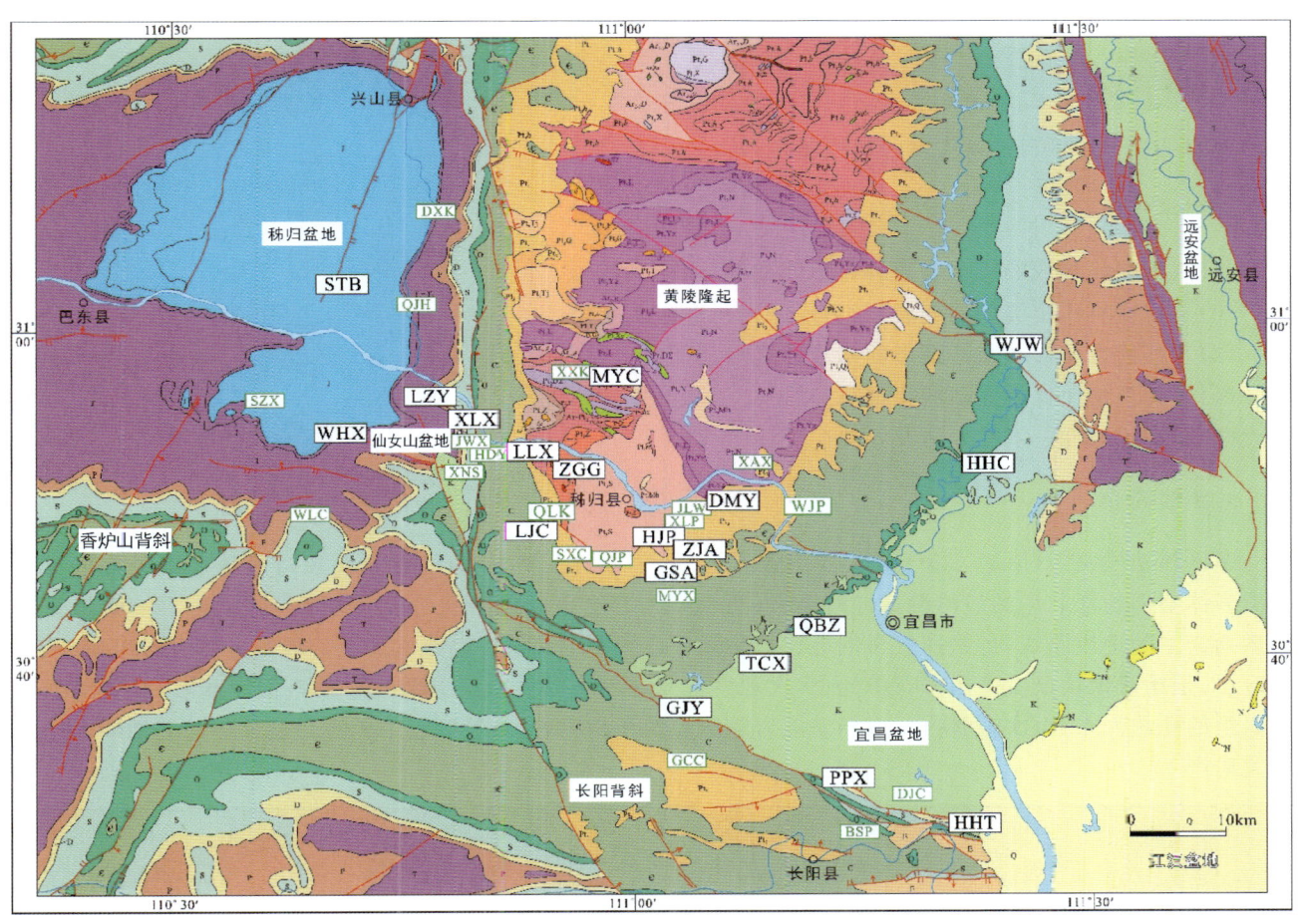

图2-0-1 秭归实习区地质路线分布图(据湖北省1:50万地质图,1998修编;图例见附录F07)

表2-0-1 秭归实习区骨干路线特色一览表

路线与代号	地层单元	路线特色
茅垭村 MYC	古太古界—古元古界崆岭群	黄陵背斜、变质岩、TTG片麻岩、孔兹岩、韧性变形构造、固体矿产
秭归港 ZGG	黄陵花岗岩体与崆岭群庙湾岩组侵入接触	黄陵花岗岩岩体、岩浆岩、混合岩、固体矿产、变质矿物
花鸡坡 HJP	拉伸系莲沱组—埃迪卡拉系灯影组	晋宁运动、莲沱三角洲、雪球地球、磷矿地质、风暴沉积、页岩气地质
周家坳 ZJA	埃迪卡拉系灯影组—寒武系水井沱组	溶洞地质、石板滩生物群、台地淹没、页岩气地质、清江生物群
罗家村 LJC	寒武系岩家河组—奥陶系南津关组	逆冲断层-倒转褶皱、断裂带结构、碳酸盐储层、叠层石礁、风暴沉积
黄花场 HHC	奥陶系红花园组—大湾组	大坪阶金钉子、瓶筐石生物礁
王家湾 WJW	奥陶系五峰组—奥陶—志留系龙马溪组	赫南特阶金钉子、金钉子精神、页岩气地质、台地淹没事件、斑脱岩
西陵峡 XLX	奥陶系宝塔组—志留系罗惹坪组	九畹溪褶皱、九畹溪断层、九畹溪与屈原、牛肝马肺峡
链子崖 LZY	志留系罗惹坪组—二叠系吴家坪组	广西运动、宁乡式铁矿、东吴运动、新滩滑坡、链子崖危岩体、三峡
文化乡 WHX	三叠系大冶组—侏罗系千佛崖组	秭归盆地、印支运动、辫状河三角洲-湖泊沉积、煤地质
水田坝 STB	侏罗系桐竹园组—蓬莱镇组	秭归盆地、早燕山运动、辫状河三角洲-湖泊沉积
高家堰 GJY	白垩系石门组—红花套组和古近系龚家冲组	宜昌盆地、晚燕山运动、冲积扇-扇三角洲-湖泊沉积、风成沙丘

L01 茅坪村地质路线

> 七言·地球之诞生
> 星云凝聚赤岩浆，心热面冷汇汪洋。
> 呕心沥血孕生命，纵横环宇最孤芳。

1. 教学路线

秭归基地—茅坪村—薄刀岭—秭归基地

2. 教学任务

(1) 观察崆岭群或崆岭杂岩的岩石单元和变质变形特征。
(2) 了解变质作用类型的变质岩组合、原岩建造和变质相。
(3) 观察韧性变形和脆性变形的构造样式与特征。
(4) 了解哥伦比亚超大陆的会聚与裂解。
(5) 了解超基性—基性岩体及相关矿产。

3. 路线简介

茅坪村地质路线(MYC)位于邓村乡南省道 S206 茅坪村—薄刀岭段，穿越黄陵穹隆核部南缘黄陵复式花岗岩体南部长江北岸的崆岭群或崆岭杂岩(图 2-1-1)。茅坪村路线是以太古宇—古元古界崆岭群变质岩系列为主的地质路线，也是探索早期地球演化和矿产资源的路线。路线起始于崆岭群古村坪岩组或 TTG 片麻岩，是扬子地块最古老的岩石单元；其次观察古元古界小以村岩组下部的黑云斜长片麻岩，再观察小以村岩组的孔兹岩系；再次观察古元古界庙湾岩组细粒斜长角闪岩；最后观察中元古界基性—超基性侵入体及相关矿产。

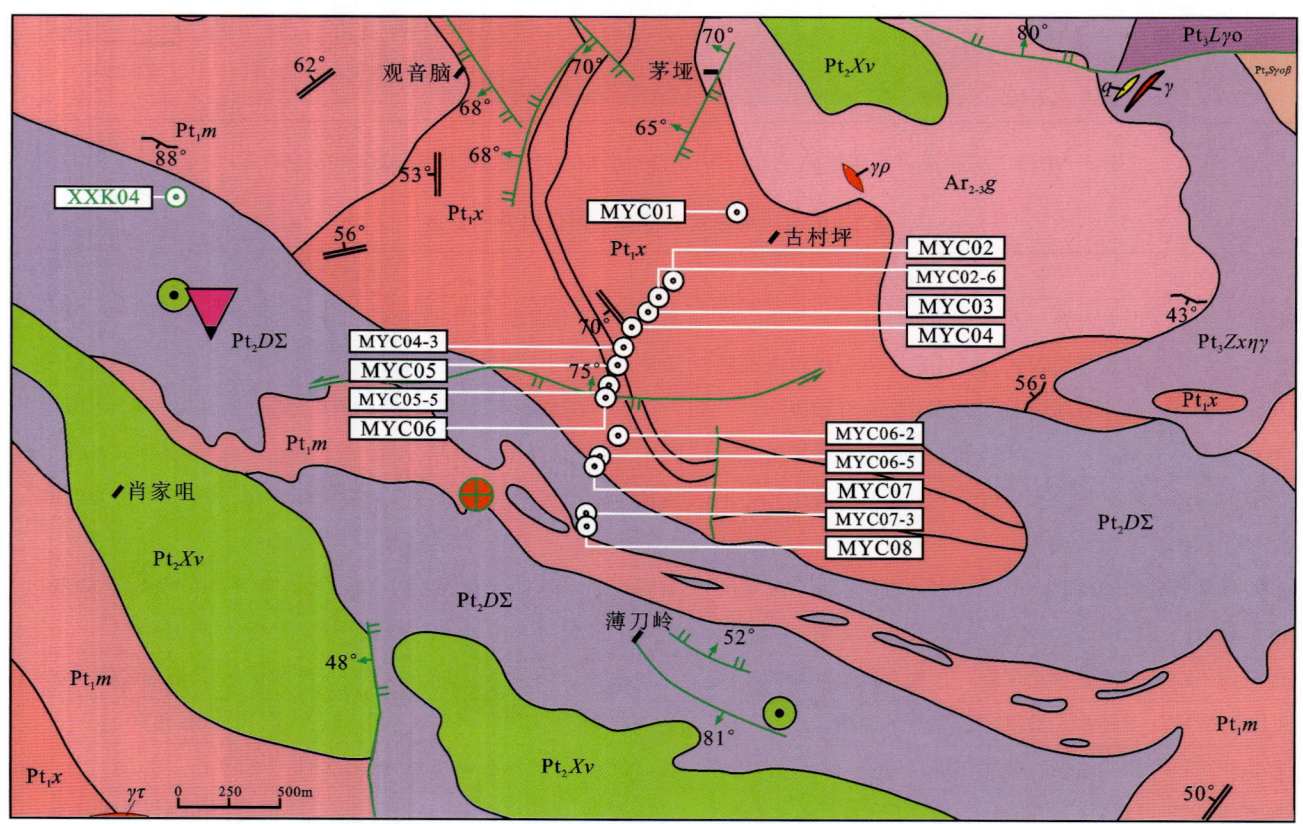

图 2-1-1 茅坪村路线地质图与点位分布(据 1∶5 万新滩幅地质图，2009 修编；图例见附录 F07)

4. 路线地质

【骨干点号】MYC01

【骨干点义】古村坪岩组（$Ar_{2-3}g$）或 TTG 片麻岩观察点

【骨干剖面】茅垭村南 S287 观景台北。剖面展示古村坪岩组或 TTG 片麻岩是一套巨厚层的浅灰色黑云角闪斜长片麻岩或浅灰色条带状黑云斜长混合片麻岩（图 2-1-2A、B）夹灰黑色细粒斜长角闪岩包体和条带（图 2-1-2C、D）组成的变质岩系（图 2-1-2）。观察 TTG 片麻岩韧性变形构造：流褶皱、无根褶皱、透入性韧性剪切片麻理（图 2-1-2A、B），斜长角闪岩包体形成构造透镜体和石香肠构造（图 2-1-2C、D）。

图 2-1-2 茅垭村 TTG 片麻岩与斜长角闪岩包体

【薄片照片】MYC01 古村坪岩组浅灰色条带状黑云斜长混合片麻岩（TTG）露头和薄片照片（图 2-1-3）。

图 2-1-3 茅垭村 TTG 片麻岩露头和薄片照片

【知识链接】

古村坪岩组（Ar₂₋₃g）：（标准定义）古村坪岩组是一套巨厚层的黑云（角闪）斜长片麻岩（或变粒岩）夹斜长角闪岩组成的变质岩系。该组特征是岩石组合稳定、单一，中、下部均不含石墨、大理岩，上部开始零星出现含石墨（夕线石）黑云斜长片麻岩，与上覆小以村岩组的大量含石墨片麻岩呈整合接触。该岩组原岩属玄武质、英安质、安山质、流纹质火山岩，陆源碎屑岩很少。厚度大于812m。（补充描述）古村坪岩组包含了TTG片麻岩和绿岩组合，时代为古—中太古代（3.45～2.90Ga）。该地层与上下岩石单元为构造接触。

TTG片麻岩：是指具有成因联系的英云闪长质、奥长花岗质和花岗闪长质片麻岩岩套（Tonalite-Trondhjemite-Granodiorite），它是太古宙初始陆壳的主要组成单元（Moyen et al.，2012；张旗等，2012），记录了早期地壳的形成和构造演化过程，为探讨地球早前寒武纪动力学演化机制提供了重要信息（Condie et al.，2005）。TTG岩石关系到地球早期陆壳是如何形成、生长和演化的。研究TTG岩石意义十分重大，对我们理解前板块构造以及板块构造何时开始还是很关键的（张旗等，2012）。

【骨干点号】MYC01-1

【骨干点义】TTG片麻岩中细粒斜长角闪岩岩脉或岩墙

【骨干剖面】S287茅垭村观景台北（与MYC01位置相同，图2-1-4）。灰黑色块状细粒斜长角闪岩脉（原岩为侵入的基性岩脉或岩墙）侵入TTG片麻岩（图2-1-4A、B）。

图2-1-4 茅垭村古村坪岩组内斜长角闪（片）岩侵入体

【薄片照片】展示MYC01-1斜长角闪（片）岩脉薄片照片（图2-1-5）。

图2-1-5 茅垭村路线古村坪岩组斜长角闪（片）岩脉薄片照片

【知识链接】古陆核或原始陆壳

古陆核是大陆地壳形成过程中最早阶段形成的硅铝质块体（原始陆壳），构成大陆的核心部分，具有极高的稳定性和古老基底岩石特征。目前已知的最古老的陆壳岩石年龄为4.1~4.0Ga（Harrison，2009）。陆壳以英云闪长岩-奥长花岗岩-花岗闪长岩（TTG）为代表。一般认为古陆核经历了陆核固结阶段、增生与加厚阶段，最后约于2.5Ga（太古宙与元古宙界线）集结形成超级陆壳或克拉通（全球克拉通化）。古陆核代表大陆地壳演化的起点，是了解地球早期大陆演化及其地球动力学过程的关键。

扬子陆核黄陵穹隆出露了目前扬子克拉通已知的最古老结晶基底——崆岭杂岩，是了解扬子克拉通太古宙地壳形成与演化的理想窗口。邱啸飞等（2022）提出扬子陆核地壳演化过程可分为始太古代原始地壳形成与演化、中太古代早期地壳生长、中太古代晚期加厚地壳熔融、新太古代地壳生长与再造以及新太古代末地壳岩石变质改造5个阶段，对应了太古宙地质演化的5个阶段。

【骨干点号】MYC02

【骨干点义】古村坪岩组（$Ar_{2-3}g$）与小以村岩组（Pt_1x）茅垭片麻岩分界点

【骨干剖面】茅垭村S287省道凉亭南89.9~90.0km剖面段。古村坪岩组或TTG片麻岩与小以村岩组分界被覆盖（图2-1-6），此仅展示小以村岩组下部茅垭片麻岩。茅垭片麻岩总体为巨厚层的浅灰色（糜棱岩化）黑云（角闪）斜长片麻岩，见侵入的斜长角闪岩脉或岩墙（原岩为基性岩脉，MYC02-1）、拉长的暗色微粒包体（MYC02-2）。

图2-1-6 茅垭村小以村岩组茅垭片麻岩

【薄片照片】展示MYC02小以村岩组黑云斜长片麻岩薄片照片（图2-1-7）。

图2-1-7 茅垭村小以村岩组黑云斜长片麻岩薄片照片

【知识链接】茅垭片麻岩：介于TTG片麻岩与小以村组变质沉积岩组合（孔兹岩系）之间的黑云（角闪）斜长片麻岩，在1:5万新滩幅（1991）上被划归为小渔村组（即小以村岩组）一段。冯庆来等（2024）认为其属于古元古代片麻状花岗闪长岩，并认为岩体与北侧太古宙TTG片麻岩以断裂带相隔，与南侧小以村岩组变质杂岩呈侵入接触关系。鉴于该岩体的特殊性，本书暂称之为"茅垭片麻岩"，作为小以村岩组底部岩石单元。茅垭片麻岩（Pt_1M）为巨厚的均一的灰色黑云斜长片麻岩（原岩可能为花岗闪长岩），含拉长的微粒暗色包体，夹呈岩墙状的灰黑色斜长角闪片岩（原岩为基性岩墙），二者面理和线理一致。

【骨干点号】MYC02-1 和 MYC02-2

【骨干点义】小以村岩组（Pt_1x）茅垭片麻岩的侵入体和包体观察点

【骨干剖面】茅垭村 S287 凉亭南 89.9km 露头（图 2-1-8）。MYC02-1 展示小以村岩组浅灰色中粒黑云斜长片麻岩中岩墙状的灰黑色细粒斜长角闪（片）岩（图 2-1-8A、B）；MYC02-2 展示茅垭片麻岩中拉长的细粒暗色铁镁质包体（图 2-1-8C）。

图 2-1-8　茅垭村小以村岩组茅垭片麻岩与岩墙状斜长角闪岩

【薄片照片】展示 MYC02-1 灰黑色细粒斜长角闪片岩薄片照片（图 2-1-9）。

图 2-1-9　茅垭村小以村岩组茅垭片麻岩中岩墙状斜长角闪片岩薄片照片

【骨干点号】MYC02-6

【骨干点义】小以村岩组茅垭片麻岩内新元古代石英闪长岩侵入体观察点

【骨干剖面】茅垭村 S287 省道 90.0km 处露头（图 2-1-10）。展示小以村岩组内浅灰色细粒石英闪长岩侵入体及其所含暗色包体（图 2-1-10A、B）以及岩石薄片照片（图 2-1-10C），显示未变质变形。

图 2-1-10　茅垭村小以村岩组茅垭片麻岩及石英闪长岩侵入体宏观与微观特征

【骨干点号】MYC03

【骨干点意义】小以村岩组（Pt_1x）斜长角闪岩与石英岩分界

【骨干剖面】茅垭村S287省道90.1km处剖面（图2-1-11）。点北东处为小以村岩组灰黑色细粒斜长角闪岩（图2-1-11A、B），点南西处为小以村岩组浅灰色条带状黑云母石英岩（图2-1-11B、C）。此点是孔兹岩系的起点。

图2-1-11 茅垭村小以村岩组斜长角闪岩与石英岩分界

【薄片照片】展示小以村岩组浅灰色条带状黑云母石英岩薄片照片（图2-1-12）。

图2-1-12 茅垭村小以村岩组条带状黑云母石英岩薄片照片

【知识链接】

小以村岩组（Pt_1x）：（标准定义）小以村岩组中、下部为含石墨黑云斜长片麻岩、大理岩、钙硅酸盐岩-石英岩组合；上部为斜长角闪岩夹黑云斜长片麻岩、石英片岩及富铝片麻岩与片岩，顶部偶见大理岩透镜体。石榴子石在上部各类岩石中普遍存在，并常与红柱石、夕线石、蓝晶石和刚玉等共生，构成了小以村岩组上部富铝层。底部以开始大量出现含石墨片麻岩及长石石英岩为标志与下伏古村坪岩组整合接触，上与庙湾岩组整合接触。厚度799.85m。（补充描述）小以村岩组属于表壳岩之孔兹岩系，形成于古元古代（2.43～2.03Ga）。

孔兹岩：Walton等（1983）在岩石学辞典中将孔兹岩系定义为"一套变质的铝质沉积岩，由石榴子石-石英-夕线石和石榴子石石英岩、石墨片岩及大理岩组成"。Narayanawmy（1975）提出了孔兹岩套（Khondalite Suite）的概念，它实际上是与孔兹岩有密切成因联系的六大类岩石的统称：①含和不含石榴子石的花岗片麻岩、注入片麻岩或混合岩；②含和不含石榴子石的石英-长石变粒岩和片麻岩；③含石榴子石的黑云母片麻岩；④石榴子石-夕线石-石墨片岩和片麻岩；⑤结晶灰岩、钙硅酸盐岩和钙质麻粒岩；⑥石英岩、石榴子石-石英岩、石榴子石麻粒岩、磁铁石英岩。一般认为孔兹岩系的原岩属于稳定的陆棚浅海沉积物。普遍含不同规模的晶质石墨、夕线石、刚玉及云母等非金属矿产（杨金香，2007）。

【骨干点号】MYC03-3
【骨干点义】小以村岩组（Pt_1x）孔兹岩系变质变形特征观察点
【骨干剖面】茅垭村 S287 省道 90.15km 处剖面。展示小以村岩组灰白色条带状石英岩与灰黑色黑云母片岩夹灰黑色细粒斜长角闪岩（图 2-1-13）。可见互层岩系形成的流变褶皱（图 2-1-13A～C）。

图 2-1-13　茅垭村小以村岩组孔兹岩系岩石组合与变质变形特征

【骨干点号】MYC03-4
【骨干点义】小以村岩组（Pt_1x）石英岩的叠瓦状逆冲断裂系与热液型铅锌矿化观察点
【骨干剖面】茅垭村 S287 省道。展示流变褶皱的条带状石英岩发育的叠瓦状逆冲断裂系（图 2-1-14）。可见断层的牵引构造（图 2-1-14A）；在一条断裂破碎带内见团块状中低温热液型铜-铅-锌矿化（图 2-1-14B）。

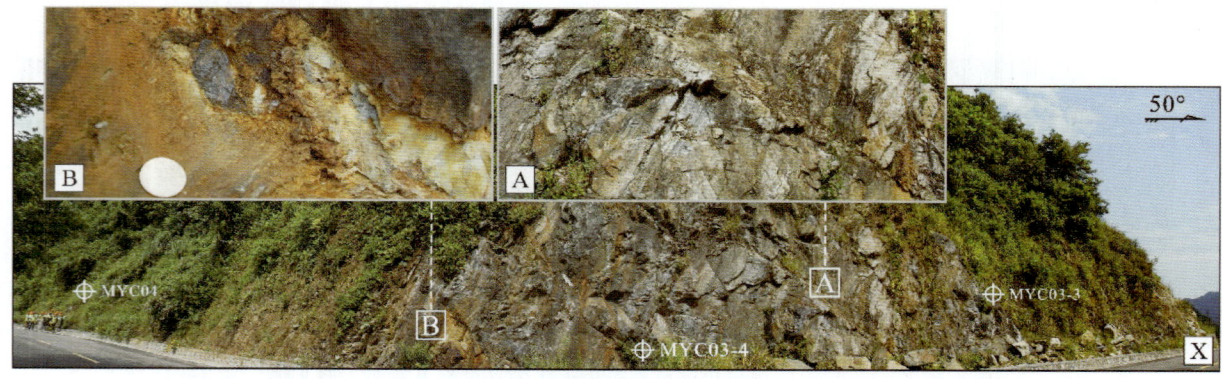

图 2-1-14　茅垭村小以村岩组脆性叠瓦状逆冲断层及矿化现象

【骨干点号】MYC04
【骨干点义】小以村岩组（Pt_1x）灰白色条带状硅灰石大理岩和石英透闪透辉岩观察点
【骨干剖面】茅垭村 S287 省道。展示灰白色条带状细—中粒硅灰石大理岩夹石英透闪透辉岩（图 2-1-15A、B），透闪石呈放射状集合体，尚见晶色洞构造（图 2-1-15C）。

图 2-1-15　茅垭村小以村岩组大理岩

【骨干点号】MYC04-3

【骨干点义】小以村岩组（Pt_1x）石英岩与黑云母片岩观察点

【骨干剖面】茅垭村 S287 省道 90.3km 处露头（图 2-1-16）。展示小以村岩组灰绿色石英岩或黑云母石英片岩夹灰黑色黑云母片岩（图 2-1-16A～C）。原岩为砂岩夹泥岩薄层或条带。可见流变褶皱（图 2-1-16B）和肠状褶皱（图 2-1-16D）。

【薄片照片】展示小以村岩组石英片岩薄片照片（图 2-1-16C）。宏观上石英岩为块状构造，镜下可见石英遭受强烈的压溶作用，石英颗粒拉长、连接呈条带状。

图 2-1-16　茅垭村小以村岩组石英岩夹黑云母片岩

【骨干点号】MYC04-4

【骨干点义】小以村岩组（Pt_1x）硅灰石大理岩观察点

【骨干剖面】茅垭村 S287 省道 90.34km 处剖面（图 2-1-17）。展示小以村岩组灰白色条带状含石英硅灰石大理岩（原岩为含硅碳酸盐岩）。硅灰石呈放射状结合体（图 2-1-17B）。

图 2-1-17　茅垭村小以村岩组硅灰石大理岩

【骨干点号】MYC05

【骨干点义】小以村岩组（Pt_1x）大理岩与黑云斜长角闪岩分界点

【骨干剖面】茅垭村 S287 省道 90.37km 处剖面（图 2-1-18）。展示点北部为小以村岩组灰白色条带状大理岩和纯白色大理岩（露头覆盖严重，参考 MYC04-4）；点南部为巨厚层灰黑色细粒斜长角闪岩（图 2-1-18A），见紧闭流变褶皱（图 2-1-18B）以及黄铜矿、斑铜矿、黄铁矿等组成的热液硫化物矿化现象（图 2-1-18C、D）。

图 2-1-18　茅垭村小以村岩组大理岩与斜长角闪岩分界

【薄片照片】展示小以村岩组含铜矿化斜长角闪岩薄片（2-1-19A）和光片照片（图 2-1-19B）。

图 2-1-19　小以村岩组含铜矿化斜长角闪岩薄片和光片照片

【骨干点号】MYC05-2

【骨干点义】小以村岩组(Pt_1x)糜棱岩化含石榴子石石英岩

【骨干剖面】茅垭村 S287 省道 90.41km 处剖面。展示小以村岩组糜棱岩化含石榴子石黑云母石英岩（图 2-1-20）；石英岩发育紧闭流变褶皱（图 2-1-20A）和石英旋转碎斑（图 2-1-20B），见大量分散状石榴子石（图 2-1-20C）和"眼球状"石榴子石旋转碎斑（图 2-1-20D）。尚可见裂隙充填石英脉和粗粒立方体黄铁矿集合体（未展示）。

图 2-1-20　茅垭村小以村岩组糜棱岩化含石榴子石黑云母石英岩

【薄片照片】展示糜棱岩化含石榴子石黑云母石英岩的流变褶皱和薄片照片（图 2-1-21）。

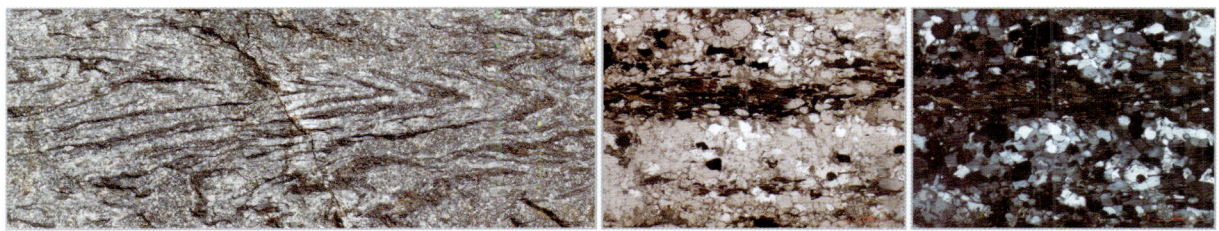

图 2-1-21　茅垭村小以村岩组糜棱岩化含石榴子石黑云母石英岩薄片照片

【骨干点号】MYC05-5

【骨干点义】小以村岩组(Pt_1x)石英岩中脆性逆冲断裂带

【骨干剖面】茅垭村 S287 省道 90.50km 处露头（图 2-1-22）。左侧（南西侧）展示高角度逆冲断裂带及其内部碎裂岩或构造角砾岩（图 2-1-22A）；右侧（北东侧）展示叠瓦状逆冲断层系。

图 2-1-22　茅垭村小以村岩组石英岩中脆性逆冲断层系

【骨干点号】MYC06

【骨干点义】小以村岩组（Pt_1x）与庙湾岩组（Pt_1m）分界

【骨干剖面】茅垭村 S287 省道 90.56km 处剖面（图 2-1-23）。点以北为小以村岩组浅灰色黑云母石英岩；点以南为庙湾岩组灰黑色斜长角闪岩（图 2-1-23X），线理构造清晰（图 2-1-23A、B）。

图 2-1-23　茅垭村小以村岩组与庙湾岩组分界

【知识链接】**庙湾岩组（Pt_1m）**：（标准定义）庙湾岩组为一套厚度巨大、岩性单一的具条带、条纹构造的斜长角闪片岩夹石英岩、角闪斜长片麻岩及石榴子石角闪片岩。以巨厚—厚层状斜长角闪片岩的出现与下伏小以村岩组分界，顶被拉伸系莲沱组不整合覆盖。原岩以基性火山岩类（玄武岩）为主夹少量中性岩（安山岩），为拉张环境下陆壳向洋壳演化过程中的产物。厚度 864.12m。（补充描述）庙湾岩组也形成于古元古代（2.00～1.85Ga）。

【骨干点号】MYC06-2

【骨干点义】庙湾岩组（Pt_1m）斜长角闪岩中逆冲断裂带结构观察点

【骨干剖面】茅垭村 S287 省道 90.75km 处露头（图 2-1-24X），展示庙湾岩组灰黑色条带状斜长角闪岩中发育的脆性逆冲断层（X）。该断裂带可识别出外缘损伤带-过渡带-核心带，之间为断层面分隔。损伤带存在密集的裂缝；过渡带岩石碎裂，呈构造透镜体叠加；核心带断层泥含量高，构造透镜体夹于其中，片理化更显著。

【地质编图】编制逆冲断裂带结构图，分析断裂带碎裂岩系由损伤带到核心带的变化。

图 2-1-24　茅垭村庙湾岩组斜长角闪岩中逆冲断裂带结构

【骨干点号】MYC06-5

【骨干点义】庙湾岩组（Pt_1m）斜长角闪岩与方解石英岩

【骨干剖面】茅垭村 S287 省道 90.90km 处剖面（图 2-1-25X）。展示庙湾岩组灰黑色斜长角闪岩（原岩为玄武岩，图 2-1-25A）与绿灰色条带状黑云母方解石石英岩，滴酸激烈起泡（原岩为灰质砂岩）和薄片照片（图 2-1-25B）。石英岩发育流变褶皱。整个露头还发育叠瓦状脆性逆冲断层。

图 2-1-25　茅垭村庙湾岩组方解石英岩与斜长角闪岩

【骨干点号】MYC07

【骨干点义】大坪超基性岩体（$Pt_2D\Sigma$）与庙湾岩组（Pt_1m）分界

【骨干剖面】茅垭村 S287 省道 90.95km 处剖面（图 2-1-26X），右侧（北东侧）为庙湾岩组绿灰色条带状方解石英岩（图 2-1-26A），滴酸激烈起泡；左侧（南西侧）为大坪超基性岩体的灰黑色蛇纹石化橄榄岩（图 2-1-26B），图 2-1-26B-1 以蛇纹岩为主，具强烈的韧-脆性剪切变形；图 2-1-26B-2 为表面蛇纹石化的橄榄岩；图 2-1-26B-3 为橄榄岩。二者接触处被覆盖，应该是侵入接触关系。

图 2-1-26　茅垭村大坪超基性岩体与庙湾岩组石英岩分界

【骨干点号】MYC07-3

【骨干点义】大坪超基性岩体蛇纹石化橄榄岩中的铬铁矿

【骨干剖面】茅垭村S287省道91.3km处剖面(图2-1-27)。展示浅灰绿色蛇纹石化橄榄岩中存在豆状分散式分布的铬铁矿晶体,具磁性(图2-1-27A、B为露头岩石,图2-1-27C为薄片)。

图2-1-27 茅垭村大坪超基性岩体蛇纹石化橄榄岩中的铬铁矿

【知识链接】与超基性岩相关的矿床

(1)宜昌镁橄榄岩矿床。位于太平溪(大坪)超基性岩体中部,梅子厂一带岩体露头最低处,属于黄陵背斜核部西南缘天宝山复式背斜南翼梅子厂向斜。由弱蛇纹石化及未蚀变的巨晶纯橄榄岩组成。肉眼能见到巨大的橄榄石晶体,岩石具弱蛇纹石化(或无蚀变),氧化镁含量40.88%～48.41%。岩石以镁橄榄石为主,次为蛇纹石、滑石、透闪石及碳酸盐矿物。少量铬尖晶石、磁铁矿、绿泥石。镁橄榄石是构成矿石的主要有用矿物,蛇纹石、滑石、透闪石是有害矿物,铬尖晶石属于有益组分。该矿床属岩浆分异矿床。主要用途为制造镁橄榄石耐火材料及铸造型砂(徐云鹏等,1993)。

(2)太平溪铬铁矿矿床。铬铁矿体呈扁豆状、瘤状、细脉状、不规则状产出,成群或成带分布。矿化地段主要集中于岩体北部,延伸方向大体与岩体长轴方向一致。岩体的中部、南部较少,仅边缘零星分布。据岩石化学资料(湖北省地质矿产局,1990),Cr_2O_3平均含量在巨晶纯橄榄岩中为0.61%(11个样),在纯橄岩中为0.47%(14个样),在辉橄岩中为0.40%(9个样),在橄榄岩中为0.32%(8个样),平均含量为0.46%(42个样),是一般超基性岩的2～3倍。上述数据表明,纯橄岩、辉橄岩,特别是巨晶纯橄岩与成矿有关。成矿带主要集中于强烈蛇纹石化地段,矿石类型以浸染状铬铁矿为主,常与母岩渐变过渡,具有岩浆结晶分凝成矿特征。同时受构造裂隙控制,呈现脉状矿体。岩体中北部伴随铬铁矿体有铂、钯矿化现象,最高品位可达$0.67×10^{-6}$(《中国区域地质志·湖北志》,2021)。

【辅助点号】XXK04

【辅助点义】大坪超基性岩体蛇纹石化橄榄岩中的铬铁矿

【辅助剖面】(小溪口路线XXK)太红线小溪口橄榄岩采石场。展示大坪超基性岩($Pt_2D\Sigma$)弱蛇纹石化橄榄岩及其中的豆状铬铁矿的手标本与薄片照片(图2-1-28)。

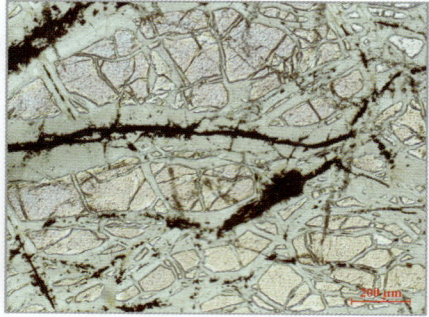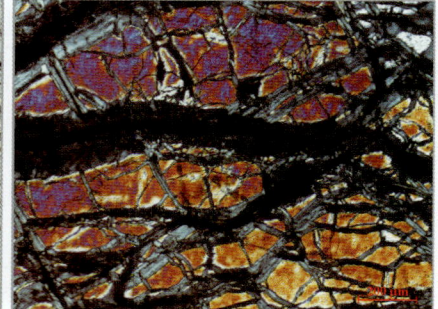

图2-1-28 小溪口大坪超基性岩体蛇纹石化橄榄岩手标本与薄片照片

【骨干点号】MYC08

【骨干点义】肖家咀基性岩体（$Pt_2Xν$）与大坪超基性岩体（$Pt_2D\Sigma$）分界

【骨干剖面】茅垭村S287省道91.4km处剖面（图2-1-29）。展示点右侧（北侧）大坪超基性岩体蛇纹石化橄榄岩和蛇纹岩（图2-1-29A）；展示点左侧（南侧）为肖家咀基性岩体伟晶斜长角闪岩（原岩为辉长岩，图2-1-29C）；展示中部为肖家咀基性岩体侵入大坪超基性岩体（图2-1-29B）。

图2-1-29 茅垭村肖家咀基性岩体与大坪超基性岩体侵入接触

【薄片照片】展示肖家咀基性侵入岩体伟晶斜长角闪岩（原岩为辉长岩）薄片照片（图2-1-30）。

图2-1-30 茅垭村肖家咀基性岩体伟晶斜长角闪岩薄片照片

【知识链接】

（1）超大陆与超大陆旋回。超大陆是指地球上多数陆块（数量≥75%）通过碰撞拼贴形成的一个统一的超级大陆（Meert，2012）。超大陆的聚合和裂解构成全球超大陆旋回。目前较普遍地认为地球曾经出现过5个超大陆：凯诺兰超大陆（约2.5Ga）、哥伦比亚超大陆（约1.8Ga）、罗迪尼亚超大陆（约1.0Ga）、冈瓦纳或潘诺西亚超大陆（约0.6Ga）、潘吉亚超大陆（约0.25Ga）（Zhao et al.，2002；Condie，2002；Nance et al，2013，2014；Broussolle，2022）。

（2）哥伦比亚超大陆的聚合与裂解。Rogers（2000）提出哥伦比亚超大陆存在的可能性，之后提出了1.9~1.5Ga期间十分简略的哥伦比亚超大陆复原图（Rogers，2002）。Hoffman（1988）曾提出晚古元古代2.0~1.8Ga造山作用是一次超大陆地质事件。目前比较公认的哥伦比亚超大陆最终会聚的时间应为1.8Ga或1.78Ga（陆松年等，2002；Gradstein et al.，2004；Kranenvonk，2012；耿元生等，2019）。超大陆从1.8~1.75Ga开始裂解。华北地块、扬子地块都参与了哥伦比亚超大陆的聚合与裂解的过程。华北地块2.0~1.8Ga的吕梁造山运动属于哥伦比亚超大陆的聚合事件。华北地块的熊耳群火山岩（1789~1750Ma）和广泛分布的基性岩墙群代表超大陆的裂解（耿元生等，2019）。

扬子地块普遍经历了 2.0～1.9Ga 期间的变质作用（Qiu et al.，2000；Gao et al.，2001，2011；Zhang et al.，2006；Wu et al.，2009；Yin et al.，2013；Wang et al.，2016），表明其参与了形成哥伦比亚超大陆聚合的造山过程（耿元生等，2016；Wang et al.，2016）；扬子地块在哥伦比亚超大陆形成后的最初拉伸发生于 1.85Ga，以发育代表拉张环境的（圈椅埫）A 型花岗岩、基性岩墙和环斑花岗岩为标志（Xiong et al.，2009；Peng et al.，2009，2012；Zhang et al.，2011；Zhou et al.，2017）。

（3）神农架群。秭归实习区缺乏中元古代沉积地层，故此简要介绍出露于神农架隆起的神农架群，以便更好地了解中元古代构造-沉积史。扬子克拉通北缘中元古界主要有分布于湖北省神农架地区的神农架群（Pt_2Sn）、大洪山地区的打鼓石群（Pt_2D），以及少量分布于崆岭地区的吴家台组（Pt_2w）。神农架群为一套极浅变质陆源碎屑岩—碳酸盐岩-火山岩组合。神农架群主要岩性为藻礁白云岩、泥粉晶白云岩、粉砂岩等，夹砾岩、细砂岩、泥岩、多层火山岩和铁矿层。地层厚度超过 13 000m。主体形成于局限台地相至台地边缘礁滩相的碳酸盐岩陆棚区（田辉等，2018；赵小明等，2022）。同位素年代学研究表明神农架群形成于 1.4～1.0Ga 之间（Qiu et al.，2011；李怀坤等，2013；徐大良等，2016）。神农架群可能是哥伦比亚超大陆裂解高峰期到罗迪尼亚超大陆会聚初期的沉积记录。

L02 秭归港地质路线

露头照片反映的是更经典的露头。
我们对地质现象的认知,绝大多数开始于书本里的露头照片或素描,
后来才在实际露头观测中获得更深入的理解。

1. 实习路线

秭归基地—秭归港—兰陵溪—九曲脑—秭归基地

2. 实习任务

(1) 观察黄陵复式花岗岩体太平溪单元岩性及包体和脉体特征。
(2) 观察黄陵复式花岗岩体中坝单元岩性特征。
(3) 观察中坝单元石英闪长岩与崆岭群庙湾岩组侵入接触关系。
(4) 观察崆岭群庙湾岩组岩石组合和变质矿物。
(5) 了解混合岩化作用与混合岩的分类。

3. 路线简介

该路线位于黄陵隆起西南缘,由黄陵复式花岗岩体向西穿越岩体与崆岭群的接触边界,再向西穿越庙湾岩组,是一条岩浆岩-变质岩及相关矿产的路线。路线由秭归港路线(ZGG)、兰陵溪路线(LLX)和九曲脑路线(JQN)合并(图2-2-1)。首先观测黄陵复式花岗岩体太平溪单元石英闪长岩体及暗色包体,再观察侵入的闪长岩岩脉、花岗伟晶岩脉和花岗细晶岩脉。其次沿长江向西前往兰陵溪观察中坝单元岩体与庙湾岩组混合岩接触关系。之后在九曲脑中桥观察庙湾岩组阳起石\石榴子石石英岩。最后观察黄陵复式花岗岩体西翼陡二段褶皱。

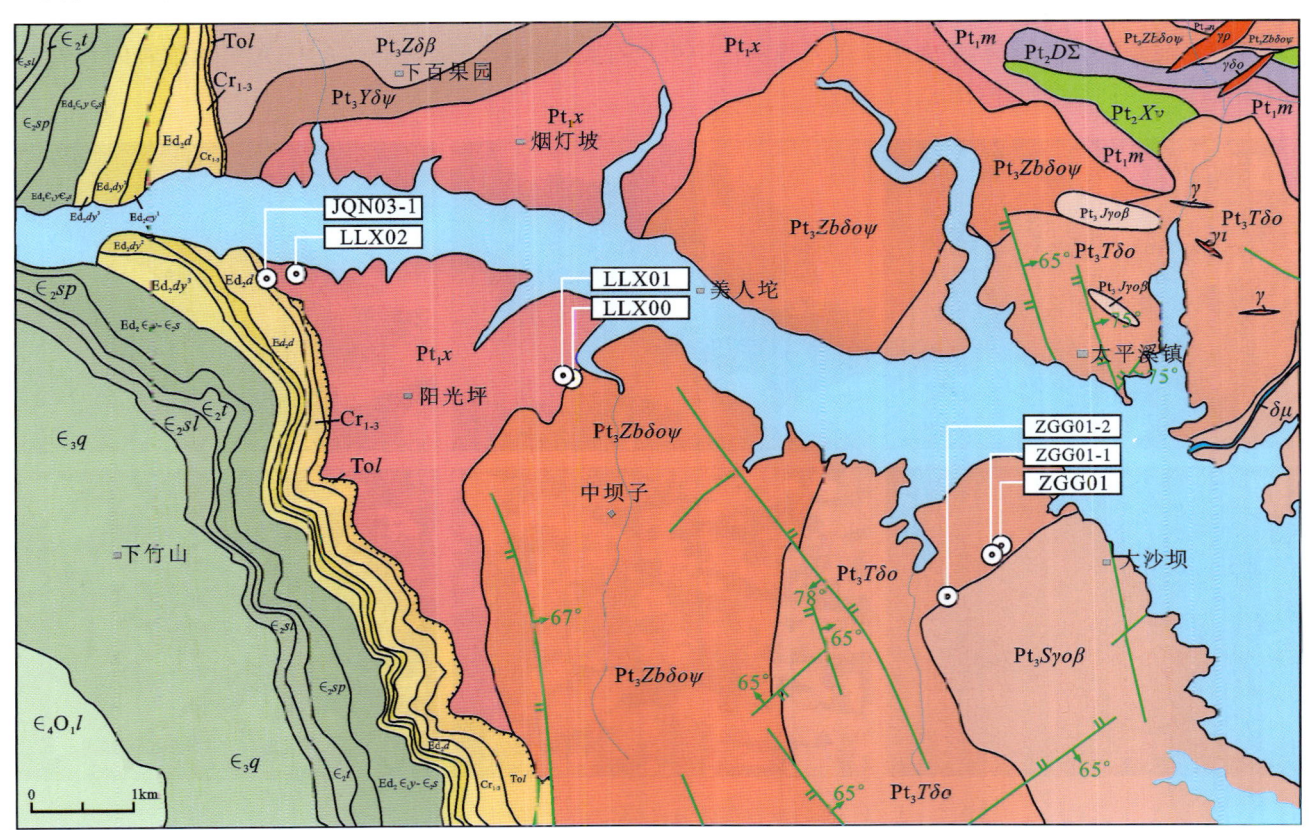

图 2-2-1 秭归港路线地质图与点位分布(据1:5万新滩幅东部地质图,1991修编;图例见附录F07)

4. 地质路线

【骨干点号】ZGG01

【骨干点义】太平溪单元（$Pt_3T\delta o$）与岩脉和包体观察点

【骨干剖面】秭归港滚装码头石料厂（图2-2-2）。茅坪超单元太平溪单元（$Pt_3T\delta o$）主体岩性为浅灰色中—粗粒角闪石英闪长岩，含灰黑色细粒闪长玢岩包体。可见灰黑色细粒闪长岩脉体（图2-2-2A、B）与肉红色花岗伟晶岩脉（图2-2-2B、C）先后侵入穿插。

图2-2-2 秭归港太平溪单元石英闪长岩体及脉体

【薄片照片】秭归港石料厂太平溪单元浅灰色中粗粒石英闪长岩（图2-2-3A）与灰黑色细粒闪长岩脉体（图2-2-3B）薄片照片（图2-2-3）。

图2-2-3 秭归港石英闪长岩（A）与闪长岩脉（B）薄片照片

【知识链接】太平溪中粗粒石英闪长岩体（$Pt_3^2 T\delta o$）

产状特征：太平溪单元呈近南北—北北东向带状展布，南东侧被三斗坪单元穿切，北侧侵入崆岭群。

岩石特征：主要岩性为中粗粒石英闪长岩，主要矿物为斜长石64%～66%、石英14%～16%、普通角闪石11%～13%和黑云母5%～6%。副矿物种类较少，磁铁矿占主导，磷灰石、褐帘石含量较高。

包体特征：岩体中包体极发育，主要为闪长玢岩质包体，呈长条状、透镜状产出，外形圆滑，多密集呈条带状产出，带宽一般为3～5m不等，顺叶理产出。

形成时代：太平溪单元形成时代应早于三斗坪英云闪长岩体，但晚于中坝中细粒石英闪长岩体。

【骨干点号】ZGG01-1

【骨干点义】太平溪单元（$Pt_3^2 T\delta o$）石英闪长岩体中的暗色微粒包体和岩脉观察点

【骨干剖面】秭归港滚装码头石料厂（图2-2-4X）。太平溪浅灰色中粗粒石英闪长岩体中发育大量暗色微粒包体，多数呈不规则的球形、椭圆形、透镜状等（图2-2-4A，B），有的具有拉长的定向流动构造（图2-2-4C）。此外，长柱状角闪石也显示出定向流动构造。露头中部可见浅灰肉红色花岗伟晶岩脉体穿插（图2-2-4X）。

图2-2-4　秭归港太平溪单元暗色包体和伟晶岩脉

【薄片照片】暗色微粒包体主要为闪长岩（图2-2-5A）和闪长玢岩（图2-2-5B）。

图2-2-5　太平溪单元暗色微粒包体薄片照片

【知识链接】

包体：包体一词是不具成因含义的，指的是任意一种岩石包体被包裹在火成岩（通常是花岗质岩石）之中（Didier et al.，1991）。对于中酸性岩中的包体，根据其来源可划分为源区包体、同源包体及异源包体；根据其颜色可划分为暗色包体和浅色包体（陈安国等，1993）。源区包体是岩浆发源地区的岩石包体，包括源岩包体和残余体。同源包体指包体与寄主岩为同源岩浆的产物，包括冷凝边包体及析离体。异源包体又称捕虏体，即岩浆侵位过程中所捕虏的与寄主岩无成因联系的围岩碎块，按岩石类型可分为岩浆岩、沉积岩及变质岩捕虏体。

暗色微粒包体：Didier等（1991）认为花岗岩中的岩石包体可以分为3种基本类型：捕虏体、残留体、镁铁质微粒包体（MME），即暗色微粒包体。暗色微粒包体也称镁铁质微粒包体、镁铁质微粒花岗岩类包体、镁铁质岩浆包体，是花岗岩类侵入体中最丰富的包体类型。Barbarin（1988）则认为暗色微粒包体（MME）是被长英质岩浆包裹的镁铁质岩浆团。Barbarin（2005）和Kocak等（2011）等认为包体是与酸性岩浆发生混合的幔源基性岩浆组分。

【骨干点号】 ZGG01-1A

【骨干点义】 花岗伟晶岩脉观察点

【骨干剖面】 与ZGG01-1同一剖面（图2-2-6）。展示带肉红色色调的浅灰色花岗伟晶岩脉。注意观察伟晶岩脉的带状构造，可粗略识别出外带、内带和中央带。

图2-2-6 秭归港太平溪单元侵入的花岗伟晶岩脉

【知识链接】伟晶岩及相关矿产

伟晶岩指由巨粒（>10mm）矿物组成的淡色结晶岩，是富含挥发分的硅酸盐残浆，侵入火成岩或围岩裂隙中缓慢结晶而成的。一般呈肉红色、灰白色，具有巨粒结构的酸性至碱性脉岩。常呈脉状，并成群产出。按矿物的组合可以分为花岗伟晶岩、霞石正长伟晶岩和辉长伟晶岩。花岗伟晶岩中除水晶、长石和白云母为重要矿产外，还经常伴生有含稀有元素的矿物，如绿柱石、铌钽铁矿等，故为稀有元素矿床的重要母岩。通常比较完整的花岗伟晶岩脉，由外而内可划分为边缘带、外侧带、中间带和内核带。①边缘带（外带）：主要由细粒结构的长石、石英构成，又称细粒结构带。该带厚度一般很小，从几厘米到十几厘米，形状不规则且不连续，一般不含矿。②外侧带（外带）：由文象结构和粗粒结构的长石、石英所组成，又称文象粗粒结构带。该带厚度较大，但不稳定，一般不含矿。③中间带（内带）：该带位于外侧带和内核带之间，主要由巨晶、块状的微斜长石和石英组成，厚度较大，连续性较好，又称块状长石-石英带。此带矿化发育，是稀有、稀土金属矿产及白云母、长石的富集地段。④内核带（中央带）：形态常不规则，常位于伟晶岩脉中间，特别是其膨胀部分的中心，通常由石英块体或石英-锂辉石块体组成。在内核中心部位有时出现晶洞，并有宝石类矿物产出。

【骨干点号】ZGG01－1B

【骨干点义】花岗细晶岩脉观察点

【骨干剖面】ZGG01－1露头上方，展示灰色花岗细晶岩脉（图2－2－7）。

图2－2－7　秭归港太平溪单元侵入的花岗细晶岩脉

【骨干点号】ZGG01－2

【骨干点义】太平溪单元（$Pt_3^2T\delta o$）共轭伟晶岩脉观察点

【骨干剖面】秭归港滚装码头石料厂（图2－2－8）。图2－2－8X展示太平溪单元浅灰色（风化色呈浅褐黄色）中—粗粒石英闪长岩体，里面含大量灰黑色暗色微粒包体，具有拉长的定向性。照片中的浅灰色新鲜的花岗岩球状体也是中—粗粒石英闪长岩，比周围的岩石耐风化。剖面主要展示不同方向的浅肉红色花岗伟晶岩脉以及X型共轭小断层与脉体的穿插关系（图2－2－8X）。花岗伟晶岩脉发育牵引褶皱（图2－2－8B）和在两组方向上的错断现象（图2－2－8A）。

【地质编图】展示充填伟晶岩脉的"X"形共轭断层与花岗伟晶状脉的切割关系，并判别应力状态。

图2－2－8　秭归港太平溪单元中"X"形共轭断层与花岗伟晶岩脉

【辅助点号】QLK01-2

【辅助点义】黄陵复式花岗岩体三斗坪单元($Pt_3^2 S\gamma o\beta$)脉体观察点

【辅助剖面】(青林口路线)芝茅公路许家湾观景台露头(图2-2-9)。展示黄陵复式花岗岩体三斗坪单元英云闪长岩及侵入的岩脉。主岩体为三斗坪单元的浅灰色中粗粒英云闪长岩(图2-2-9X-A),右侧可见深灰绿色辉绿(玢)岩脉(图2-2-9B),脉宽约1.5m,边缘为细粒结构,靠近中心为斑状结构,斑晶为辉石,岩石普遍发育绿泥石化蚀变;肉红色正长伟晶岩脉从左到右低角度贯穿岩体,并切割辉绿岩脉(图2-2-9B顶部);伟晶岩脉被一小型逆断层错断,伟晶岩脉卷入断裂带中(图2-2-9C)。伟晶岩脉边缘为正长细晶岩,靠中心为正长伟晶岩,左侧为2条花岗细晶岩脉(图2-2-9D),可见细晶岩脉切穿伟晶岩脉。此外,该点附近有月亮包石英脉型金矿床。

图2-2-9 青林口观景台三斗坪单元侵入的脉体

【薄片照片】展示辉绿岩的薄片照片,具有辉绿结构(图2-2-10)。

图2-2-10 青林口辉绿岩岩石薄片照片

【知识链接】秭归月亮包石英脉型金矿床

黄陵背斜是扬子地台的重要金矿成矿区之一(苏欣栋,1987;熊成云等,1998),现已发现金矿床(点)76个,含金矿脉近300条(向萌等,2021)。原生金矿床均分布在背斜两侧倾伏端转折部位,以雾渡河断裂为界划分为南、北两个矿田,共同组成了黄陵背斜金矿带(刘圣德等,2015)。

月亮包金矿则位于金矿带的南矿田,赋存于新元古代茅坪超单元三斗坪单元中粒英云闪长岩体的裂隙带中。裂隙带走向北北西,倾向北西,倾角70°～80°,也有北东向,但矿化较弱。该矿床属中低温热液含金硫化物石英脉型金矿床。成矿类型以石英脉型为主,其次为蚀变岩型和构造碎裂岩型,三者常同时产出。

矿体呈脉状、透镜状、不规则团块状和网脉状产出,脉宽一般为10～30cm。含金石英脉型矿石中金属矿物主要有黄铁矿、黄铜矿。浅部氧化带黄铁矿氧化为褐铁矿,黄铜矿氧化为孔雀石。脉石矿物主要有石英,其次为绢云母、绿泥石等。矿石以脉状、网脉状为主。矿石矿物多为细粒等轴状半自形—他形粒状、块状构造。矿物间常见充填结构及碎裂结构。品位一般为几克/吨至十几克/吨,最高达300g/t。矿化极不均匀,伴生有银和铜。蚀变岩型的蚀变种类有硅化、绢云母化、绿泥石化,其次为绿帘石化和绢云母化,品位一般小于20g/t。碎裂岩型以碎裂岩石英脉型、蚀变构造岩型多见。矿石多呈块状、角砾状、细脉及网状构造。

【骨干点号】LLX00

【骨干点义】中坝单元($Pt_3^2 Zb\delta o\varphi$)内崆岭群庙湾岩组($Pt_1 m$)捕虏体观察点

【骨干剖面】G348公路茅坪木材检查站西兰陵溪剖面(图2-2-11)。中坝单元为风化的黄褐色(新鲜色为浅灰色)中—细粒石英闪长岩,呈砂土状,含较大的庙湾岩组浅灰色黑云母条带状混合片麻岩捕虏体(图2-2-11A、B)和深绿灰色长英质细脉状混合岩化斜长角闪岩捕虏体(未展示)。

图2-2-11 兰陵溪中坝单元内崆岭群庙湾岩组捕虏体

【知识链接】中坝单元中细粒石英闪长岩体($Pt_3^2 Zb\delta o\psi$)

地质特征:中坝单元总体呈近南北—北东向弧形展布。西侧侵入崆岭群,南段被拉伸系莲沱组角度不整合覆盖,东侧与太平溪单元呈平行式侵入接触,南东侧被三斗坪单元斜切式穿切。

岩石特征:主要岩性为中细粒石英闪长岩,主要矿物为斜长石,含量为54%～55%;普通角闪石,含量为32%～33%;石英,含量为10%～11%;黑云母,含量为2%～3%。岩石中副矿物类型少,磁铁矿占主导,含少量锆石、磷灰石、黄铁矿等。

包体特征:有暗色微粒闪长(玢岩)质、斜长角闪岩、(角闪)黑云斜长片麻岩等包体,后两类包体特征与崆岭群变质岩具相似性,且多产于崆岭群的内接触带附近。

侵入时代:根据侵入接触关系,中坝细粒石英闪长岩形成时代应早于三斗坪英云闪长岩体,但晚于新元古代第一期的寨包细中粒辉长岩体。

【骨干点号】LLX01

【骨干点义】中坝单元（$Pt_3^2Zb\delta o\psi$）与崆岭群庙湾岩组（Pt_1m）侵入接触观察点

【骨干剖面】G348 公路茅坪木材检查站西兰陵溪剖面（图 2-2-12），接前文 LLX01 剖面。点南东为黄陵复式花岗岩体茅坪超单元中坝单元的浅灰色（风化色为褐黄色）中细粒黑云角闪石英闪长岩，点北西为崆岭群庙湾岩组浅灰色黑云母条带状混合片麻岩，二者呈侵入接触关系。混合岩的概念与分类参看附录 F01。

图 2-2-12　兰陵溪中坝单元与崆岭群庙湾岩组侵入接触界线

【骨干点号】LLX01-1、LLX01-2 和 LLX01-3

【骨干点义】崆岭群庙湾岩组（Pt_1m）岩性观察点

【骨干剖面】G348 公路茅坪木材检查站西兰陵溪剖面（图 2-2-13），接 LLX01 剖面。剖面被严重污染。LLX01-1 点出露较新鲜的庙湾岩组深灰色长英质斜长角闪质条带状混合岩（图 2-2-13A），LLX01-2 出露岩性与 LLX01-1 相同，长英质脉体含量略高，表面风化呈褐黄色（图 2-2-13B）。在 LLX01-3 出现深灰绿色条带状斜长角闪岩（图 2-2-13C）。

图 2-2-13　兰陵溪崆岭群庙湾岩组岩性变化

【地质编图】编制中坝单元（$Pt_3^2Zb\delta o\psi$）与崆岭群庙湾岩组（Pt_1m）侵入接触关系剖面图或示意图。注意展示从起点 LLX00 到终点 LLX01-3，由单一的中坝单元中细粒石英闪长岩，到石英闪长岩体含庙湾岩组混合岩捕房体，再到石英闪长岩体与庙湾岩组混合岩侵入接触，最后到庙湾岩组条带状斜长角闪岩。

【骨干点号】LLX02A 和 LLX02B

【骨干点义】崆岭群庙湾岩组（Pt_1m）变质岩和变质矿物观察点

【骨干剖面】G348 公路九曲脑中桥剖面（图 2-2-14）。LLX02 点覆盖严重，为浅灰色—灰白色细粒含阳起石石英岩（图 2-2-14A）；阳起石为暗绿色，单晶呈长的棱柱状，长度可达 1~1.5cm，集合体呈放射状。LLX02B 点为浅灰色—灰白色含石榴子石石英岩（图 2-2-14B）。注意露头剖面上深灰色为风化色，新鲜色为浅灰色—灰白色；平行的节理发育（不是层理或片理）。

图 2-2-14 九曲脑崆岭群庙湾岩组石英岩里的变质矿物

【辅助点号】JQN03-1

【辅助点义】九曲脑陡一段与陡二段分界及陡二段褶皱观察点

【辅助剖面】（九曲脑路线 JQN）G348 九曲脑中桥露头（图 2-2-15），展示陡一段与陡二段分界（JQN03-1）。分界点东部为陡一段浅灰色中—厚层状白云岩；分界点西部为陡二段深灰色薄层状泥质白云岩夹灰黑色碳质页岩。陡二段背斜核部呈箱状，外围变宽缓，顶部发育小型的紧闭褶皱（图 2-2-15A）。该褶皱处于黄陵复式花岗岩体西侧，为黄陵背斜的挤压隆升机制提供了依据。

图 2-2-15 九曲脑陡一段与陡二段分界及陡二段褶皱

L03 花鸡坡地质路线

> 七言·莲沱三角洲
> 江河汹涌浊泥沙,跌宕起伏赴天涯。
> 纹层累筑前积梦,绽放水中妩媚花。

1. 实习路线

秭归基地—石板溪桥—花鸡坡—大门垭—秭归基地

2. 实习任务

(1) 观察描述新元古界拉伸系莲沱组—埃迪卡拉系灯影组地层序列。
(2) 了解扬子陆块基底与盖层不整合及罗迪尼亚超大陆的聚合与裂解。
(3) 了解新元古代的古地理、古气候和古生态。
(4) 了解埃迪卡拉系陡山沱组二段页岩气地质特征。
(5) 了解陡二段硅磷质结核代表的全球第二次成磷期。

3. 路线简介

路线位于土三路花鸡坡段,是新元古界拉伸系莲沱组—埃迪卡拉系灯影组地层序列与页岩气地质路线。起始于石板溪桥莲沱组与黄陵复式花岗岩体之不整合界面,观察莲沱三角洲垂向序列。再观察成冰系冰碛岩——"雪球地球"的产物;其次观察陡山沱组一段的盖帽白云岩、陡二段的富有机质页岩,其中赋存大量的硅磷质结核标志着全球第二次成磷期。继续观察陡三段薄层状白云岩、陡四段富有机质页岩夹白云岩透镜体及之上覆盖的灯影组一段白云岩与风暴沉积。最后至大门垭补充观测陡四段和三峡大坝(图 2-3-1)。

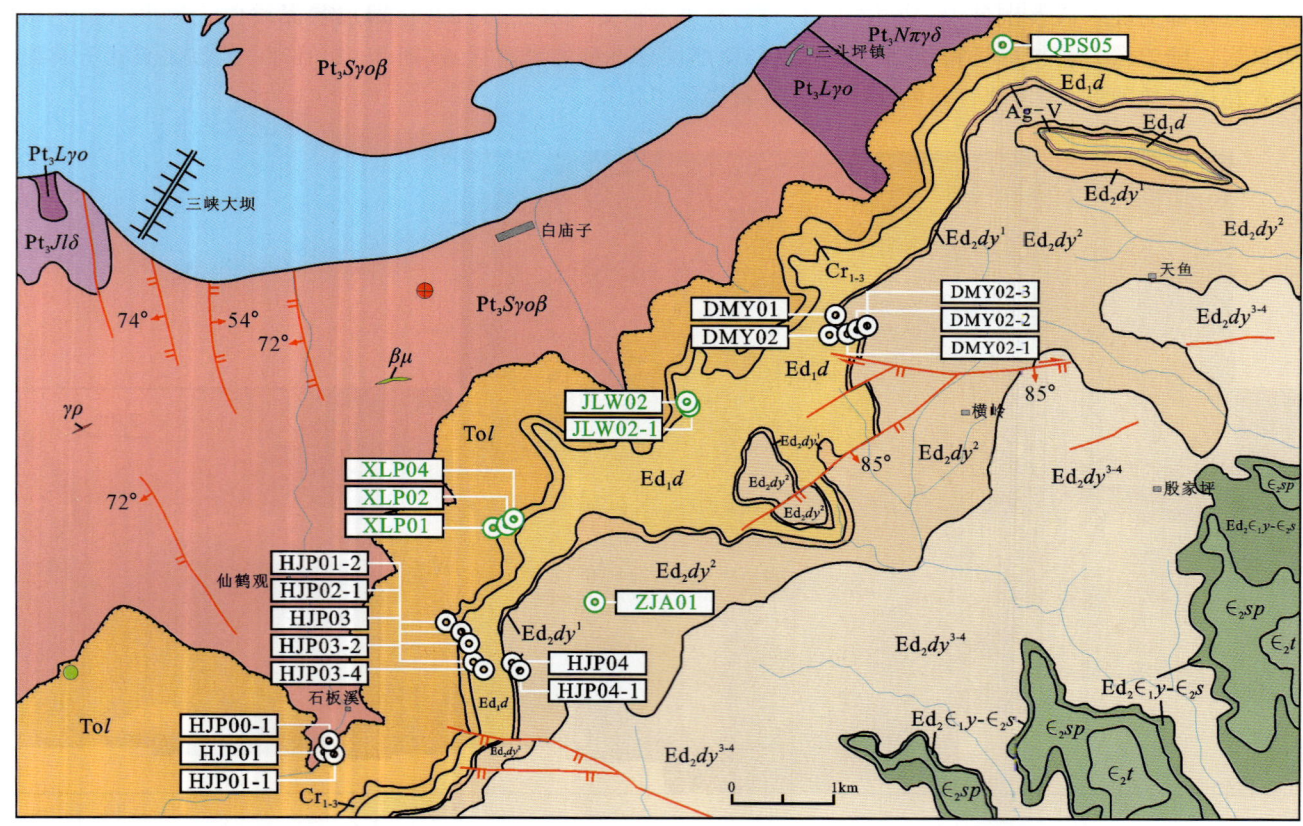

图 2-3-1 花鸡坡路线地质图与点位分布(据 1∶5 万三斗坪幅地质图,2011 修编;图例见附录 F07)

4. 路线地质

【骨干点号】HJP01

【骨干点义】黄陵复式花岗岩体三斗坪单元（$Pt_3S\gamma o\beta$）与拉伸系莲沱组（Tol）的接触关系

【骨干剖面】露头展示界面之下为黄陵花岗岩体三斗坪单元英云闪长岩、石英闪长岩，风化强烈（详见HJP00-1）；界面之上为拉伸系莲沱组紫红色砾岩、砂岩夹紫红色和灰绿色粉砂质泥岩、泥岩薄层（图2-3-2）。莲沱组底部为紫红色—灰色中—厚层状砾岩、砂砾岩、含砾粗砂岩（图2-3-2A、B），向上以粗—中—细砂岩为主，见正粒序递变层理、槽状交错层理（图2-3-2C、D）。砂体略呈透镜状叠置。辫状河三角洲平原亚相辫状分支河道微相，略向上则相变为辫状河三角洲前缘亚相水下分流河道微相。二者呈角度不整合接触。

图2-3-2 花鸡坡黄陵复式花岗岩体与莲沱组分界

【骨干点号】HJP00-1

【骨干点义】黄陵复式花岗岩体三斗坪单元（$Pt_3S\gamma o\beta$）岩浆岩岩性观察点

【骨干剖面】土三路点HJP01之北。展示新元古代黄陵复式花岗岩体茅坪超单元三斗坪单元英云闪长岩、石英闪长岩体新鲜露头（图2-3-3）。三体岩性为灰白色中粒角闪英云闪长岩（图2-3-3A、B）。

【薄片照片】展示三斗坪单元中粒角闪英云闪长岩薄片照片（图2-3-3C）。

图2-3-3 花鸡坡黄陵复式花岗岩体三斗坪单元岩石特征

【知识链接】

1. 莲沱组（Tol）

（标准定义）指黄陵花岗岩与南沱组之间的一套紫红色—暗紫红色的中—厚层状砂砾岩、含砾粗砂岩、长石石英砂岩、石英砂岩、细粒岩屑砂岩、长石质砂岩夹凝灰质岩屑砂岩、含砾屑凝灰岩。由下往上碎屑粒度由粗变细，顶界与南沱组冰碛岩底面呈平行不整合接触；底界与黄陵花岗岩呈角度不整合接触。宜昌王丰岗厚

71m，长阳滴水岩厚280m。产微古植物化石。

（补充描述）莲沱组为紫红色夹灰绿色碎屑岩夹凝灰质碎屑岩和凝灰岩，构成2个向上由粗变细的沉积旋回，可划分为上、下两段。每段旋回底部为砾岩、砂质砾岩，向上逐渐变为砂岩与泥岩互层，砂岩粒度向上逐渐变细，砂层厚度向上逐渐减薄。砂岩层常见底部冲刷面、大型槽状交错层理、前积交错层理、正粒序层理、波纹交错层理；泥岩常见水平层理。莲沱组属于辫状河三角洲沉积，下部以辫状河三角洲平原亚相为主，中上部为辫状河三角洲前缘亚相。

峡东地区可见南沱组冰碛岩内存在许多莲沱组紫红色砂岩砾石，反映莲沱组遭受了抬升—剥蚀。因此，南沱组与莲沱组之间应为平行—角度不整合接触。莲沱组与下伏的崆岭群变质岩系和黄陵花岗岩之间为角度不整合接触。莲沱组沉积时限为780～724Ma（高维等，2009；景先庆等，2018；徐琼等，2021）。

2. 不整合面与构造运动

不整合面是构造运动的响应，可利用不整合面划分构造运动阶段。现今的不整合面结构是极其复杂的。一个不整合面可能仅代表一次构造运动。图2-3-4A显示B4不整合面虽然表现为S3\S4、S2\S4、S1\S4、S0/S4之间的不整合，但其仅代表一次构造运动，且这次构造运动发生在S3与S4之间，而不是分别发生在S0、S1、S2与S4之间。通常一个不整合面也可能代表多次构造运动。图2-3-4B显示在$L1$处，S0\S4之间只能见到一个不整合面B4，但实际上还包含了S0\S1、S1\S2、S2\S3、S3\S4之间发生的构造运动。

从不整合界面的结构看，不整合面之下为时代较老的地层，界面之上为时代较新的地层。不整合常常表现为地层的缺失，且在区域上不同位置处（$L1$—$L5$）缺失的地层存在差异性（图2-3-4）。这样的结构常常导致人们对不整合所代表的构造运动时代的误判。例如图2-3-4A的情况往往被误判为构造运动从S1沉积后就开始了，实际上构造运动发生在S3沉积之后。不整合的时代应该以界面之下最新地层的时代为代表。

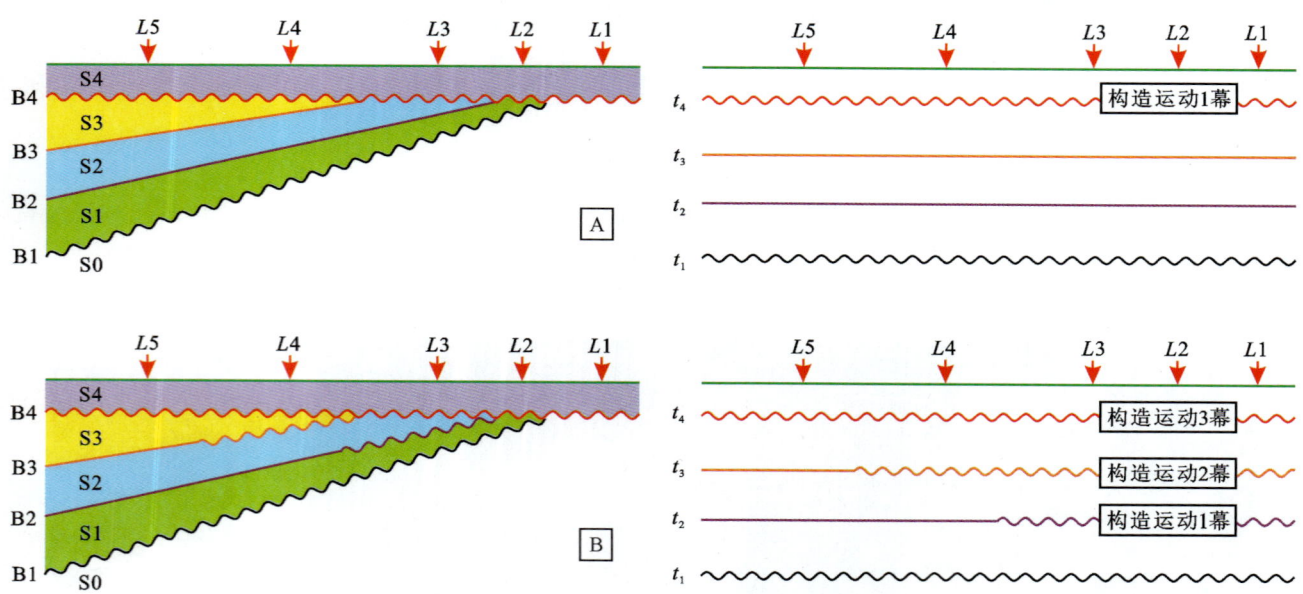

图2-3-4 不整合面与构造运动的对应关系

3. 黄陵花岗岩与莲沱组不整合结构

宜昌花鸡坡、王家岗等地区均见莲沱组不整合覆盖在新元古界黄陵复式花岗岩体之上（图2-3-5）。目前普遍认为黄陵复式花岗岩侵入时间为825～800Ma，显然莲沱组与黄陵复式花岗岩体不整合界面绝不是晋宁运动构造面（晋宁面）。同时，在秭归实习区许多地方还可见到莲沱组直接与太古宇—古元古界崆岭群接触。相比之下，秭归实习区北部的神农架地区在崆岭群之上还发育中元古界神农架群（Pt_2Sn）及新元古界拉伸系下部郑家垭组（Toz），然后才是拉伸系上部莲沱组（Tol）。这些地层之间一般均呈角度不整合：太古宇—古元古崆岭群\中元古界神农架群不整合（吕梁面，时间节点1.8Ga）、中元古界神农架群\新元古界郑家垭组不整合（晋宁面，时间节点1.0Ga）、新元古界郑家垭组\莲沱组不整合（黄陵面，时间节点0.82Ga）。

秭归实习区拉伸系莲沱组直接覆盖在太古宇—古元古界崆岭群或新元古界黄陵复式花岗岩体之上，二者之间的不整合界面为黄陵面,中间缺失吕梁面和晋宁面。莲沱组与崆岭群之间不整合的时间跨度约1.0Ga(图2-3-5)。

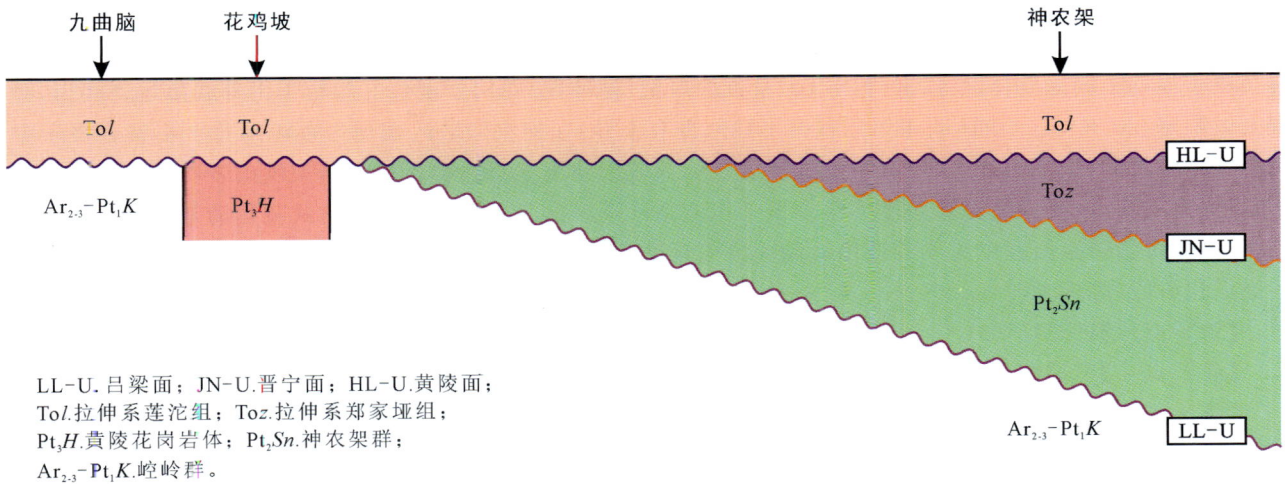

LL-U.吕梁面；JN-U.晋宁面；HL-U.黄陵面；
To*l*.拉伸系莲沱组；To*z*.拉伸系郑家垭组；
Pt₃H.黄陵花岗岩体；Pt₂Sn.神农架群；
Ar₂,₃-Pt₁K.崆岭群。

图2-3-5　花鸡坡黄陵花岗岩与莲沱组不整合结构示意图

4. 晋宁运动

晋宁运动由Misch(1942)创名。著者把云南中东部的震旦纪地层分为昆阳群、澄江砂岩、南沱冰碛层和灯影灰岩等(尹赞勋等,1965)。该运动指澄江砂岩和昆阳群间显著的角度不整合。如今昆阳群被归属于中元古界,澄江组(与莲沱组相当)被归属于新元古界。晋宁运动术语被广泛使用,但在应用过程中存在较大的分歧与争议。本书综合前人成果,将晋宁运动不整合厘定为中元古界与新元古界之间的角度不整合(时间节点为1.0Ga)。

目前大多数学者将晋宁运动与格林威尔造山运动相对比,认为华南发生于中—新元古代(1.0Ga左右)间的造山运动,是对全球格林威尔造山运动形成罗迪尼亚超大陆的响应(刘鸿允,1991;Li et al.,1995,1999;李献华,1998;陆松年,1998;Li,1999;凌文黎等,2000;王剑等,2000;徐备,2001;陆松年等,2004;郝杰等,2004;李献华等,2012;汪正江等,2015;周传明,2016)。中—新元古代之交(1.0~0.9Ga)中国各主要克拉通地块(包括华夏地块、扬子地块、华北地块、阿拉善-祁连-柴达木地块、塔里木地块)通过晋宁期碰撞拼合带发生过一次全面的多块体复杂拼贴(郭进京等,1999;祁生胜等,2001)。这次拼贴过程是全球性格林威尔碰撞造山作用和罗迪尼亚超大陆形成过程的一个组成部分。

华南晋宁运动使古华南洋盆关闭,扬子古陆与华夏古陆拼合形成华南统一的陆块——古华南陆。这次拼合发生了强烈的变质作用,形成了华南地块的变质基底。从新元古代开始古华南地块裂解,新成华南裂谷盆地或华南洋,直到加里东造山运动关闭。晋宁运动不整合面是扬子地块基底和盖层的分界面,也是扬子地块盖层沉积的开始。新元古代早期形成陆内裂谷盆地,新元古代晚期莲沱组以辫状河三角洲由陆向海进积。从超大陆旋回看,晋宁运动不整合也是罗迪尼亚超大陆聚合和裂解的不整合界面。

5. 罗迪尼亚超大陆的聚合与裂解

20世纪末期,McMenaming等(1990)、Hoffman(1991)、Moores(1992)、Dalziel(1991)等根据格林威尔造山运动及其造山带的识别和对比,提出在中元古代末期—新元古代初期全球的主要大陆会聚成了一个超大陆,称之为罗迪尼亚(Rodinia)超大陆。罗迪尼亚超大陆的聚合发生在中元古代晚期(1300~1000Ma),以格林威尔造山运动为标志,表现为早期弧-陆碰撞和晚期陆-陆碰撞。超大陆的裂解发生在新元古代早期(1000~900Ma),表现为初始大陆裂谷和基性岩墙群等。

华南陆块作为罗迪尼亚超大陆的一部分,参与了超大陆的聚合与裂解。华南古陆在中元古代是扬子古陆和华夏古陆两个独立的块体,两古陆间为古华南洋。中元古代与新元古代之交(1.0~0.8Ga)的晋宁运动使扬子古陆和华夏古陆沿江绍断裂带以陆-弧-陆形式碰撞会聚,最终形成统一的华南古陆。820~800Ma华南古陆开始裂解,形成以初始裂谷、基性岩墙群、A型花岗岩和双峰式火山岩为代表的一系列地质记录(白瑾等,1996;陆松年,2001;徐备,2001;郝杰,2004)。

6. 黄陵运动

黄陵运动原指三峡地区发生于中元古代—南华纪之间的一次显著的造山运动，造成广泛的花岗岩侵位，形成黄陵花岗岩体。运动界面在太古宇崆岭片岩与南华系莲沱组之间或在新元古界黄陵花岗岩和莲沱组之间（《中国区域地质志·湖北志》，2021）。后来的研究表明，黄陵运动表现为南华系（拉伸系）莲沱组以角度不整合覆于早期不同地质体之上，并伴随有大量青白口纪（拉伸纪）花岗岩侵位。与扬子南部武陵运动相当，时限大致限定在0.82Ga。该运动在湖北省内不同地方有差异：在神农架地区表现为莲沱组角度不整合覆于中元古界神农架群（Pt_2Sn）之上；在大洪山地区表现为莲沱组角度不整合覆于拉伸系大洪山岩群和土门岩组之上；在鄂南一带，表现为莲沱组角度不整合覆于拉伸系冷家溪群之上。与之相应的武陵运动是扬子陆块周缘洋-陆构造背景转换历程中重要的造山运动。经该运动后，扬子陆块周缘转入被动大陆边缘及陆内裂谷盆地发展演化阶段（陈建书等，2020）。

【骨干点号】HJP01-01

【骨干点义】莲沱组（Tol）同沉积正断层观察点

【骨干剖面】HJP01点附近露头，展示莲沱组紫红色中—厚层状细砂岩夹极薄层泥岩，见一小型同沉积正断层（生长正断层）。注意观察断裂两盘标志层紫红色泥岩和砂岩层厚变化（图2-3-6）。

图2-3-6　花鸡坡莲沱组同沉积正断层

【辅助点号】QLK01-2

【辅助点义】莲沱组莲一段与莲二段分界点

【辅助剖面】芝茅公路青林口剖面（图2-3-7）。点上（西）为莲沱组莲二段底部3层厚砂体（最上部第3层砂体被遮挡），深灰色含砾粗砂岩、粗—细砂岩，正粒序（图2-3-7A、B）；点下（东）为莲一段灰色中—薄层状细砂岩与紫红色泥岩、灰绿色凝灰质泥岩互层，顶部深灰色页岩（图2-3-7C）。辫状河三角洲前缘亚相水下分流河道和河口坝微相。

图2-3-7　青林口莲沱组莲一段与莲二段分界

【骨干点号】HJP01-2

【骨干点义】莲沱组莲二段紫红色碎屑岩系观察点

【骨干剖面】剖面位于花纸路 0km 与土三路交会点。莲沱组莲二段为紫红色中—厚层状含砾粗—细砂岩、粉砂岩夹薄层状泥岩,顶部夹灰绿色薄层状凝灰质粉砂岩、沉凝灰岩。砂体普遍呈透镜状(图 2-3-8X)。图 2-3-8A 展示典型水下分流河道自下而上的垂向序列:冲刷面及河道底部含紫红色泥砾的滞留沉积砂岩、槽状交错层理细砂岩、波状交错层理泥质粉砂岩(层面见波痕),整体呈正粒序递变,向上泥质含量增加。

图 2-3-8 花鸡坡莲沱组莲二段顶部地层特征

【辅助点号】XLP01

【辅助点义】莲二段辫状河三角洲前缘观察点

【辅助剖面】(洗脸坪剖面 XLP)花纸路露头,展示花纸路莲沱组莲二段紫红色薄—中层状细砂岩、粉砂岩与紫红色泥岩不等厚互层,夹一透镜状砂体(图 2-3-9)。泥岩发育水平层理,属于浅海沉积;图 2-3-9A 为透镜状砂体,见前积交错层理,属于辫状河三角洲前缘亚相水下分流河道微相;图 2-3-9B 为薄层状平直砂体,延伸较远,属于辫状河三角洲前缘亚相河口坝微相。

图 2-3-9 洗脸坪莲二段辫状河三角洲前缘沉积亚相

【骨干点号】HJP02

【骨干点义】拉伸系莲沱组（Tol）与成冰系古城组（Cr_1g）接触关系

【骨干剖面】该剖面莲沱组与南沱组的分界面被覆盖（观察辅助剖面 XLP02）

【辅助点号】XLP02

【辅助点义】拉伸系莲沱组（Tol）与成冰系古城组（Cr_1g）分界

【辅助剖面】（洗脸坪路线 XLP）花纸路洗脸坪村露头（图 2-3-10），展示界面之下为莲沱组莲二段顶部的亮灰绿色薄层状沉凝灰岩、凝灰质细—粉砂岩与紫红色细砂岩、粉砂岩等；界面之上为古城组灰绿色冰碛岩夹灰绿色含砾泥岩（冰湖沉积）。接触关系为平行不整合（局部地区可见角度不整合）。

图 2-3-10　洗脸坪拉伸系莲沱组与成冰系古城组分界

【辅助点号】QPS05

【辅助点义】拉伸系莲沱组（Tol）与成冰系古城组（Cr_1g）分界

【辅助剖面】（棋盘山剖面 QPS）陡纸线孔家包与罗家岩头村之间露头（图 2-3-11）。界面之下为莲沱组亮灰绿色中薄层状粉砂岩与紫红色粉砂质泥岩互层；界面之上为古城组灰绿色冰碛岩。冰碛岩中可见莲沱组亮灰绿色粉砂岩和紫红色泥岩的砾石，反映莲沱组被侵蚀，二者呈角度不整合接触。

图 2-3-11　棋盘山拉伸系莲沱组与成冰系古城组角度不整合

【知识链接】

澄江运动与晚澄江运动：由 Mish(1942)提出，指云南省晋宁地区原"下震旦统澄江砂岩（相当于莲沱组）"与南沱组之间的角度不整合构造运动。我国南方成冰系普遍发育两套冰成地层，在湖北省称古城组、南沱组，两者间为间冰期大塘坡组。莲沱组与古城组（澄江运动Ⅰ幕）、大塘坡与南沱组（澄江运动Ⅱ幕）均呈平行不整合接触，因此，澄江运动包括两幕，但以南沱组与不同时代地层（神农架群、黄凉河岩组、土门岩组）的平行不整合接触最为常见（《中国区域地质志·湖北志》，2021）。本书认为，若将莲沱组与古城组不整合命名为澄江运动，那么大塘坡组与南沱组不整合就不应该属于澄江运动。晚澄江运动指震旦系陡山沱组与南沱组的平行不整合现象，也指陡山沱组超覆不整合于黄陵变质基底、神农架群之上。显然，晚澄江运动与澄江运动更是分属于不同构造旋回。这样的命名会让人误解晚澄江运动与澄江运动属于同一构造旋回，因此应废弃。根据习惯，澄江运动（对应区域上的雪峰运动）应是拉伸系莲沱组与成冰系古城组之间的运动，时间节点为720Ma。澄江运动标志着成冰纪的到来。本书建议采用南沱运动取代晚澄江运动，标志成冰纪的结束。

南沱运动：南沱运动系指成冰纪发生的构造运动，表现为成冰系大塘坡组与南沱组之间平行不整合（南沱运动Ⅰ幕，时间节点 650Ma）和成冰系南沱组与埃迪卡拉系陡山沱组之间的平行不整合（南沱运动Ⅱ幕，即主幕，时间节点为 635Ma），标志着冰河世纪的结束。南华冰期沉积结束后，扬子地块周缘转入被动陆缘盆地发展阶段，海水由周缘全面向扬子陆块内部海侵，至震旦纪（埃迪卡拉纪）出现了较稳定沉积环境下的初始碳酸盐岩台地（陈建书等，2022）。

【辅助点号】XLP04A 和 XLP04B

【辅助点义】成冰系古城组(Cr_1g)\大塘坡组(Cr_2d)\南沱组(Cr_3n)分界面

【辅助剖面】花纸路洗脸坪村剖面（图 2-3-12）。XLP04A 点下为古城组（下冰碛岩段）灰绿色冰碛岩夹两层灰绿色粉砂质页岩；XLP04A 点上为大塘坡组紫红色冰碛岩，底部为厚层状灰绿色页岩；XLP04B 点上为南沱组（上冰碛岩段）灰绿色冰碛岩，冰碛砾石较少。成冰系具有"两灰绿夹一红"的鲜明特征。

图 2-3-12　洗脸坪成冰系古城组\大塘坡组\南沱组分界

【辅助点号】QLK02

【辅助点义】成冰系古城组(Cr_1g)\大塘坡组(Cr_2d)\南沱组(Cr_3n)分界面

【辅助剖面】芝茅路青林口剖面(图2-3-13)。展示QLK02-1点之下古城组(下冰碛岩)为灰绿色冰碛岩(图2-3-13A);界面之上大塘坡组为紫红色杂灰绿色页岩夹灰绿色含锰灰岩透镜体或薄层(图2-3-13B)。页岩新鲜色为灰绿色,在地表被氧化呈褐红色,偶含少量的细砾;含锰灰岩呈薄层或透镜体,一般厚2~10cm。QLK02-2点之上南沱组(上冰碛岩)为灰绿色冰碛岩(图2-3-13C)。左下见莲沱组与南沱组分界及小型正断层(QLK02)。

图2-3-13 青林口成冰系古城组\大塘坡组\南沱组分界

【辅助点号】QLK02-2B

【辅助点义】成冰系大塘坡组含锰灰岩夹层观察点

【辅助剖面】芝茅路青林口剖面QLK02点上坡方向(图2-3-14)。展示大塘坡组灰绿色—褐红色页岩夹2cm厚的含锰灰岩(风化色层鲜艳的褐红色),滴酸剧烈起泡(图2-3-14A、B)。

【薄片照片】镜下可见方解石呈透镜状或豆荚状集合体,之间为黏土质和有机质条带(图2-3-14C、D)。尚可见石英、长石碎屑。

【测试数据】大塘坡组含锰灰岩(锰方解石灰岩)电子探针分析结果:MnO 5.02%、CaO 50.06%、MgO 0.21%、Fe_2O_3 21%。

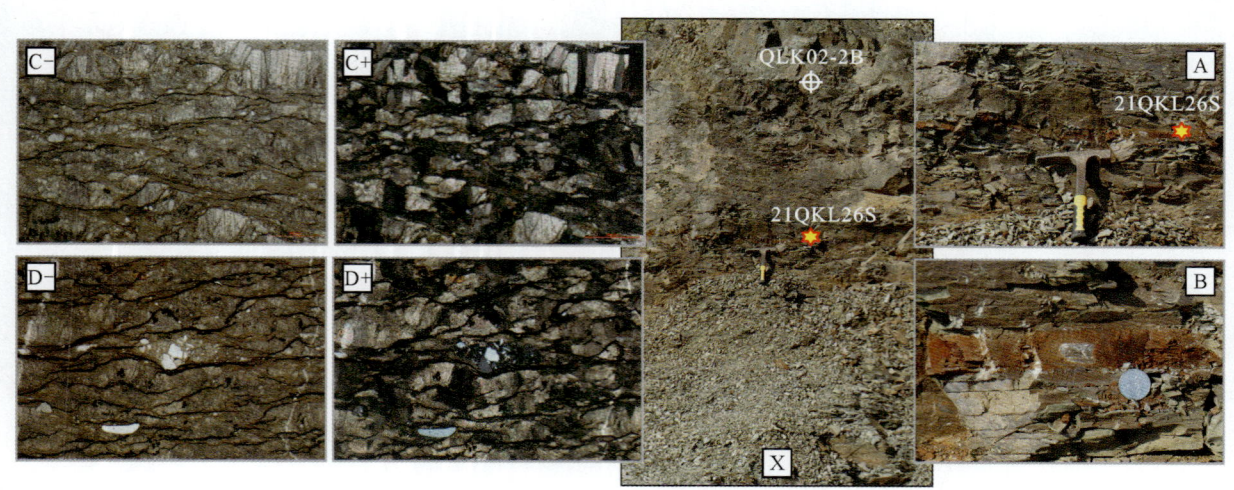

图2-3-14 青林口成冰系大塘坡组页岩夹含锰灰岩的露头和薄片照片

【辅助点号】GCC01 和 GCC02

【辅助点义】成冰系古城组(Cr_1g)\大塘坡组(Cr_2d)\南沱组(Cr_3n)分界点

【辅助剖面】长阳古城村古城锰矿区剖面，位于长阳背斜北翼（图 2-3-15）。下部古城组为灰绿色冰碛岩（图 2-3-15A），中部为大塘坡组下段灰色—灰黄色砂岩与泥岩互层（图 2-3-15B），可见淋滤的氧化锰；上段为含锰页岩夹菱锰矿层（图 2-3-15C），之上为含锰碳质页岩。上部南沱组为灰绿色冰碛岩（图 2-3-15D）。同时展示菱锰矿矿石光片和薄片照片（图 2-3-16）。

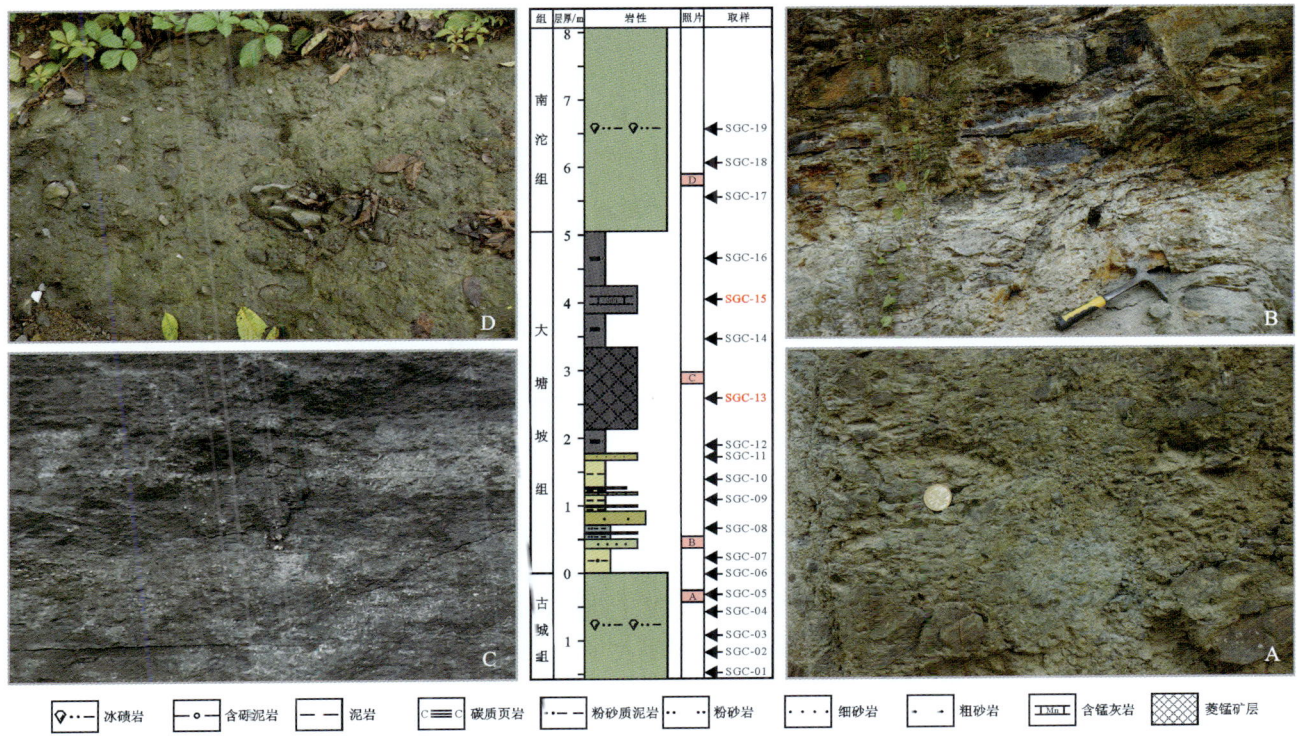

图 2-3-15　古城锰矿成冰系古城组\大塘坡组\南沱组分界

【薄片照片】古城锰矿大塘坡组菱锰矿矿石光片（图 2-3-16A1）和薄片照片（图 2-3-16B1），显示菱锰矿呈透镜状或豆荚状，之间为黏土质和有机质，含较多草莓状黄铁矿。

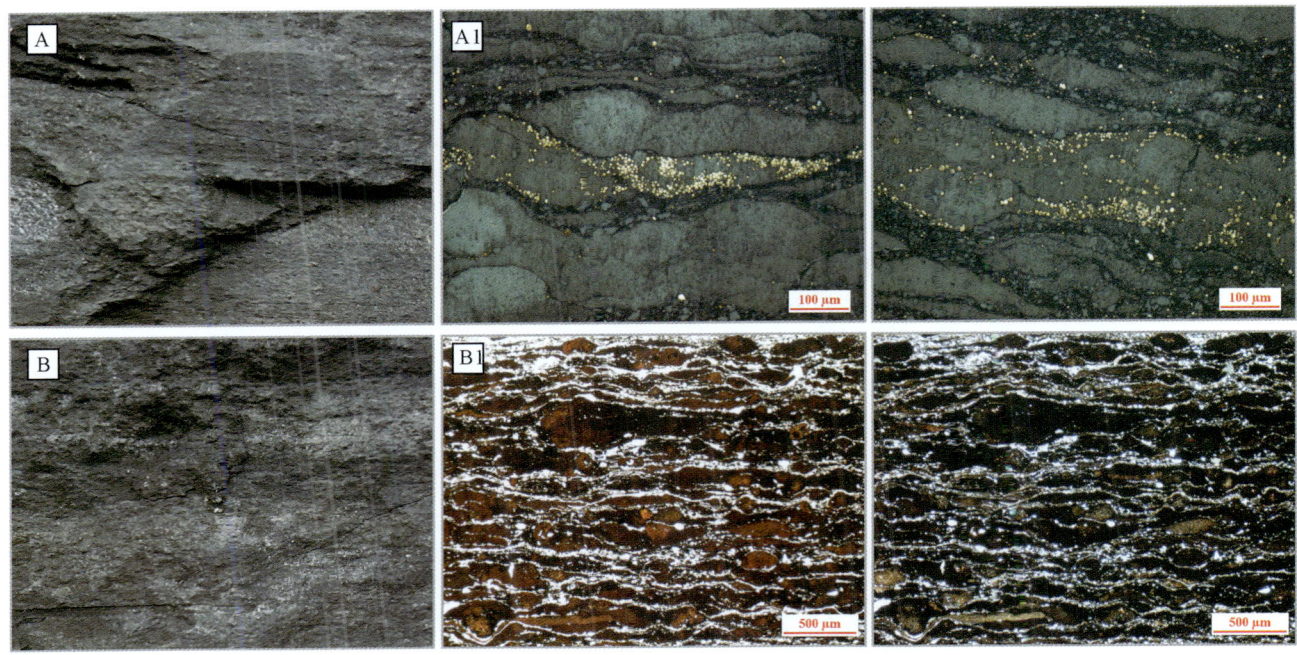

图 2-3-16　古城锰矿大塘坡组菱锰矿矿石光片和薄片照片

【知识链接】

1. 峡东地区成冰系地层划分新方案

峡东地区成冰系冰碛岩最早由 Willis 等（1907）发现并报道。刘鸿允等（1963）正式建组，将南沱组定义为一套微弱不整合于莲沱群（现莲沱组）之上的灰绿色—紫红色巨块状冰碛岩（泥砾岩），偶夹砂砾岩透镜体。马国干等（1980）根据黄陵背斜南侧长阳古城的剖面，将南沱组进一步划分为上、下冰碛层和大塘坡段。赵自强等（1985）将长阳地区的南沱组下冰碛岩段创名为古城组，中段含锰岩系引用大塘坡组来命名，上段的冰碛岩段称为南沱组。普遍认为峡东地区除长阳背斜外，均缺失古城组和大塘坡组相应地层，而南沱组冰碛岩直接覆于莲沱组或黄陵花岗岩之上（沙庆安等，1963；唐天福等，1978；赵小明等，2011；周传明，2016）。

笔者在秭归实习区洗脸坪、九龙湾、花鸡坡、棋盘山等地发现南沱组灰绿色冰碛岩下部夹 2～3m 的紫红色冰碛岩夹灰绿色页岩或泥岩（洗脸坪型成冰系）；又在青林口剖面发现灰绿色冰碛岩夹 4m 的紫红色与灰绿色（新鲜色均为灰绿色）页岩且其中夹数层 2～10cm 含锰灰岩透镜体。这些紫红色层距离南沱组底界 4～6m（青林口型成冰系）。此外，南沱组的层型——莲沱王丰岗剖面也在灰绿色冰碛岩下部夹 3.6m 厚的紫红色冰碛岩层（王丰岗型成冰系），距南沱组底界 6.9m。可见，峡东地区南沱组这种"两灰绿夹一红"的特征鲜明。

经过与长阳古城成冰系标准剖面的沉积旋回和地球化学特征对比，本书将峡东地区（除长阳地区之外）的成冰系也划分出古城组、大塘坡组和南沱组。古城组为灰绿色下冰碛岩，南沱组为灰绿色上冰碛岩，中间大塘坡组包括紫红色冰碛岩、灰绿色夹含锰灰岩页岩。这与长阳背斜出露的含菱锰矿的大塘坡组差异较大，属于区域地层沉积相变。由此，整个峡东地区成冰系包含了两个冰期夹一间冰期的沉积序列（季泽龙等，2023）。

古城组（Cr_1g）：（标准定义）赵志强等（1985）创建于长阳县高家堰南东 5.5km 的古城附近，指一套灰绿色冰碛砾岩（杂砾岩）、砂砾岩，上部夹粉砂质黏土岩。底部以出现粉砂岩、细砂岩与莲沱组呈平行不整合接触；其上与上覆大塘坡组黑色或灰色碳质页岩呈整合接触。含微古植物化石。（补充描述）常见该组底部以灰绿色砂质砾岩或含砾砂泥岩与莲沱组紫红色砂岩、泥岩互层含灰绿色沉凝灰岩和凝灰质砂岩呈平行—局部角度不整合接触。该组顶部灰绿色冰碛岩与上覆大塘坡组灰色薄—中层状砂岩与泥岩不等厚互层整合接触。古城张家窝子层型剖面厚 5.9m。古城组包含了冰川沉积和冰湖沉积。

大塘坡组（Cr_2d）：（标准定义）为一套细碎屑沉积，分为两段：第一段（上段）为黑色碳质黏土岩和含粉砂质碳质黏土岩，底部夹多层似层状、透镜状菱锰矿及凝灰质岩；第二段（下段）为灰色粉砂质黏土岩、黏土岩、泥岩，夹细粉砂岩。本组产疑源类化石。湖北省境内本组以深灰色粉砂岩与下伏古城组含砾砂岩整合接触；顶部以黑色碳质粉砂质页岩与上覆南沱组冰碛岩（杂砾岩）呈平行不整合接触。大塘坡组为夹于上下冰碛岩之间的含锰矿的细碎屑岩系。下段为灰色薄—中层状砂岩与泥岩互层；上段黑色碳质页岩夹菱锰矿层和含锰灰岩。古城张家窝子层型剖面厚 4.4m，与下伏古城组整合接触，与上覆南沱组冰碛岩平行不整合接触（南沱运动Ⅰ幕）。大塘坡组为间冰期浅海沉积。Liu 等（2015）在长阳王家棚大塘坡组中部凝灰岩获得 SIMSU-Pb 锆石年龄为 654.2±2.7Ma。

南沱组（Cr_3n）：（标准定义）南沱组最早被命名为南沱冰碛层（Willis et al.，1907）。刘鸿允等（1963）、沙庆安等（1963）正式定义了南沱组。南沱组为灰绿色、紫红色泥砾岩（杂砾岩），上部夹层状砂岩透镜体，冰碛砾岩（杂砾岩）中的砾石分选差，表面具擦痕。与上覆陡山沱组白云岩呈平行不整合接触；与下伏莲沱组凝灰质细砂岩或大塘坡组碳质粉砂岩呈平行不整合接触。粉砂质泥岩中含微古植物化石。宜昌莲沱王丰岗南沱组层型剖面厚 52.95m。古城张家窝子层型剖面厚 62m。（补充描述）南沱组与下伏大塘坡组呈平行不整合接触。南沱组包含了冰川沉积和冰海沉积。张惠民等（1982）测得南沱组古纬度为 19°。Pi 等（2016）在九龙湾剖面灰绿色上冰碛岩底部碎屑锆石 LA-ICP-MS 定年，获得最年轻年龄为 646±12Ma。

2. 鄂西"大塘坡式锰矿"——长阳古城锰矿

华南地区成冰系大塘坡组锰矿是我国最重要的锰矿产出层位之一，它形成于成冰纪两冰期之间的大塘坡间冰期，对应着我国重要的成锰期。华南地区南华系中发育多个大中型沉积型锰矿床（付勇等，2014），如贵州大塘坡（周琦等，2013；Yu et al.，2019；张予杰等，2020）、重庆秀山（凌云等，2016；Ma et al.，2019；赵志强等，2019）、湖南湘潭（史富强等，2016）。

长阳县古城锰矿床位于长阳县县城北西约 16km 的陈家湾一带，长阳背斜核部。矿石主要为碳酸锰和少量氧化锰，其中菱锰矿石平均品位在 17.72% 以上，为大型贫矿床。锰矿赋存于下震旦统大塘坡组黑色含锰岩系中下部,含锰层由黑色碳质页岩、含锰页岩和锰矿层组成。上部以页岩为主,夹微薄—薄层锰矿,中部变为锰矿夹页岩,下部为页岩、含锰页岩夹锰矿,局部为含锰细砂岩。厚0~18.77m,一般为5~6m。矿体由两个起伏相连的扁豆体组成,呈微细层—薄层状产于含矿岩系中,层厚0.1cm至数十厘米,产状基本与含矿岩系一致。长阳古城锰矿矿石类型简单,主要为菱锰矿(碳酸锰)矿石,地表有氧化锰矿石。矿石矿物组分为菱锰矿,脉石矿物有方解石、石英、水云母、黄铁矿、碳质、胶磷矿等。古城锰矿锰的富集受近岸陆棚局部海盆环境的控制,为热水沉积与海相沉积的混合作用(谭满堂等,2009)。

【骨干点号】HJP02-1与HJP02-2

【骨干点义】成冰系古城组(Cr_1g)与大塘坡组(Cr_2d)分界面

【骨干剖面】土三路露头剖面展示HJP02-1点界面之下为古城组灰绿色巨厚层状冰碛岩(图2-3-17);界面之上为大塘坡组紫红色杂灰绿色含砾粉砂质泥岩夹灰绿色页岩(图2-3-17A、B),见少量粗砾和漂砾。HJP02-2点为大塘坡组与南沱组界线。

图2-3-17 花鸡坡古城组\大塘坡组\南沱组分界面

【骨干点号】HJP02-3

【骨干点义】南沱组冰碛岩系观察点

【骨干剖面】土三路花鸡坡剖面。大塘坡组与南沱组的分界面被覆盖,仅展示南沱组灰绿色巨厚层状冰碛岩系(图2-3-18),其中冰碛砾石(漂砾)具有多个磨光面,有的像尖头冲下的坠石(图2-3-18A),有的像"熨斗石"(图2-3-18B),尚可见冰碛砾石表面的擦痕(图2-3-18C)。尚可观察冰碛岩的类型和冰碛砾石的岩性、粒度(图2-3-19)。

图2-3-18 花鸡坡南沱组冰碛岩中冰碛砾石或漂砾的典型识别标志

【知识链接】冰碛岩是固结的冰川沉积物的统称,包括直接由冰川堆积的沉积物(冰碛物)和由冰川搬运来的,经冰融水再搬运并沉积的冰水沉积物。冰碛岩包括冰川沉积-冰河沉积-冰水(海/湖)沉积。岩石类型包括由泥岩到砾岩的碎屑岩(图2-3-19)。冰碛砾石鉴别特征(图2-3-18):①常见多个刨平面或磨平面,平整如人工切割,使砾石形状极为特殊,呈多面体砾石、熨斗状砾石等;②砾石表面常见线状、"丁"字形擦痕或冰川凹坑;③一些冰碛砾石的最大扁平面的倾角很陡甚至直立,且尖头冲下,形成"坠落漂砾"。

【岩石分类】砾岩与冰碛岩的分类可参考砾岩的颗粒(冰碛砾)-填隙物二端元分类方案,见附录F01。

【骨干剖面】位置同图2-3-18,展示南沱组冰碛岩类型(图2-3-19):A.冰碛砾岩;B.冰碛砂泥质砾岩;C.冰碛砾质砂泥岩;D.冰碛含砾砂泥岩;E、F.冰碛含漂砾含砾砂泥岩。漂砾是指冰碛岩中粒径大于大多数砾石的且孤立存在的冰碛砾石。

图2-3-19 花鸡坡南沱组冰碛岩类型及薄片照片

【骨干点号】HJP02-4

【骨干点义】成冰系南沱组冰碛岩中小型逆断层观察点

【骨干剖面】土三路南沱组剖面展示在冰碛岩中发育的2条小型逆断层(图2-3-20),可见冰碛砾石被错断(图2-3-20A)和伴生牵引褶皱(图2-3-20B)。注意观察南沱组冰碛岩中的水平层理。

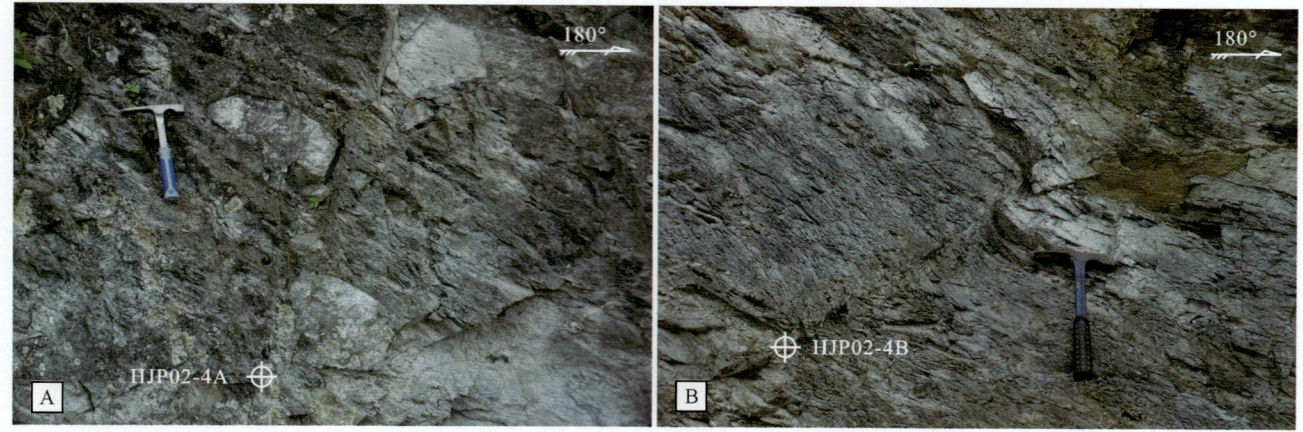

图2-3-20 花鸡坡南沱组冰碛岩中小型逆断层

【知识链接】雪球地球:假说的雏形即"全球冰河化"假说,在 20 世纪 60 年代首先被提出(Harland,1964)。Kirschvink(1992)首次提出新元古代曾经出现至少 2 次"雪球地球"的假说,用此来描述推进到赤道附近海平面(即低纬度和低海拔)的全球性冰川作用。Hoffman(1998)等重提"雪球地球"假说,认为"雪球地球"与新元古代晚期聚集在赤道附近的罗迪尼亚超大陆的裂解有关:超大陆的裂解使大陆边缘海面积迅速增加,大大增加了边缘海生物初级产率和有机碳埋藏量,造成大气中的温室气体 CO_2 含量迅速减少,进而驱动了失控的冰反射灾变,形成了"雪球地球"。对新元古代冰期环境特征与成因演化过程、导致冰期终结原因已成为当今地学研究中的一大热门课题(冯东等,2006)。

国际上公认的新元古代成冰纪冰期有两期,分别为发生于 720~660Ma 的斯特敦(Sturtian)冰期和发生于 650~635Ma 的马林诺(Marinoan)冰期(Hoffmann et al.,2004;Condon et al.,2005;Zhang Shihong et al.,2008;Macdonald et al.,2010;Rooney et al.,2015;Lan et al.,2020;付勇等,2021)。与之相对应,华南地区成冰纪划分为古城冰期、南沱冰期和大塘坡间冰期。

【骨干点号】HJP03 和 HJP03-1

【骨干点义】成冰系南沱组(Cr_3n)与埃迪卡拉系陡山沱组(Ed_1d)分界

【骨干剖面】土三路露头展示 HJP03 界面下伏为成冰系南沱组巨厚层灰绿色冰碛岩(图 2-3-21),冰碛含细砾砂泥岩,发育水平层理;界面上覆为埃迪卡拉系陡山沱组一段。陡一段(盖帽白云岩)下部为含晶洞的灰白色厚层状白云岩,局部混杂褐铁矿(系黄铁矿风化),底部可见砾屑白云岩含冰碛砾。陡一段中部为灰色薄层状白云岩,上部为灰白色厚层状白云岩。二者为平行不整合接触(图 2-3-21A、B)。见一系列小型正断层。同时,展示 HJP03-1 点处,陡一段灰白色厚层状白云岩与陡二段灰色薄层状白云岩分界,二者呈渐变的整合接触。

图 2-3-21 花鸡坡成冰系南沱组与埃迪卡拉系陡山沱组分界

【知识链接】陡山沱组（Ed_1d）：（标准定义）整合于灯影组之下，平行不整合于南沱组之上，以灰色、褐灰色、灰白色白云岩为主，下部为灰色—褐灰色白云岩，含泥质和硅磷质结核；中部为灰黑色页片状含粉砂质白云岩；上部为灰色、灰白色中—厚层状白云岩夹硅质层或燧石团块。顶部以黑色碳质页岩与上覆灯影组分界；底以一层含砾白云岩与下伏南沱组分界。宜昌田家园子层型剖面厚231.5m。该组黑色页岩及含磷白云岩中含丰富的微古植物化石，还有海绵和几丁虫类化石等。（补充描述）依据陡山沱组岩石组合特征可划分为4个岩性段：陡一段（下白云岩段）为灰白色盖帽白云岩；陡二段（下页岩段）为黑色碳质页岩夹白云岩，含硅磷质结核（围棋子）；陡三段（上白云岩段）为青灰色薄层状白云岩；陡四段（上页岩段）为黑色碳质页岩—硅质岩夹白云岩透镜体（锅底灰岩或飞碟石）。陡山沱组与下伏南沱组和上覆灯影组均呈平行不整合接触。埃迪卡拉纪陡山沱组的延续时间为635～551Ma（Condon et al.，2005）。

【骨干剖面】展示HJP03点陡一段发育的原生和次生构造（图2-3-22）：A、B.白云岩洞壁葡萄状方解石-石英皮壳；C、D.球状（玫瑰石）、放射状重晶石晶簇；E.大型风暴丘状体的超覆结构；F.小型风暴丘状体；G.白云岩中顺层的方解石-石英脉；H.方解石-石英脉充填白云岩裂隙；I.灰色白云岩中的发丝构造；J、K.陡一段底砾屑白云岩；L.白云岩裂隙中黑色碳质膜。

图2-3-22 花鸡坡陡山沱组一段原生和次生构造

【薄片照片】展示 HJP03 点陡山沱组一段岩石薄片照片(图 2-3-23):A. 含方解石-石英脉体的皮壳状显微结构;B. 放射状方解石集合体;C. 重晶石晶簇。

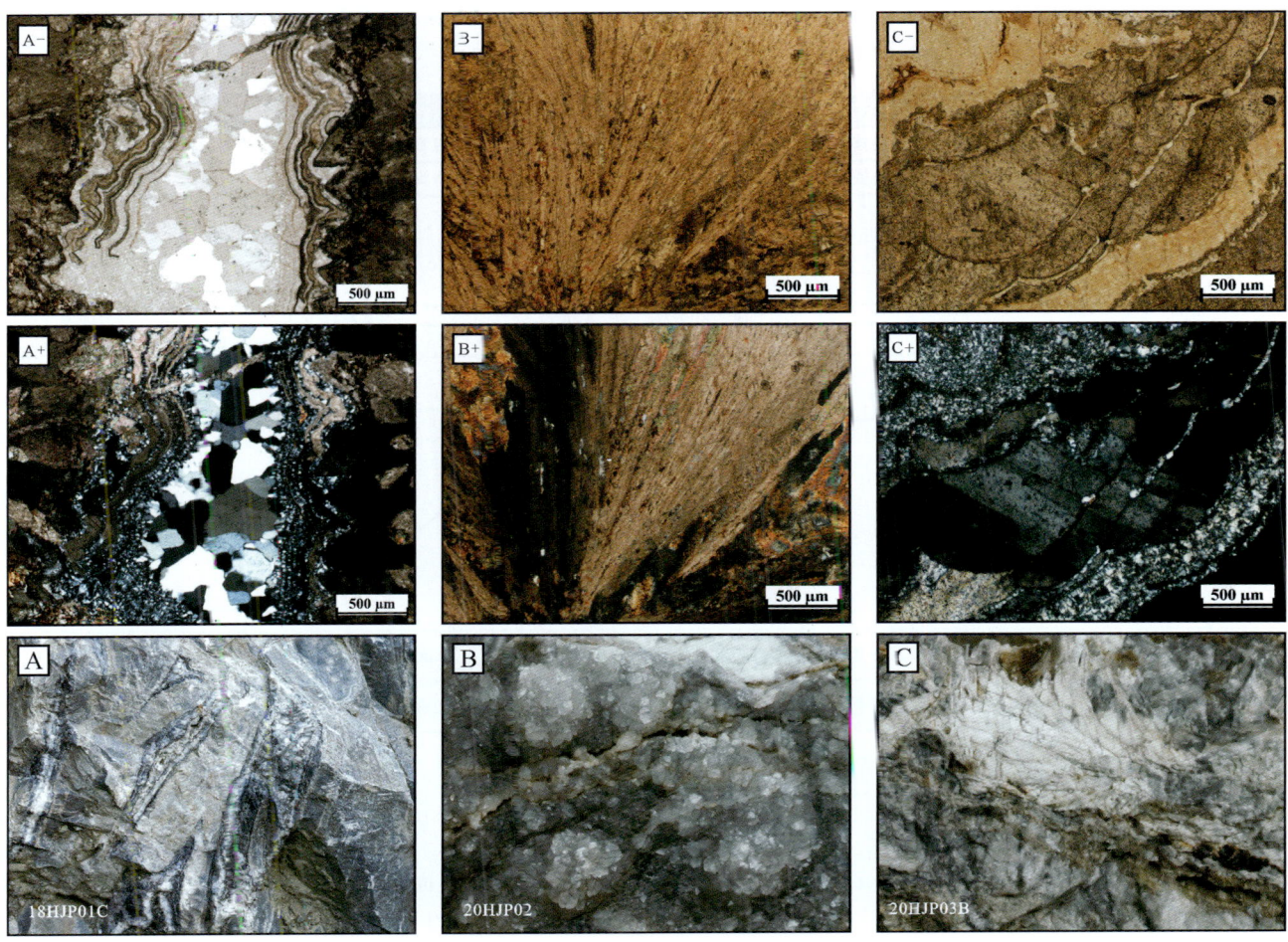

图 2-3-23 花鸡坡陡一段脉体皮壳构造和放射状方解石及重晶石扇薄片照片

【知识链接】

1. 陡一段(Ed_1d^1,盖帽白云岩)

陡一段以灰白色、浅灰色中—厚层含砾灰质白云岩的出现为标志。下部为灰白色、浅灰色中—厚层灰质白云岩,含砾灰质白云岩,砾石有冰碛砾岩、花岗质岩石、石英岩、燧石等,属于缓坡型碳酸盐台地内斜坡相。"晶洞构造"发育;中部为灰色—浅灰色中—薄层状泥晶白云岩,丘状交错层理发育;上部主要为灰白色中—厚层状白云岩夹燧石条带。缓坡型碳酸盐台地中—外斜坡相。与下伏南沱组呈平行不整合接触。宜昌田家园子层型剖面厚 4.32 m;秭归实习区花鸡坡、九龙湾等地厚 4 m。陡一段下部(C1 层)发育许多特殊的原生和次生构造现象(图 2-3-22):晶洞构造发育,晶洞壁有石英-方解石葡萄状、反壳状构造,还可见放射状重晶石扇(重晶石玫瑰石)、方解石晶簇扇。白云岩普遍发生碎裂,裂隙被石英-方解石充填呈宽窄不一的脉体,形成胶结角砾构造,有的石英-方解石脉体顺层贯入。还有草莓状黄铁矿(多重结晶或褐铁矿化)以及裂隙面残留沥青。陡一段中部(C2 层)中—薄层状白云岩层理复杂,常见风暴丘状体及其中央泄水构造。陡一段上部(C3 层)主要为浅灰色—灰白色中厚层状白云岩,也见风暴丘状体。陡一段与下伏南沱组呈平行不整合接触。陡一段白云岩沉积于南沱组冰碛岩之上,岩性突出、地貌特殊,形似"帽子",故称"盖帽白云岩"。在新元古代晚期,全球范围广泛分布厚 1~15 m 的盖帽碳酸盐岩直接覆盖在 Marinoan 冰期的巨厚冰碛岩之上,代表雪球地球事件的终结。

2. 海洋沉积环境划分与术语

秭归实习区海相沉积主要包括滨海和浅海沉积(图 2-3-24)。滨海是指平均高潮面与平均浪基面之间的水体,包括浪控型和潮控型。平均高潮面之上为后滨或潮上带,平均高潮面与平均低潮面之间为前滨或潮间带,平均低潮面与平均浪基面之间为临滨或潮下带。浅海环境介于平均浪基面之下至大陆坡折,利用风暴浪基面划分为内浅海（浅水陆棚）和外浅海（深水陆棚）。浅水陆棚水循环良好，阳光充足，氧气充分，底栖生物大量繁殖。深水陆棚（70～100m水深以下）水循环则很差，好天气条件下处于缺氧的静滞状态，只有在大风暴潮期才能搅动海底沉积物。秭归实习区既有碳酸盐岩沉积，又有碎屑岩沉积。滨浅海碳酸盐岩沉积相包含陡坡型碳酸盐台地和缓坡碳酸盐台地两大类（图2-3-24）。

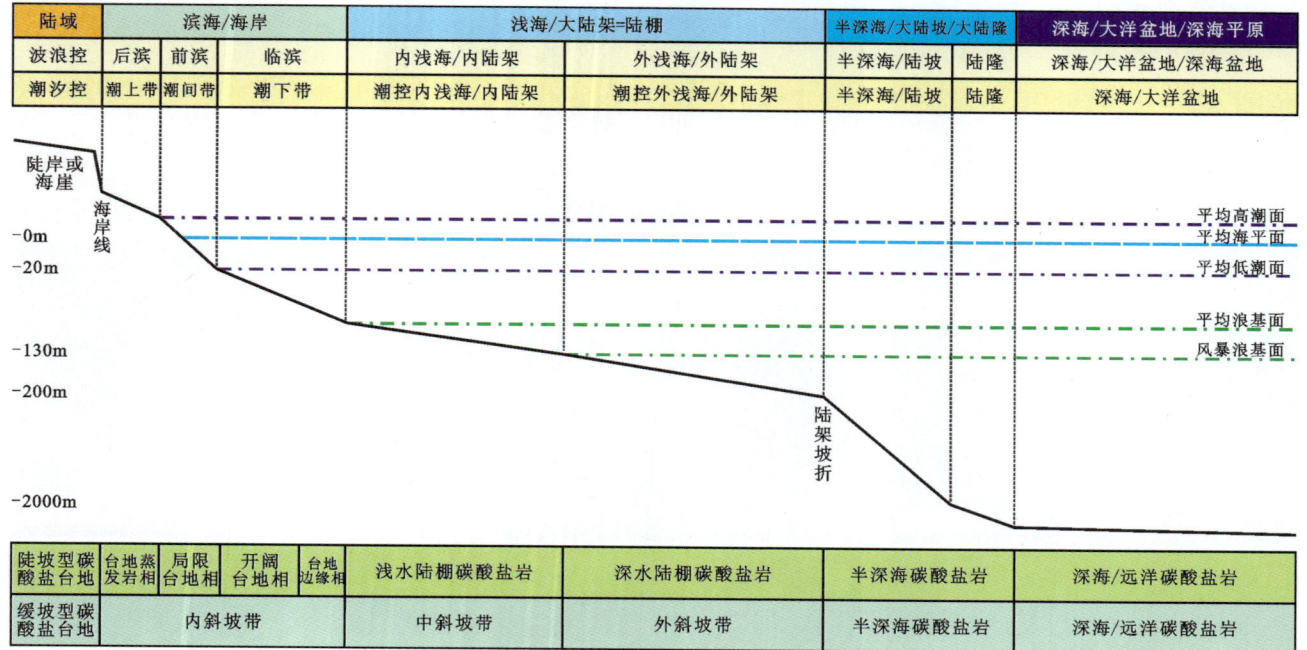

图2-3-24 海洋沉积环境划分与术语

【辅助点号】JLW02

【辅助点义】成冰系南沱组（Cr_3n）\埃迪卡拉系陡山沱组（Ed_1d）分界面

【辅助剖面】陡纸线九龙湾剖面（JLW）。展示南沱组\陡一段分界、陡一段\陡二段分界（图2-3-25）。南沱组与陡一段特征与花鸡坡剖面相似。陡一段（盖帽白云岩）顶部为灰白色中—厚层状微晶白云岩，见风暴丘状体及超覆结构（图2-3-26）；陡二段下部以深灰色薄层状白云岩为主，夹少量碳质页岩薄层，发育风暴侵蚀凹槽和丘状交错层理（图2-3-27）。此外，在青林口剖面陡二段下部风暴丘状体脊部存在大量风暴细砾。

图2-3-25 九龙湾成冰系南沱组\埃迪卡拉系陡山沱组陡一段\陡二段分界

【辅助剖面】陡纸线九龙湾剖面(JLW)点 JLW02-1 局部放大,展示陡一段与陡二段分界,界面之下陡一段灰色厚层状白云岩发育丘状体-披覆结构,为风暴沉积(图 2-3-26)。

图 2-3-26　九龙湾陡山沱组一段顶部风暴丘状体及其超覆结构

【辅助剖面】陡纸线九龙湾剖面(JLW)点 JLW02-1A 局部放大,展示陡二段薄—极薄层状白云岩发育的风暴丘状体、风暴侵蚀凹槽(图 2-3-27)。

图 2-3-27　九龙湾陡山沱组二段下部风暴侵蚀凹槽(左)与风暴丘状体(右)

【知识链接】风暴沉积:由风暴作用影响海水进而影响海底沉积物引发的一种特殊的事件沉积,主要发生在正常浪基面和风暴浪基面之间,形成环境一般多为陆棚浅海,影响水深可达 200m(Cross et al.,1988;Brenchley et al.,1993;Savrda et al.,2003)。Kelling 等(1975)最早提出风暴岩和风暴单元,其指先期沉积物被风暴侵蚀、扰动后的再沉积,粒序层理是其重要的共同特征。Myrow 等(1996)认为风暴岩是指由风暴活动过程中产生的所有沉积物,包括由波浪产生的振荡流和由地球自转、密度差异引起的单向洋流相关的沉积。风暴沉积的标志主要有:①与下伏岩层具有明显突变的底面侵蚀构造;②具有块状构造的砾屑或贝壳层(风暴砾岩);③底平顶凸的风暴丘状体;④丘状交错层理和洼状交错层理等。丘状交错层理是风暴岩中最为独特的沉积构造,也是辨别风暴沉积最典型的标志。风暴沉积不仅具有古地理学和地层学意义,同时还是探究古代极端气候变化的一个重要地质窗口。例如,风暴主要形成于中低纬度的赤道附近,其影响范围多在 5°~45°之间,因而风暴沉积记录也常被用来判别古代板块所处的地理位置。

峡东地区陡山沱组风暴岩沉积主要集中在陡一段白云岩与陡二段底部白云岩、页岩中,发育的沉积构造主要有冲刷侵蚀底面、搅动层、粗粒滑留沉积、粒序层理、丘状交错层理等。陡一段主要发育潮坪浅水风暴沉积,陡二段底部主要为陆棚深水风暴沉积(蔡全升等,2020)。赵灿等(2013)描述了峡东地区埃迪卡拉系灯影组风暴岩。余林青等(1989)研究了宜昌莲沱震旦系陡山沱组(陡二段)含磷钙质风暴岩沉积特征。刘宝珺等(1987)讨论了中国扬子地台西缘寒武纪风暴事件与磷矿沉积的关系。

【骨干点号】HJP03-2

【骨干点义】陡山沱组二段（Ed_1d^2）岩性和页岩气地质特征观察点

【骨干剖面】土三路花鸡坡剖面，出露为陡二段中部：底部为黑色含白云质碳质页岩，页理发育；上部为灰黑色泥质白云岩和含泥质白云岩夹白云质碳质页岩（图2-3-28）。属于深水混积陆棚相。

图2-3-28　花鸡坡陡二段中部岩石组合特征

【测试数据】取样位置见图2-3-28。陡二段全岩X衍射分析结果显示，白云岩普遍含有黏土矿物，而碳质页岩也含有白云石矿物（表2-3-1）。总有机碳（TOC）测试结果表明，含云页岩为1.27%，泥质白云岩为0.43%～0.60%，含泥白云岩为0.83%。本书还收集了秭地1井陡二段有机质评价指标和全岩X衍射测试数据（表2-3-2）。读者可根据烃源岩评价指标与标准（见下文【知识链接】）来评价陡二段烃源岩。

表2-3-1　花鸡坡陡二段全岩X衍射和总有机碳（TOC）测试结果表　　单位：%

样品编号	样品岩性	石英	长石	白云石	黏土矿物	黄铁矿	TOC
18HJP06	泥质白云岩	13	1.5	73.1	12.4	/	0.60
18HJP05	含泥质白云岩	5.9	1.4	75.7	17	/	0.83
18HJP04	泥质白云岩	32.5	/	63.0	4.5	/	0.43
18HJP03	含白云质泥岩	16.6	14.6	15.8	50	3	1.27

表2-3-2　秭地1井陡二段有机质评价指标和全岩X衍射测试结果表

样品编号	样品岩性	TOC/%	R_o/%	干酪根类型	白云石/%	黏土/%	石英/%	黄铁矿/%
ZD01-26	泥质白云岩	1.4	1.79	II₁	68	14	11	5
ZD01-29	泥质白云岩	1.42	1.79	II₁	61	13	19	4
ZD01-33	泥质白云岩	1.62	1.76	II₂	60	5	22	9
ZD01-35	泥质白云岩	2.05	1.76	II₁	60	16	16	4
ZD01-37	泥质白云岩	2.04	1.82	II₁	61	8	25	3
ZD01-40	白云质页岩	1.29	1.49	II₁	38	18	25	7

注：数据来源于花鸡坡南的乔家坪秭地1井（湖北省地质调查局，2018）。

【岩石分类】利用 X 衍射结果(表 2-3-1、表 2-3-2)与碎屑岩-碳酸盐岩混积岩分类表(附录 F01),划分陡二段混积岩类型。

【知识链接】

1. 陡二段(Ed_1d^2)

下部以灰黑色薄—中层状白云岩夹少量极薄层黑色碳质页岩为主,见丘状交错层理和风暴角砾;中部为陡二段的主体,主要岩性为黑色碳质页岩夹灰黑色中—薄层状泥质白云岩,含大量硅磷质结核(俗称"围棋子"),内保存有地球早期胚胎化石(瓮安生物群),页理和水平层理发育;上部为灰黑色泥质白云岩夹极薄层碳质页岩。宜昌地区厚114~235m。深水混积陆棚相。含微古植物化石。

2. 烃源岩评价指标与标准

有机质丰度:有机质是指通过沉积作用进入沉积物中并被埋藏下来的生物残留物质,它主要是生物的遗体,也包括生命过程的排泄物和分泌物。总有机碳含量(TOC)是评价有机质丰度的指标之一。页岩有机质丰度一般性评价标准为:非烃源岩 $TOC<0.3\%$,差烃源岩 $0.3\%<TOC<0.5\%$,中等烃源岩 $0.5\%<TOC<1.0\%$,好烃源岩 $1.0\%<TOC<2.0\%$,很好烃源岩 $2.0\%<TOC<4.0\%$,极好烃源岩 $>4.0\%$。

有机质的类型:有机质的类型不同,其生烃潜力及产物是有差异的。一般认为 I 型干酪根为腐泥型,生烃潜力最小,且以生油为主,Ⅲ型干酪根为腐殖型,生烃潜力最小,且以生气为主,Ⅱ型介于两者之间。

有机质的成熟度:成熟度是指在温度的作用下有机质的热演化程度,常用镜质体反射率(R_o)指标。一般将有机质的演化过程划分为 4 个阶段:未成熟阶段 $R_o<0.5\%$(生物气带)、成熟阶段 $0.5\%≤R_o<1.3\%$(主生油带)、高成熟阶段 $1.3\%≤R_o<2.0\%$(湿气带)和过成熟阶段 $R_o≥2.0\%$(干气带)。

3. 陡二段页岩气地质

2014 年实施的地质调查井——秭地 1 井在寒武系牛蹄塘组(岩家河组—水井沱组)、震旦系陡山沱组目的层中首次发现页岩气显示,浸水实验冒泡剧烈,现场解析含气量最高分别为 $1.05 m^3/t$、$1.50 m^3/t$,为后续勘查提供了借鉴和参考;2017 年鄂阳页 1 井直井陡山沱组二段获得日产气量 $5460 m^3$,证实了陡山沱组具有很好的页岩气勘探潜力,获得了最古老页岩层系页岩气气流。

【骨干剖面】HJP03-3

【骨干点义】陡二段上部岩性和硅磷质结核观察点

【骨干剖面】陡二段上部地层及岩石薄片照片(图 2-3-29)。陡二段上部为灰黑色中—厚层状泥质白云岩夹薄层碳质页岩,下部含大量硅磷质结核(俗称"围棋子"),保存地球早期胚胎化石(瓮安生物群)。

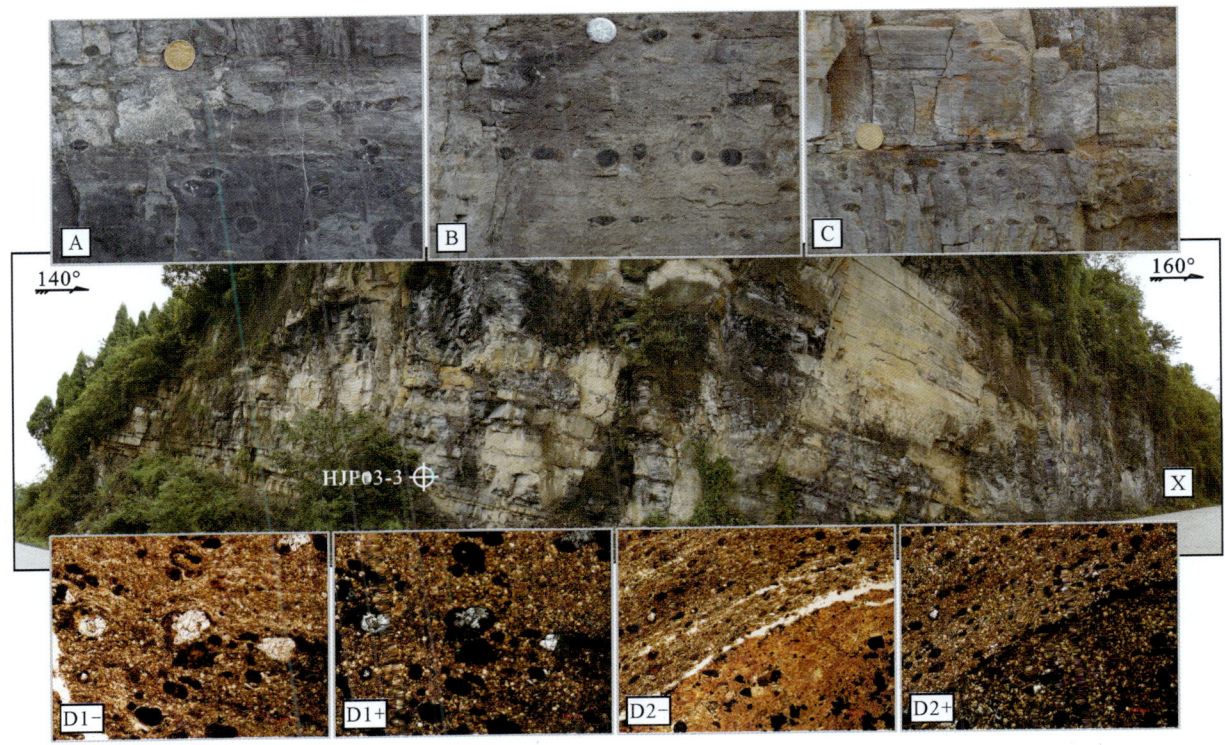

图 2-3-29 花鸡坡陡二段上部白云岩中的硅磷质结核

【知识链接】

1. 瓮安生物群

瓮安生物群是特异埋藏化石群,它将生物的软体组织和结构磷酸盐化后以三维立体的形态保存于贵州瓮安新元古代埃迪卡拉纪陡山沱组中,距今 635～551Ma(Condon et al.,2005)。瓮安生物群中大多数化石呈球形,粒径一般不超过 1mm。这些微小的远古生命主要由多细胞藻类、大型带刺疑源类和处于不同发育阶段的多种后生动物胚胎组成,并包括少量可能的后生动物幼虫和成体化石。其中胚胎化石占化石总量的 90% 以上,具有惊人的丰度(数以吨计)和分异度(殷宗军等,2008)。瓮安生物群作为迄今为止世界上最古老的前寒武纪后生动物化石群,为探索后生动物的起源和早期演化历程提供了独一无二的实证记录。

2. 埃迪卡拉纪全球成磷事件与磷矿床

地质历史时期第一次全球规模的磷沉积发生于 22 亿～18 亿年前,该事件的出现被认为与发在 24 亿～20 亿年前的大氧化事件(Great Oxygenation Event,GOE)密切相关(Papineau,2010;Hiatt et al.,2015)。埃迪卡拉纪是地球第二次大规模成磷时期,其成磷规模为第一次成磷事件的 103 倍,全球各大陆均有该时期成磷事件的记录(Pufahl et al.,2012)。与新元古代末期大氧化事件(NOE,800～550Ma;Canfield et al.,2007)有密切耦合关系。华南地区震旦系陡山沱组磷块岩广泛发育在扬子地台上,尤其是分布于贵州省的开阳磷矿、瓮安磷矿、遵义磷矿和丹寨磷矿,代表了浅水海岸至深水陆棚相磷块岩沉积环境,是此次成磷事件的典型代表(张亚冠等,2019)。

鄂西地区已发现的磷矿带有宜昌磷矿、兴神磷矿、保康磷矿,三者均有中型、大型、特大型磷矿区分布(牟宗玉等,2019)。北起雾渡河,南至莲沱的宜昌晓峰大型磷矿床矿石主要为条带状磷块岩、磷质页岩、硅质磷块岩。磷矿层厚度变化大,最大厚度达 10.01m,最薄只有 0.52m。矿体常呈透镜状或似层状断续产出。矿石类型及其品位变化:块状磷块岩品位 16%～29%,条带状磷块岩品位 8%～22%,磷质页岩品位 3%～12%。该磷矿为具工业意义的大型矿床(中国地质调查局武汉地质调查中心,2012 内部资料)。

【骨干点号】HJP03-4

【骨干点义】陡二段(Ed_1d^2)与陡三段(Ed_1d^3)断层接触点

【骨干剖面】土三路花鸡坡路线展示,陡二段与陡三段呈断层接触(图 2-3-30)。点北西为陡二段灰黑色—黑色薄层状泥质白云岩、白云岩夹薄层碳质页岩,含硅磷质结核("围棋子");点南东为陡三段青灰色薄—极薄层状泥晶白云岩。白云岩呈破碎角砾状,角砾大小混杂,大者达 2～3m,未被胶结。向南东出现陡三段下部灰白色厚层状砾屑-砂屑白云岩夹中—薄层状细晶白云岩,且夹燧石条带(图 2-3-30A)。陡二段与陡三段呈正断层接触,陡三段破碎带宽达百米有余。

图 2-3-30 花鸡坡陡二段与陡三段断层接触

【辅助点号】QLK04

【辅助点义】陡二段（Ed_1d^2）与陡三段（Ed_1d^3）分界点

【辅助剖面】芝茅路青林口剖面展示陡二段与陡三段分界（图2-3-31）。界面之下为陡二段灰黑色厚层状白云岩夹碳质页岩和燧石石香肠透镜体，以碳质页岩的消失为界；界面之上为陡三段下部深灰色中—薄层状白云岩，向上为陡三段主体岩性——青灰色薄层状泥晶白云岩。

图2-3-31　青林口陡二段与陡三段分界

【知识链接】陡三段（Ed_1d^3）：以黑色碳质页岩的消失、灰白色厚层粒屑白云岩的出现为标志。下部岩性为灰白色厚层状砾屑、砂屑白云岩夹中层状细晶白云岩，夹薄层—透镜状硅质岩或燧石条带。中—上部岩性为青灰色薄层状泥晶白云岩，夹薄—极薄层状硅质条带。水平层理发育。宜昌地区厚36～63m。与下伏陡山沱组二段整合接触。碳酸盐缓坡型台地内斜坡潮下带沉积，上部过渡到薄—极薄层状白云岩与灰岩韵律互层，属于中斜坡相。

【骨干点号】HJP03-5

【骨干点义】陡三段（Ed_1d^3）\陡四段（Ed_1d^4）分界点

【骨干剖面】土三蹚棺材岩剖面，陡三段与陡四段被棺材岩治理工程水泥覆盖，转到大门垭路线（DMY）。

【骨干点号】DMY01

【骨干点义】陡三段（Ed_1d^3）\陡四段（Ed_1d^4）\灯一段（Ed_2dy^1）分界点

【骨干剖面】邹石线大门垭露头剖面（图2-3-32）。DMY01点下为陡三段灰色薄—极薄层状白云岩夹灰黑色薄—极薄层状灰岩，水平层理（图2-3-32A）；点上为陡四段黑色碳质页岩夹白云岩透镜体（俗称"锅底灰岩"或"飞碟石"，图2-3-32B）。高处可见陡四段与灯影组一段分界点（DMY02）。

图2-3-32　大门垭陡三段\陡四段\灯一段分界

【知识链接】**陡四段（Ed_1d^4）**：黑色碳质页岩、硅质页岩夹白云岩透镜体（俗称"锅底灰岩"或"飞碟石"），偶见硅质岩透镜体，页理发育。含微古植物化石，称庙河生物群。深水陆棚外缘（碳质页岩）-盆地相（硅质页岩）。宜昌田家园子层型剖面厚26m，秭归实习区一般厚4～7m。

【骨干点号】DMY02

【骨干点义】陡四段（Ed_1d^4）\灯一段（Ed_2dy^1）分界与陡四段白云岩透镜体观测点

【骨干剖面】邹石线大门垭路线展示点下为陡四段富有机质页岩夹白云岩透镜体；点上为灯一段白云岩（图2-3-33）。白云岩透镜体形态：A.透镜状透镜体，见水平收敛层理；B.椭圆状透镜体，见似同心环状构造和不规则方解石-黄铁矿充填的裂隙；C.复合透镜体夹页岩；D.椭圆状透镜体，喇叭形对接结构和方解石脉。

图2-3-33　大门垭陡四段\灯一段分界及陡四段白云岩透镜体

【骨干点号】DMY02-1

【骨干点义】陡山沱组四段（Ed_1d^4）富有机质页岩与白云岩透镜体观测点

【骨干剖面】（邹石线大门垭路线）图2-3-34全景照片展示了富有机质页岩中透镜孤立错落分布。A.透镜状的透镜体，与围岩构成透镜状-环绕结构；B.丘状透镜体，内部呈现水平-收敛层理，与围岩构成丘状-超覆结构，左侧小透镜体由石香肠作用与大透镜体分离。A和C均见透镜体中部存在不完全塑性石香肠构造（细颈化和楔入褶皱）。C.花生状复合透镜体，右下部小透镜体见水平-收敛层理；D.椭圆状透镜体，内部块状层理，与围岩构成椭圆状—喇叭形对接结构。

图2-3-34　大门垭陡四段富有机质页岩中白云岩透镜体

【测试数据】大门垭 DMY02-1 点位样品包括 1 个椭圆状白云岩透镜体样品与 3 个围岩碳质页岩样品（表 2-3-3）。透镜状白云岩中白云石含量为 92.8%，石英含量为 7.2%；3 个围岩富有机质页岩中白云石平均含量为 15.1%，黏土矿物平均含量为 21.97%，石英平均含量为 44.77%，长石平均含量为 8.3%，黄铁矿平均含量为 7.57%。页岩的 TOC 平均含量为 5.04%，白云岩 TOC 含量为 2.60%。

表 2-3-3 大门垭 DMY02-1 点位陡四段页岩与透镜体 X 衍射结果表 单位：%

样品编号	样品名称	石英	钾长石	斜长石	方解石	白云石	黄铁矿	黏土矿物	TOC
18DMY04	围岩碳质页岩	41.3	4.3	3.5	6.9	14.7	7.4	21.9	4.40
18DMY03	围岩碳质页岩	49.1	5	4	/	13.3	8.1	20.5	5.41
18DMY02	围岩碳质页岩	43.9	5	3.1	/	17.3	7.2	23.5	5.31
18DMY01	透镜体白云岩	7.2	/	/	/	92.8	/	/	2.60

【骨干点号】DMY02-2

【骨干点义】陡山沱组四段（Ed_1d^4）与灯影组一段（Ed_2dy^1）分界点及陡四段白云岩透镜体

【骨干剖面】(大门垭路线)全景照片展示界面之下为陡四段黑色富有机质页岩夹黑色白云岩透镜体（图 2-3-35）；点上为灯一段浅灰色—黄灰色极薄—薄层状白云岩。白云岩透镜体具有水平-收敛层理、似同心环状构造，且似同心环状构造的环状线切割水平-收敛层理，也切割了透镜状形态（图 2-3-35A、B），反映同心环状构造是次生的。透镜体中常见不规则方解石脉，有的贯穿透镜体和围岩。

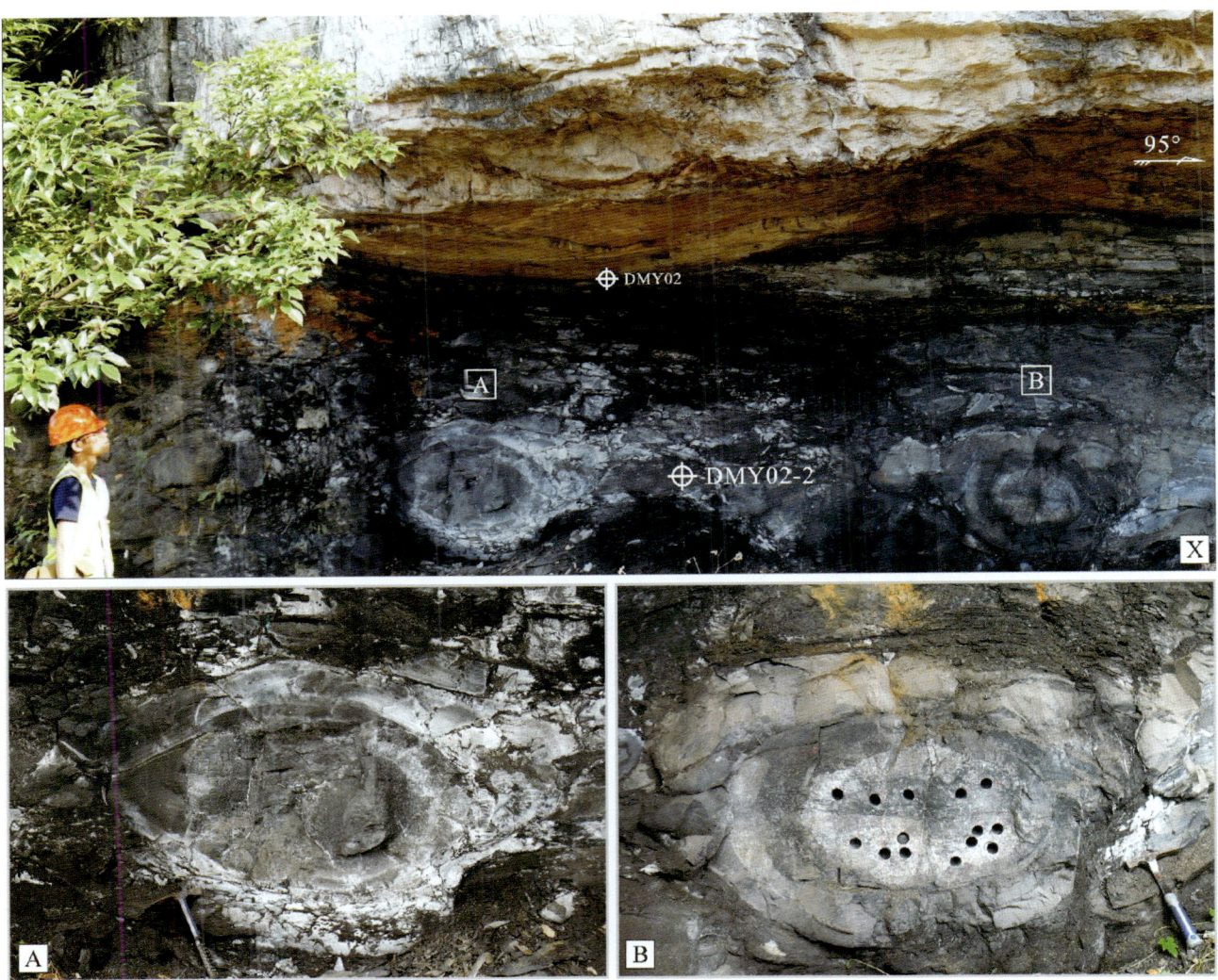

图 2-3-35 大门垭陡四段与灯影组分界及陡四段白云岩透镜体

【薄片照片】展示大门垭陡四段白云岩透镜体与围岩富有机质页岩薄片照片（图 2-3-36）。A. DMY13-3 为透镜体中心带球状白云岩，可见水平层理，白云石具球形集合体结构，球体周围为有机质和黏土矿物分隔；B. DMY13-4 为透镜体边缘带粉晶白云岩，水平层理，粉晶结构，偶见球粒结构；C. DMY13-5 为围岩带白云质页岩，页理发育，粉晶白云石颗粒较均匀分布，局部聚集呈球形集合体；D. DMY13-6 属于围岩含白云质页岩，页理发育，粉晶白云石呈散状分布。

中部为白云岩透镜体取样位置；左为薄片照片（左为单偏光，右为正交光）；右为薄片扫描。

图 2-3-36　大门垭陡四段白云岩透镜体与围岩岩石矿物学特征

【知识链接】白云岩透镜体成因

陡四段白云岩透镜体呈孤立错落状或同层串珠状分布在富有机质页岩中。透镜体的几何形态有丘状（底平顶凸）、透镜状（对称的双凸）、椭圆状（两侧浑圆）、似层状（顶底平行、延伸较长）和不规则状（呈现各种象形）等；透镜体内部具有水平-收敛层理、水平层理、块状层理以及似同心环状构造和黄铁矿-方解石充填的不规则裂隙。透镜体与围岩层理关系呈丘状-披覆结构、透镜状-环绕结构、椭圆状—喇叭形对接结构。丘状-披覆构造的顶薄翼厚说明了透镜体为原始沉积成因。大多数透镜体发生了椭圆化和塑性石香肠变形。

董进等（2009）认为宜昌地区陡山沱组四段碳酸盐结核形成于沉积早期沉积物-水界面下 0～3m 处，与微生物分解有机质密切相关，并提出结核为透入性生长模式。张先进等（2013）将三峡地区碳酸盐透镜体归属于同生钙质沉积结核，却利用早期成岩作用来解释同生结核形成机理。张明正等（2016）依据秭归地区陡山沱组四段碳酸盐结核具有明显 $\delta^{13}C$ 负异常（-6.71‰～-5.65‰），而将其归属于冷泉碳酸盐结核。实质上，三者均以早期成岩作用来解释碳酸盐岩透镜体成因。笔者依据地质-地球化学研究，提出白云岩透镜体属于缺氧-还原环境下的微生物-化学沉积成因。

【测试数据】大门垭陡四段富有机质白云岩透镜与富有机质页岩围岩的 X 衍射、总有机碳（TOC）、微量元素和无机碳同位素 $\delta^{13}C_{V-PDB}$ 测试结果见表 2-3-4 和表 2-3-5。利用这些数据分析透镜体中心带-边缘带-围岩带矿物组成和微量元素的变化。据表 2-3-6（地球化学参数判别标准），分析透镜体和围岩的沉积环境。

表 2-3-4　大门垭陡四段白云岩透镜体和围岩全岩矿物 X 衍射和总有机碳（TOC）测试结果表　　单位：%

取样编号	DMY 13-1	DMY 13-2	DMY 13-3	DMY 13-4	DMY 13-5	DMY 13-6	DMY 13-7	DMY 13-8
相对位置	中心带下部	中心带中部	中心带上部	边缘带	围岩带	围岩带	围岩带	围岩带
石英	4.2	3.3	2.9	9.2	23.6	41	25.7	30
钾长石	/	/	/	0.9	2.3	3.1	2.6	3.3
方解石	1	0.6	2.3	2.1	/	/	1.1	2.6
白云石	91.3	96.1	93.3	83.5	47.9	12.5	23.4	9.1
菱铁矿	1	/	/	0.9	/	/	2.5	2.7
黄铁矿	1.7	/	/	2.4	7.2	7.3	11.4	15.1
赤铁矿	/	/	/	/	/	5.6	6.4	8.9
重晶石	0.8	/	1.5	/	1.5	1.4	1.8	2
黏土矿物	/	/	/	/	8.4	19.3	17.3	12.8
TOC	5.56	4.61	4.62	4.06	4.87	8.53	11.87	13.39

注：数字表示距离透镜体中心的相对位移，数字越大，越远离透镜体中心。

表 2-3-5　大门垭陡四段白云岩透镜体和围岩微量元素和无机碳同位素（$\delta^{13}C_{V-PDB}$）测试结果表

取样编号	DMY 13-1	DMY 13-2	DMY 13-3	DMY 13-4	DMY 13-5	DMY 13-6	DMY 13-7	DMY 13-8
相对位置	中心带下部	中心带中部	中心带上部	边缘带	围岩带	围岩带	围岩带	围岩带
V/%	179	159	146	284	385	508	334	359
Cr/%	5.25	5.25	5.72	18	50.9	66.7	77.8	73.6
U/%	7.82	3.43	3.33	11.4	25.4	30.6	42.1	40.1
Th/%	1.3	0.99	0.91	3.81	10.1	13.9	12.8	14.5
Ni/%	10.3	7.95	7.44	26.7	37.8	56.5	49.8	53.7
Mo/%	18.3	18.2	16.7	72.9	140	154	130	141
V/Cr	34.10	30.29	25.52	15.78	7.56	7.62	4.29	4.88
U/Th	6.02	3.46	3.66	2.99	2.51	2.20	3.29	2.77
V/(V+Ni)	0.95	0.95	0.95	0.91	0.91	0.90	0.87	0.87
$\delta^{13}C_{V-PDB}$/‰	-4.88	-4.94	-4.90	-4.86	-4.52	-6.03	-5.70	-6.08

表 2-3-6　沉积氧化还原环境参数判别标准

氧化还原条件或环境	还原条件		氧化条件	
	硫化静海	缺氧	贫氧	氧化
生物相	厌氧	准厌氧	贫氧	好氧
岩石颜色	黑色—灰黑色		浅灰色—灰绿色—红褐色—紫色	
V/(V+Ni)	0.83~1.0	0.57~0.83	0.46~0.57	<0.46
V/Cr	>4.25		2~4.25	<2
U/Th	>1.25		0.75~1.25	<0.75
TOC/%	>2	1~2	0.5~1.0	<0.5

注：氧化还原条件分带与 V/(V+Ni) 参数标准据 Tyson et al.，1991；V/Cr 参数标准据 Wignall et al.，1996；U/Th 参数标准据 Jones et al.，1994。

【骨干点号】DMY02-3

【骨干点义】陡四段（Ed_1d^4）白云岩透镜体塑性石香肠构造观测点

【骨干剖面】（邹石线大门垭路线 DMY）全景照片展示陡四段富有机质页岩中似层状白云岩透镜体存在不完（A）和完全（B）塑性石香肠构造（图 2-3-37）。

图 2-3-37　大门垭陡四段白云岩透镜体塑性石香肠构造

【知识链接】

1. 黑色岩系及相关矿产资源

黑色岩系是指富有机质（$TOC \geqslant 1\%$）的细粒沉积岩的总称，与"黑色页岩"的概念相当，具体包括黑色泥质岩、硅岩、碳酸盐岩、粉砂岩，偶夹层凝灰岩等。黑色页岩是大洋缺氧事件、生物灭绝或爆发事件等的真实记录，具有重要的古环境学、古生态学意义（王聚杰等，2015；李治兴等，2022）。黑色岩系蕴藏着丰富的金属和非金属矿产，包括 Ni、V、Mo、Cu、U、Se、Au、Ag、稀土以及铂族元素等众多有色、稀有稀土、贵金属元素及磷、重晶石、石煤等；黑色页岩不仅是良好的烃源岩，也是页岩气的储集层。宜昌地区陡四段黑色岩系中发现有小型银钒矿，在金家沟等地形成具有工业意义的小型矿床。

2. 黑色岩系与环境问题

黑色岩系化学性质活泼，表生条件下风化分解可释放 CO_2，产生素有"红龙之害"的酸性水——由富含黄铁矿等硫化物的黑色岩系在地表水-岩石作用过程中硫化物的氧化分解形成。"红龙"的化学成分以 Fe^{2+}、Fe^{3+}、SO_4^{2-}、Cl^-、Cu^{2+} 等为主，并含有机酸等。pH 值一般为 3～5。"红龙"对环境的危害极大，是黑色岩系分布区主要的环境问题之一（牛丙超，2013）。

3. 石煤

陡四段碳质页岩又俗称"石煤"，可当煤烧。石煤是一种含碳少、低热值的燃料，由菌藻类等生物遗体，经腐泥化作用和煤化作用转变而成。

4. 庙河生物群

马国干和陈孟莪（1978）首次在湖北秭归县庙河地区陡山沱组顶部黑色碳质页岩中发现了宏体藻类化石。陈孟莪等（1991）把该化石组合命名为庙河生物群，并于 1992 年描述了包括宏体藻类和可疑的动物化石在内的 11 个形态属种。丁莲芳等（1996）对该化石生物群进行了系统研究，共描述了九大门类 140 属的生物化石，其中有微体藻类、宏体藻类、后生动物、海绵和遗迹化石。庙河生物群以碳质压膜的保存形式产于我国震旦系陡山沱组的黑色页岩中，是一个以底栖宏体藻类为主体的化石生物群，它与同时代的瓮安生物群和蓝田植物群构成了新元古代"雪球"事件之后中国华南地区温暖海洋中真核生物辐射的重要一幕，是"寒武纪生物大爆发"和埃迪卡拉动物辐射前夕多细胞生物演化的重要化石证据。

5. 陡四段页岩气地质特征

大门垭陡四段富有机质页岩 TOC 为 4.85%～13.89%，干酪根类型为Ⅰ型，属于极好烃源岩；锅底灰岩 TOC 为 3.4%，Ⅰ型干酪根，有机质成熟度 R_o 1.62%，达到高成熟阶段（样品 DMY06），属于好烃源岩。陡四段页岩虽然品质很好，但是地层厚度很薄（一般厚 3～5m），暂不作为页岩气勘探目的层。

【辅助点号】QLK05 和 QLK06

【辅助点义】陡山沱组陡三段（Ed_1d^3）\陡四段（Ed_1d^4）\灯影组灯一段（Ed_2d^1）分界点

【辅助剖面】青林口芝茅公路露头，展示埃迪卡拉系陡山沱组陡三段与陡四段（QLK05）、陡四段与灯影组灯一段（QLK06）分界（图2-3-38）。QLK05点北为陡山沱组陡三段青灰色薄层状白云岩，露头呈现的黄褐色系陡四段地表风化污染所致；点南为陡四段黑色硅质岩或硅质页岩夹白云岩透镜体（锅底灰岩或飞碟石）。QLK06点北为陡四段；QLK06点南为灯一段浅灰色薄—中层状白云岩。陡山沱组陡四段与灯影组灯一段为平行不整合接触。

图2-3-38 青林口陡三段\陡四段\灯一段分界

【薄片照片】样品23QLK14-5为硅质岩（图2-3-39A），镜下显示，除了微晶石英外，尚有大量球形石英，具十字消光（X衍射测试石英含量为99.4%），可能为硅质放射虫。含极少量黄铁矿和有机质（TOC 0.62%）。样品23QLK14-2为透镜状白云岩（图2-3-39B），以白云石为主，也含较多的球形石英微粒（硅质放射虫）。

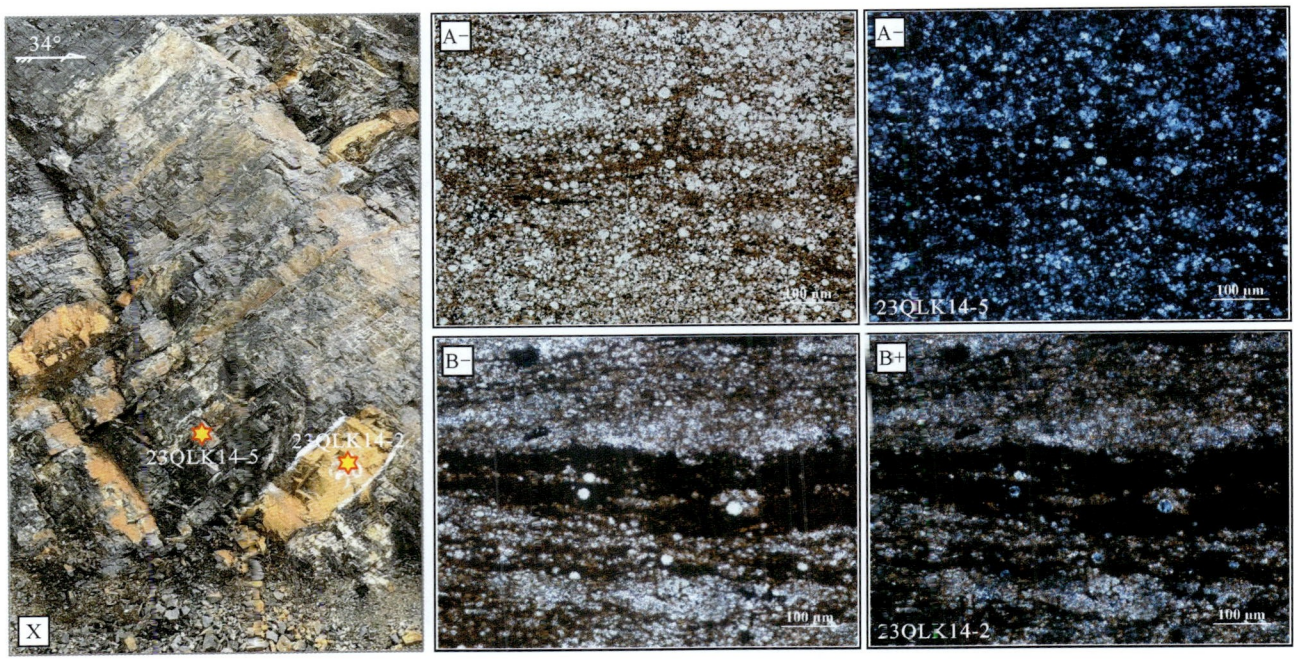

图2-3-39 青林口陡四段硅质岩与透镜状白云岩薄片照片

【测试数据】青林口陡四段硅质页岩与白云岩透镜体 X 衍射分析结果(表 2-3-7)。不含长石、方解石。

表 2-3-7　青林口陡四段硅质页岩与白云岩透镜体 X 衍射分析结果表　　　　单位:%

样品编号	样品岩性	石英	白云石	菱铁矿	黄铁矿	赤铁矿	重晶石	石膏	普通辉石	黏土矿物
23QLK14-1	白云岩	4.6	95.4	/	/	/	/	/	/	/
23QLK14-2	硅质白云岩	23.6	62.2	6.2	/	4.9	3.1	/	/	/
23QLK14-3	硅质页岩	81.8	2.0	/	1.9	/	/	0.4	3.0	10.9
23QLK14-4	硅质页岩	93.7	/	/	1.2	/	/	/	1.7	3.4
23QLK14-5	硅质页岩	99.4	0.6	/	/	/	/	/	/	/

【骨干点号】DMY02-5
【骨干点义】远观三峡大坝
【骨干剖面】大门垭剖面随处可眺望三峡大坝的下游方向(图 2-3-40),其北西方向为大坝上游的三峡水库(高峡平湖)。由左向右,可见三峡大坝的泄洪坝段、电站、升船机、五级船闸。

图 2-3-40　大门垭远眺三峡大坝

【实习文化】三峡大坝

三峡大坝位于中国湖北省宜昌市三斗坪镇境内,距下游葛洲坝水利枢纽工程 38km,是当今世界最大的水利发电工程——三峡水电站的主体工程、三峡大坝旅游区的核心景观、三峡水库的东端。

三峡大坝工程包括主体建筑物和导流工程两部分,全长约 3335m,坝顶高程 185m。于 1994 年 12 月 14 日正式动工修建,2006 年 5 月 20 日全线修建成功。三峡水电站 2018 年发电量突破 1000 亿 kW·h,创单座电站年发电量世界新纪录。三峡水电站大坝高 181m,正常蓄水位 175m,大坝长 2335m。安装 32 台单机容量为 70 万 kW 的水电机组。三峡升船机承船厢可载 3000t 级船舶,最大爬升吨位达 1.55 万 t,最大爬升高度 113m。提升重量和高度,均为世界之最。三峡升船机是世界上规模最大、技术难度最高的升船机工程,被誉为"三峡工程最后的谜底"。三峡工程是迄今世界上综合效益最大的水利枢纽,在发挥巨大的发电功能、抗旱功能、防洪效益和航运效益方面成效显著。

2018 年 4 月 24 日下午,习近平总书记来到三峡大坝,登上坝顶,极目远眺长江上下游,详细了解三峡工程建设、发电、水利、通航、生态保护等方面的情况。他对工程技术人员说,我们要靠自己的努力,大国重器必须掌握在自己手里。要通过自力更生,倒逼自主创新能力的提升。试想当年建设三峡工程,如果都是靠引进,靠别人给予,我们哪会有今天的引领能力呢。我们自己迎难克艰,不仅取得了三峡工程这样的成就,而且培养出一批人才,我为你们感到骄傲,为我们国家有这样的能力感到自豪。希望我们共同努力,上下同心,13 亿多中国人齐心合力共圆中国梦。

【骨干点号】HJP04

【骨干点义】陡四段（Ed_1d^4）与灯一段（Ed_2dy^1）分界点

【骨干剖面】土三路棺材岩剖面（图2-3-41）。点下为陡四段黑色碳质页岩夹白云岩透镜体（锅底灰岩或飞碟石）。由于该点被水泥覆盖，有关陡四段的观察和描述阅读前文辅助剖面——大门垭剖面（DMY）。点上为埃迪卡拉系灯影组一段（蛤蟆井段）浅灰色—灰黄色薄—极薄层状白云岩、藻纹层白云岩。

图2-3-41　花鸡坡陡山沱组与灯影组分界

【骨干点号】HJP04-1

【骨干点义】灯一段（Ed_2dy^1）逆冲断层-褶皱构造观察点

【骨干剖面】土三路棺材岩剖面转弯处。埃迪卡拉系灯影组一段（蛤蟆井段）薄—极薄层状白云岩中发育小型逆冲-褶皱构造，属于断展褶皱构造样式（图2-3-42A、B）。

图2-3-42　花鸡坡灯影组灯一段小型逆冲断层-褶皱构造

【骨干剖面】展示灯一段薄层状白云岩发育的小型逆断层(图2-3-42B)的伴生构造细节(图2-3-43)。

图2-3-43 花鸡坡灯一段小型逆冲断层及伴生构造特写

【知识链接】

1. 灯影组（Ed_2dy）

(标准定义)指平行不整合于牛蹄塘组(岩家河组—水井沱组)之下,整合于陡山沱组之上的一套地层,岩性三分:下部为灰白色厚层状内碎屑白云岩;中部为黑色薄层状含沥青质灰岩,含燧石条带和结核,产宏观藻类;上部为灰白色中—厚层状白云岩,含燧石层及燧石团块,顶部为硅磷质白云岩,产小壳化石。宜昌灯影峡剖面灯影组厚863m。标准定义中,虽然强调灯影组三分,但实则四分,即顶部含小壳化石的硅磷质白云岩独立成段(应该归属于岩家河组)。1972年中国科学院南京地质古生物研究所提出了原灯影组顶部含软舌螺层位应单独划出建立黄鳝洞组(钱逸等,1979)。该组岩性可分上、下两部分:下部为灰白色含磷中晶白云岩,厚度2～4m;上部为灰黑色硅磷质含砂砾胶磷矿,厚度20cm。黄鳝洞组的下界,即含软舌螺、腹足类等硬壳化石的含磷中晶白云岩的下界,其下伏层为灯影组致密块状夹硅质条带白云岩。黄鳝洞组的上限,即以含最丰富的多门类带壳动物群(即梅树村阶动物群)的硅磷质含砂砾的胶磷矿的顶界,其上覆层为水井沱组底部黑色页岩。黄鳝洞组在黄陵背斜东翼的天柱山、黄鳝洞、虎井滩、石牌和松林坡等地都有广泛出露。

赵自强等(1980)将天柱山剖面灯影组细分出蛤蟆井段、石板滩段、白马沱段及天柱山段。天柱山段下部以灰色中层含砾屑白云岩、含硅质条带细晶泥质白云岩与下伏白马沱段厚层块状白云岩区分,顶部以含胶磷矿、硅质砾屑白云岩(含小壳化石)的消失与上覆水井沱组黑色页岩相区别。天柱山剖面厚3.03～3.40m。陈平(1984)在黄陵背斜南翼岩家河等地的水井沱组黑色页岩之下发现了一套厚50余米的地层,并创名为岩家河组,岩性主要为黑色石灰岩、碳质页岩夹生物碎屑灰岩,富含小壳化石,与灯影组顶部硅质岩、细晶白云岩和下寒武统水井沱组黑色页岩均为整合接触。天柱山剖面的天柱山段相比黄鳝洞组,下部增加了一套薄—中层状含硅质岩的白云岩地层。岩家河、滚石坳等剖面灯影组白马驼段与岩家河组之下存在一套深灰色薄—中层状白云岩夹硅质岩地层,相当于天柱山段下部地层。陈平(1984)并未将其划归岩家河组。天柱山段上部砾屑白云岩、硅磷质白云岩与下部薄—中层状含硅质岩的白云岩地层,岩石组合和沉积相差异显著,并且二者之间存在沉积间断。基于此,天柱山段不适合作为一个"段"的岩石地层单元。天柱山段上部含磷、含硅磷质粒屑、含小壳化石的白云岩段与黄鳝洞组相当,并且与含磷、含硅磷质粒屑、含小壳化石的以黑色灰岩夹页岩的岩家河组为同期异相。天柱山段下部薄—中层状白云岩夹硅质岩地层，含遗迹化石，归属于灯影组四段。

本书的灯影组是将标准定义中"顶部"剥离后的，依然采用四分方案，即灯一段(蛤蟆井段)、灯二段(石板滩段)、灯三段(白马驼段)、灯四段(原天柱山段下部)。灯影组与下伏陡山沱组四段呈平行不整合接触，与上覆岩家河组或黄鳝洞组呈平行不整合(淹没不整合)接触。

2. 灯一段(蛤蟆井段，Ed_2dy^1)

该段以灰白色薄—中层状微晶—细晶白云岩的出现为标志，向上为灰色—深灰色中层状与薄层状白云岩不等厚互层(横向变化以厚层状白云岩为主)，含透镜状、眼球状燧石结核，发育水平层理(藻纹层)、大型风暴丘状体和风暴岩。本段含微古植物及藻类化石。宜昌地区地层厚 14～261m。属于开阔台地潮间带-潮下带沉积。与下伏陡山沱组四段呈平行不整合接触。

【骨干点号】HJP04-2

【骨干点义】灯一段(Ed_2dy^1)风暴丘状体和风暴砾屑白云岩观察点

【骨干剖面】图 2-3-44 展示灯一段发育超大型风暴丘状体及之上超覆结构，内部可见风暴砾(图 2-3-44A)；左侧小型风暴丘状体中心有泄水构造(图 2-3-44B)、尚发育小型风暴丘状体的超覆结构(图 2-3-44C)、滑塌揉皱构造(图 2-3-44D)等。HJP05 为灯一段与灯二段分界(图 2-3-44X)，界面之上为灯二段灰黑色薄—极薄层状含沥青质灰岩，锤击有臭味(俗称臭灰岩)。

图 2-3-44 花鸡坡灯一段风暴沉积现象

L04 周家坳地质路线

> 七言·题和尚洞
> 灯二灰岩纹理秀，陡直断裂碎柔情。
> 水流石消百万载，和尚洞里探真经。

1. 教学路线

秭归基地—和尚洞—周家坳—滚石坳—秭归基地

2. 教学任务

（1）观察描述埃迪卡拉系灯影组—寒武系水井沱组岩石组合与地层序列。
（2）观察溶洞地质特征，了解溶洞的形成条件和过程，了解断溶体油气藏。
（3）了解寒武系水井沱组页岩气地质特征。
（4）了解石板滩生物群、岩家河生物群和清江动物群。
（5）了解灯三段白云岩非金属矿产地质特征。

3. 路线简介

周家坳路线（ZJA）是周家坳与滚石坳路线（GSA）的联合（图2-4-1），与花鸡坡路线同属土三路且具有连续性，是关于埃迪卡拉系灯影组、埃迪卡拉系—寒武系岩家河组、寒武系水井沱组的地层和页岩气地质路线。起点为邹石线和尚洞，观察灯影组一段和二段以及溶洞；回到土三路周家坳村北采石场观察灯二段灰岩和石板滩生物群化石；在周家坳村南观察灯二段与灯三段分界，并观察作为非金属矿产开采的灯三段白云岩。前往土三路滚石坳路线（GSA）观察灯三段、灯四段、岩家河组、水井沱组，了解岩家河组小壳化石层位与埃迪卡拉纪—寒武纪界线。观察水井沱组海绵骨针化石，了解水井沱组页岩气地质特征。

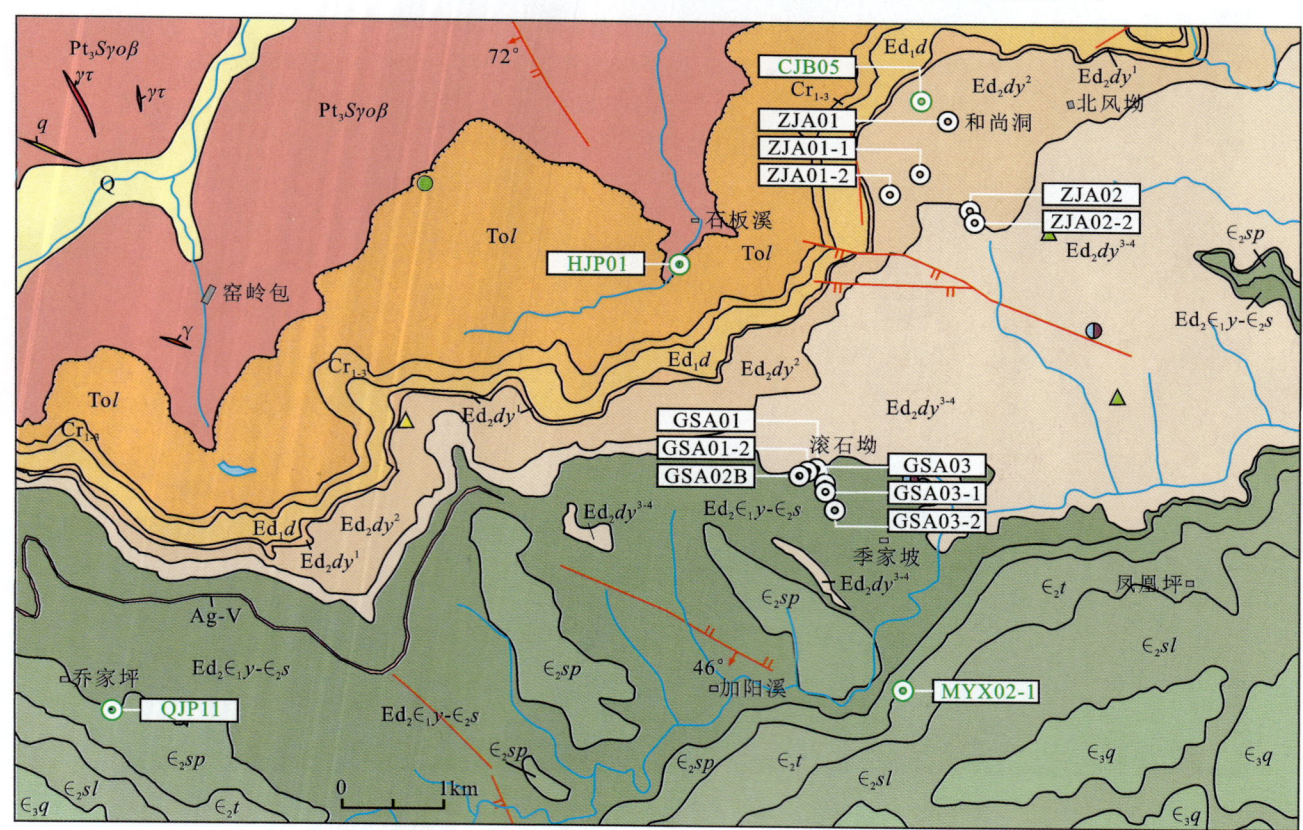

图2-4-1 周家坳路线地质图与点位分布（据1∶5万三斗坪幅地质图，2011，修编；图例见附录F07）

4. 地质路线

【骨干点号】ZJA01

【骨干点义】灯影组灯一段（Ed_2dy^1）与灯二段（Ed_2dy^2）分界及溶洞地质

【骨干剖面】邹石线和尚洞剖面（图2-4-2）。洞口灯一段（蛤蟆井段）浅灰色厚层状白云岩（具有刀砍纹）与灯二段（石板滩段）灰黑色薄—极薄层状含沥青质灰岩分界面（图2-4-2A）。溶洞内部中间为溶扩断裂带（图2-4-2B、C），部分灰岩被溶蚀，中央还残留原岩，两侧为溶蚀洏，局部被褐黄色钟乳石充填。两侧洞壁可观察到灯二段丘状交错层理、硅质岩条带石香肠构造。溶洞沉积有石钟乳、地表钙华、暗河沉积物（图2-4-2B）、岩溶角砾堆等。

图2-4-2 和尚洞洞口灯一段\灯二段分界与溶洏内部结构

【知识链接】

灯二段（Ed_2dy^2）：也称石板滩段，为灰黑色极薄—薄层状夹中层状泥晶灰岩，间夹极薄层状亮晶灰岩，灰岩多呈细腻的纹层状，水平层理发育。含燧石结核。含有机质或沥青质，锤击有臭味。常见内碎屑灰岩（风暴成因）层，大型丘状—洼状交错层理、变形层理等。本段含微古植物和宏观藻类，中上部见管状动物化石和遗迹化石（石板滩生物群或埃迪卡拉生物群）。宜昌地区厚50～205m。浅水碳酸盐陆棚沉积。与下伏灯一段及上覆灯三段均呈整合接触。

溶洞地貌与岩溶作用：溶洞是区域构造抬升导致地下水下渗、溶蚀作用的结果。岩溶作用以地下水的化学作用（溶解与沉淀）作用为主，并伴随有流水侵蚀和沉积、重力崩塌和堆积的辅助，对可溶性岩石的破坏和改造作用。岩溶作用发生的基本条件为：①易溶性岩石（最好是石灰岩）；②可溶解的水（溶有二氧化碳的地下水或雨水）；③可流动的水（带走洞内物质）；④裂隙或断裂发育。溶洞沉积作用包括岩溶水沉积、岩溶塌陷沉积和地下河沉积。

断溶体油气藏：地史时期的溶洞是良好的油气储集空间。鲁新便等（2015）针对塔里木盆地顺北油田碳酸盐岩油藏的开发实践提出了断溶体油气藏的概念，即碳酸盐岩受构造作用形成的深大断裂破碎带，受多期断控岩溶或局部热液溶蚀作用形成大型洞穴、溶蚀孔洞和裂缝组成的储集体，在上覆泥灰岩、泥岩等盖层封堵以及侧向致密灰岩遮挡下，形成由不规则状的断控岩溶缝洞体组成的断溶体圈闭，经油气充注成藏后形成一类特殊的断溶体油气藏。

【骨干点号】ZJA01-1

【骨干点义】灯影组二段（Ed_2dy^2）石板滩动物群化石观察点

【骨干剖面】邹石线与土三路交叉点附近往天门垭小路露头（图2-4-3）。灯影组二段（石板滩段）为黑色极薄—薄层状沥青质泥晶灰岩，所含泥质条带表面有宏观藻类——文德带藻（图2-4-3A）、雾河管（图2-4-3B）、动物遗迹（图2-4-3C）等化石，是石板滩动物群（埃迪卡拉动物群）的代表化石。

图2-4-3　周家坳灯二段石板滩生物群常见化石

【骨干点号】ZJA01-2

【骨干点义】灯影组二段（Ed_2dy^2）岩性和风暴沉积观察点

【骨干剖面】土三路周家坳采石场露头（图2-4-4）。灯影组二段（石板滩段）为灰黑色薄层状沥青质泥晶灰岩夹深灰色中层状泥晶灰岩，含泥质条纹、燧石结核（图2-4-4A），具有风暴砾屑灰岩夹层（图2-4-4B、C）和丘状交错层理。

图2-4-4　周家坳灯二段纹层状泥晶灰岩与风暴砾屑灰岩

【薄片照片】土三路周家坳采石场露头。露头和手标本均可见灯二段灰黑色纹层状含沥青质灰岩，具有细腻的纹层，滴酸剧烈起泡，锤击有臭味。镜下可见纹层由亮色微晶方解石层和暗色有机质与黏土矿物层不等厚交替而形成的韵律，尚可见透镜状沥青（图2-4-5）。

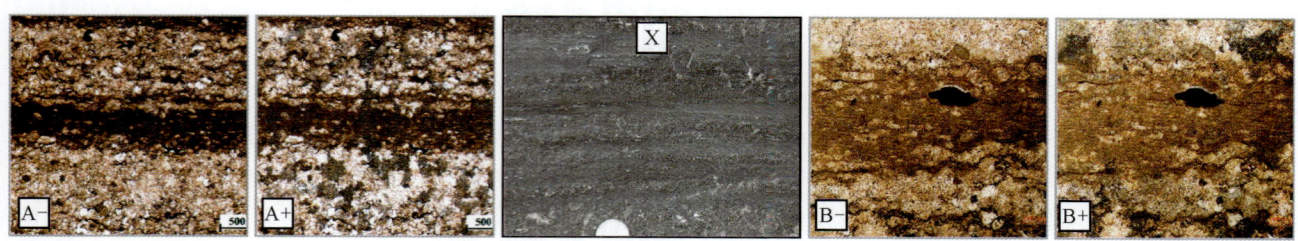

图2-4-5　周家坳灯二段纹层状含沥青质灰岩薄片照片

【知识链接】

埃迪卡拉动物群：已知最古老的海洋后生动物群（动物界除原生动物门以外的所有多细胞动物门类的总称），由最早的海生软躯体化石和遗迹化石组成。生活在7亿～5.7亿年前的软体多细胞无脊椎动物，包括腔肠动物门、环节动物门和节肢动物门。埃迪卡拉动物群标志着原始的生命形态（水生细菌和藻类）在经历

30多亿年的准备之后生命演化翻开了新篇章,是寒武纪生物大爆发的"导火索"。

石板滩生物群:石板滩生物群(Chen Zhe et al.,2014;Zhou Chuanming et al.,2019)产自扬子板块湖北省宜昌市三峡地区的雾河村,所在地层位置为石板滩段底部至中部,其年龄限定在约551~543Ma。石板滩生物群以典型的埃迪卡拉软躯体化石和管状化石为代表,还包含丰富的遗迹化石、宏体藻类 *Vendotaenia*(赵自强等,1988)以及特殊的两侧对称分节动物 *Yilingia* (Chen et al.,2019),代表了埃迪卡拉纪晚期的生物面貌。它们大多数代表了固着或移动的底栖生物(Xiao Shu-hai et al.,2020)。石板滩生物群中动物和遗迹化石的发现与研究,丰富且诠释了达尔文的生物进化理论,表明"寒武纪生命大爆发"的过程不是瞬间发生的;也为探索埃迪卡拉生物的属性、早期动物的取食和运动等生活习性、早期海洋底栖生态系统的演变提供直接的化石证据。

【辅助点号】CJB01

【辅助点义】灯影组二段(Ed_2dy^2)风暴沉积观察点

【辅助剖面】(曹家包路线 CJB)展示灯二段灰岩中发育大型丘状交错层理(图2-4-6A)、风暴砾屑灰岩(图2-4-6B),丘状交错层理核部突出体含角砾,可能为泄水构造(图2-4-6C)。

图2-4-6 曹家包灯二段大型丘状交错层理和风暴砾屑灰岩

【骨干点号】ZJA02

【骨干点义】灯二段(Ed_2dy^2)与灯三段(Ed_2dy^3)的分界面

【骨干剖面】土三路周家坳村南剖面,展示灯二段与灯三段的分界(图2-4-7)。界面之下为灯二段灰色薄层状白云质灰岩;界面之上为灯三段灰白色厚层状细晶白云岩,渐变整合接触。注意:一些顺层或高角度相交的白色脉体为菱镁矿(滴酸不起泡)。

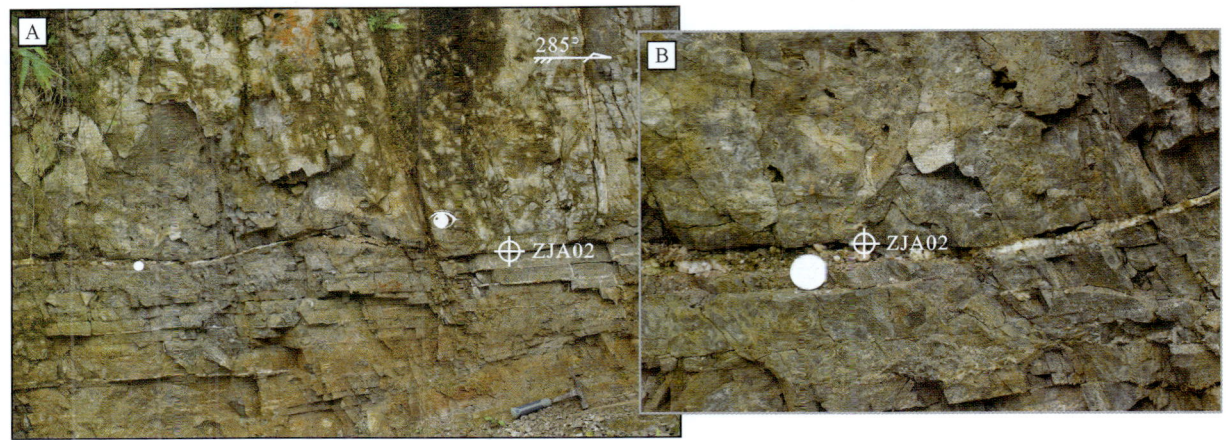

图2-4-7 周家坳灯影组灯二段与灯三段分界

【知识链接】**灯三段（Ed_2dy^3）**：又称白马沱段，为灰白色厚—巨厚层状细晶白云岩、硅质白云岩，偶夹燧石团块、燧石结核。含丰富微古植物化石。厚75.67～469m。属于局限台地相。与下伏石板滩段过渡整合接触，以厚层状突现为标志；顶部以厚—巨厚层状细晶白云岩与上覆薄—中层状白云岩夹硅质岩的灯四段（天柱山段）整合接触。

【骨干点号】ZJA02-1

【骨干点义】灯三段（Ed_2dy^3）小型张性断裂带结构观察点

【骨干剖面】土三路周家坳村南（与ZJA02相邻）。展示灯三段细晶白云岩内发育的一条小型张性断层（图2-4-8），断裂带结构可划分出核心带和损伤带。核心带发育断层角砾岩，具可拼合性，被菱镁矿充填胶结（滴酸不起泡），残留有小型的晶洞（图2-4-8A、B）。

图2-4-8 周家坳灯三段小型张性断裂带

【知识链接】**菱镁矿**：是一种碳酸镁矿物（$MgCO_3$），也是镁的主要来源。白色或浅黄白、灰白色，有时带淡红色调，含铁者呈黄至褐色、棕色；陶瓷状者大都呈雪白色。玻璃光泽。具完全解理。硬度4～4.5。性脆。相对密度2.9～3.1。含有镁的溶液作用于方解石后，会使方解石变成菱镁矿，因此菱镁矿也属于方解石族。富含镁的岩石也会变化成菱镁矿。菱镁矿主要产于沉积变质及热液交代矿床中，也可产于海相沉积矿床中。在超基性岩遭受风化作用于风化壳中也可形成菱镁矿。菱镁矿除提炼镁外，还可用作耐火材料和制取镁的化合物。

【骨干点号】ZJA02-2

【骨干点义】灯三段（Ed_2dy^3）白云岩观察点

【骨干剖面】与ZJA02-1相邻，展示灯三段砂糖状细晶白云岩露头和薄片特征（图2-4-9）。

图2-4-9 周家坳灯三段砂糖状细晶白云岩露头和薄片照片

【知识链接】**白云岩矿床**：灯三段白云岩是峡东区重要的白云岩矿床赋存层位。ZJA02-2点附近有2个白云岩采矿场。石牌大型白云岩矿床矿层平均厚119.63m，矿化连续性好。矿石品位：MgO含量21.32％，SiO_2含量1.92％，$Fe_2O_3+Al_2O_3+Mn_3O_4$含量1％。白云岩在冶金工业中可作熔剂和耐火材料，在化学工业中可制造钙镁磷肥、粒状化肥等，也用作陶瓷、玻璃配料和建筑石材。

【骨干点号】GSA01

【骨干点义】埃迪卡拉系灯影组灯三段（Ed_2dy^3）与灯四段（Ed_2dy^4）分界点

【骨干剖面】土三路滚石坳剖面（图2-4-10）。界面之下为灯三段（白马驼段）上部灰白色厚层状细晶白云岩；界面之上为灯四段（天柱山段）灰色中—薄层状白云岩夹黑色极薄层状硅质岩或条带。中层状白云岩层面见大型对称波痕。剖面尚可见小型正断层。

图2-4-10　周家坳灯三段与灯四段分界及小型正断层

【骨干点号】GSA01-1

【骨干点义】灯影组灯四段（Ed_2dy^4）岩石组合与小型正断层观察点

【骨干剖面】土三路滚石坳路线与GSA01点系同一剖面（图2-4-11）。灯四段（"天柱山段"）为灰色中—薄层状白云岩夹黑色极薄层状硅质岩或条带，见大型对称波痕（图2-4-11A）。剖面尚可见一小型正断层，向下倾方向顺层消失，发育牵引褶皱和构造透镜体（图2-4-11B）。

图2-4-11　滚石坳灯四段岩石组合与小型正断层

【知识链接】灯四段（天柱山段，Ed_2dy^4）：主要岩性为灰白色—深灰色中层—薄层细晶白云岩、极薄层状泥质白云岩，夹黑色薄层硅质岩（燧石条带），含遗迹化石，发育波状层理。岩家河剖面厚15.3m，天柱山剖面厚3.2m。丁莲芳等（1992）、汪啸风等（2002）将该段划归为岩家河组。丁莲芳等（1992）在黑色硅质岩层发现了数以千计的小刺球藻（*Micrhystridium reglare*）等疑源类化石。灯四段与下伏厚—巨厚层状细晶白云岩整合接触，与上覆岩家河组中—薄层状黑色灰岩夹黑色页岩平行不整合（初始淹没不整合）接触。

【骨干点号】GSA01-2

【骨干点义】灯四段（Ed_2dy^4）白云岩大波痕观察点

【骨干剖面】与 ZJA03-1 点系同一剖面（图 2-4-12）。灯四段（"天柱山段"）为灰色中—薄层状白云岩，层面显示大型对称波痕。镜下显示粉—细晶白云岩中陆源碎屑较多（20%），主要有粉砂级石英、斜长石和极少量云母（图 2-4-12A）。对称的大波痕和陆源碎屑含量较高说明灯四段沉积于水动力较强的浅水环境，属于局限台地潮间带。

图 2-4-12 滚石坳灯四段大波痕与白云岩岩石薄片照片

【骨干点号】GSA02B

【骨干点义】灯四段（Ed_2dy^4）\岩家河组（$Ed_2\in_1 y$）分界与岩家河组下部岩石组合观察点

【骨干剖面】滚石坳滚白线（土三路岔路）露头（图 2-4-13）。灯四段与岩家河组分界处被覆盖，仅展示岩家河组下部地层（未见底部的硅质岩含磷质结核层序）。岩家河组下部为灰黑色薄—极薄层状灰岩夹碳质页岩（图 2-4-13A、B）。与灯四段相比，颜色以黑色为主，碳质页岩出现，没有浅色白云岩、大型波痕等。

【辅助剖面】该点分界处被覆盖，可参看 L05 罗家村地质路线（LJC）。

图 2-4-13 滚石坳岩家河组下部地层岩石组合

【知识链接】岩家河组（$Ed_2 \in_1 y$）：(标准定义)该组由陈平(1984)以黄陵背斜南翼岩家河剖面为标准定义：指灯影组薄层状细晶白云岩夹硅质岩之上、水井沱组黑色页岩之下，以黑色石灰岩、碳质页岩夹生物碎屑灰岩为主的一套含碳质较高的闭塞沉积环境下形成的碳酸盐岩和泥质沉积。岩家河层型剖面厚38.7m，它与灯影组和水井沱组均为整合接触。在两层含硅磷质砾屑白云质灰岩和灰岩中均发现了含小壳化石层。下部小壳化石层为 *Circotheca - Anabarites - Protohertzina* 组合，上部小壳化石层为 *Lophotheca - Aldanella - Maidipingoconus* 组合(汪啸风等，2002)。寒武系与前寒武系界线暂划在岩家河组内第4层底。(补充描述)本书采用陈平(1984)关于岩家河组的原始定义(图2-4-14)，即岩家河组以灰黑色硅质岩夹黑色页岩的出现为标志，以黑色—灰黑色灰岩夹碳质页岩、含硅磷质粒屑灰岩为特征。灯三段厚—巨厚层状细晶白云岩之上的中—薄层状白云岩夹硅质岩层，归属于灯四段(天柱山段)。岩家河组可划分为二段，每段顶部均为含硅磷质砾屑、小壳化石的灰岩或白云岩。整体沉积于深水陆棚，其中硅磷质砾屑的成因是海进侵蚀或风暴浪侵蚀的结果。岩家河组与下伏灯四段之间为碳酸盐台地的初始淹没不整合，标志着埃迪卡拉纪碳酸盐台地淹没事件的开始。岩家河组与上覆水井沱组之间为碳酸盐台地的最大淹没不整合。岩家河组在峡东地区由南西向北东逐渐减薄至尖灭，导致水井沱组直接覆盖在灯影组之上。

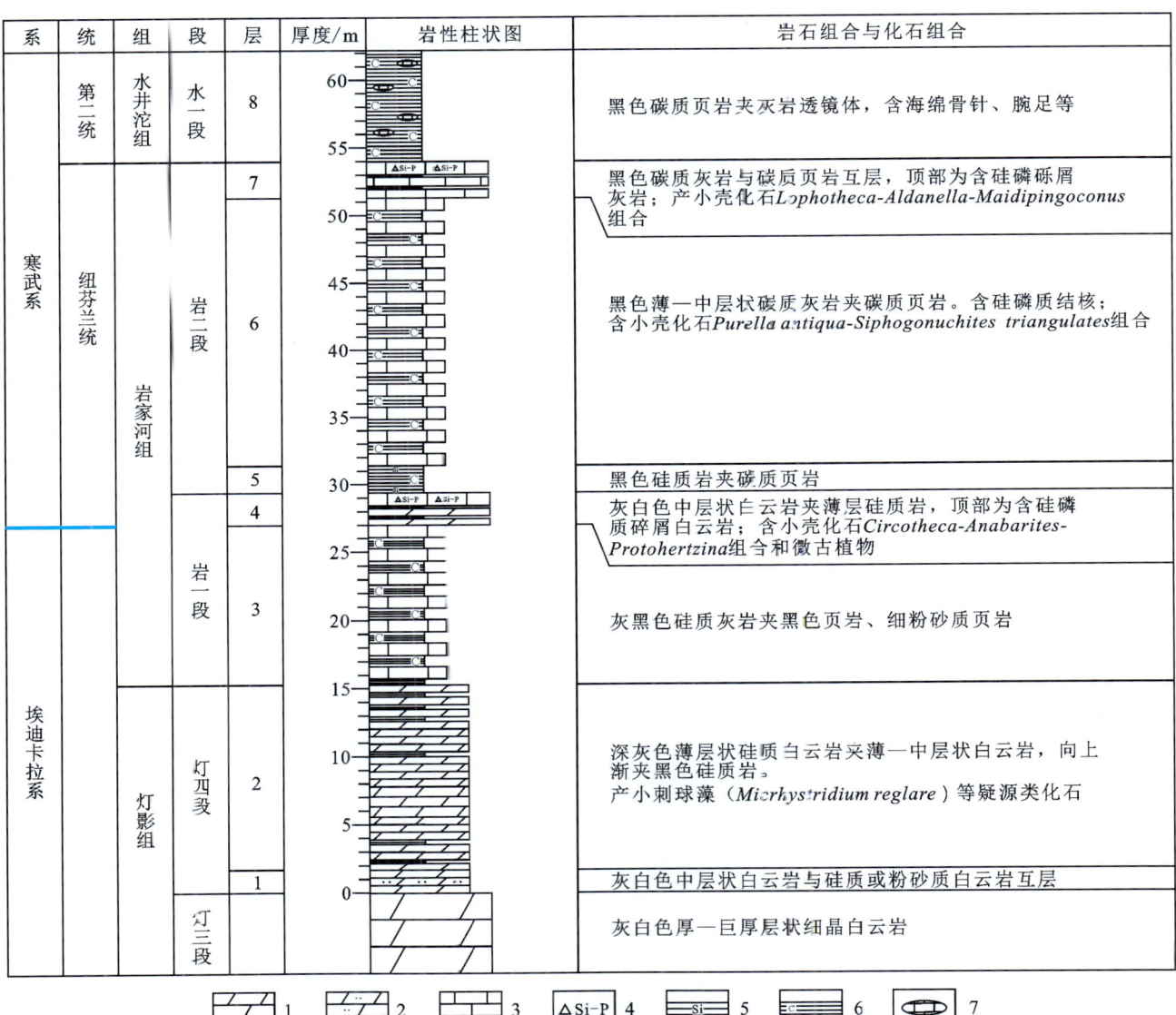

图2-4-14　岩家河剖面岩家河组地层综合柱状图(据陈平，1984；丁莲芳等，1992修编)

【骨干点号】GSA03

【骨干点义】岩家河组（$Ed_2\in_1 y$）与寒武系水井沱组（$\in_2 s$）分界点

【骨干剖面】土三路滚石坳剖面（图2-4-15）。展示界线之下为岩家河组二段顶部灰黑色灰岩夹黑色页岩，最顶部为厚层状含硅磷质砾屑灰岩（图2-4-15B）。砾屑包括燧石、胶磷矿等，灰岩见石香肠构造；含小壳和放射虫化石（图2-4-15A）。界线之上为水井沱组底部厚20cm的火山灰层以及之上的含灰岩透镜体的黑色碳质页岩（图2-4-15C）。注意岩石新鲜色均为黑色、灰黑色。

图2-4-15　埃迪卡拉系—寒武系岩家河组与寒武系水井沱组分界

【薄片照片】展示岩家河组最顶层砾屑灰岩的露头和薄片照片（图2-4-16）。露头显示磷质、硅质砾屑呈细长条状、撕裂状、团块状等，大小不一，无定向性（图2-4-16A）。镜下显示砾屑有磷质（图2-4-16B）、硅质（图2-4-16C），灰岩中含有大量小壳化石，少量陆源碎屑（图2-4-16D）。

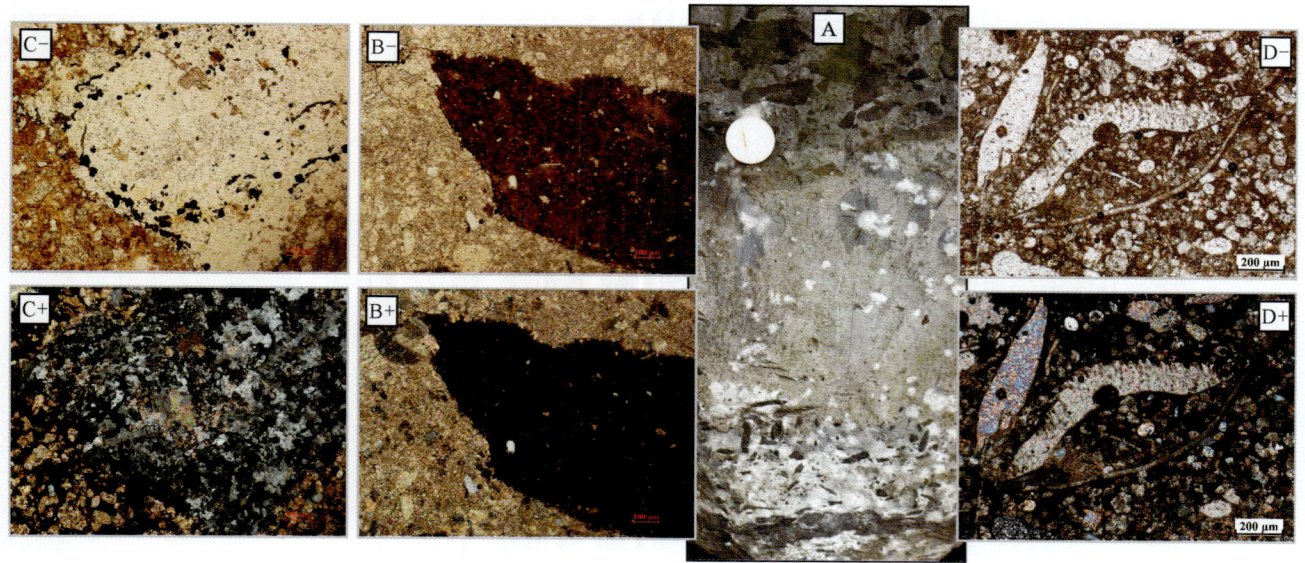

图2-4-16　滚石坳岩家河组硅磷质砾屑灰岩镜下特征

【测试数据】展示滚石坳岩家河组和水井沱组水一段全岩 X 衍射、微量元素、有机碳（TOC）等测试（表 2-4-1，表 2-4-2）。取样位置见图 2-4-15。

表 2-4-1　滚石坳岩家河组和水一段全岩矿物 X 衍射(%)和总有机碳(TOC,%)测试结果表

样品编号	岩石名称	层位	石英	钾长石	斜长石	方解石	白云石	黄铁矿	氟磷灰石	黏土矿物	TOC
18GSA01	泥晶灰岩	岩二段	2.5	/	/	94.4	3.1	/	/	/	0.08
18GSA02	砾屑灰岩	岩二段	20.8	/	/	33.3	2.5	/	39.7	3.7	0.47
18GSA03	火山灰	水一段	32.1	4.5	2.7	/	/	/	/	60.7	0.43
18GSA04	火山灰	水一段	11.6	3.6	2.8	/	/	/	/	82	0.2
18GSA05	碳质页岩	水一段	44	6.1	10.9	/	/	/	/	39	1.54
18GSA06	碳质页岩	水一段	46.4	7	13.5	/	/	/	/	33.1	2.07
18GSA07	碳质页岩	水一段	47.6	5.3	10.9	/	/	/	/	36.2	2.82
18GSA08	碳质页岩	水一段	30.6	4.3	9.5	9.8	15.8	5.2	/	24.8	4.3
18GSA09	锅底灰岩	水一段	6	/	3	83.3	5.5	2.2	/	/	1.17
18GSA10	碳质页岩	水一段	16.2	/	/	4.6	/	/	57.8	21.4	0.48

表 2-4-2　滚石坳岩家河组与水一段岩石微量元素测试结果表(10^{-6})

样品编号	岩石名称	层位	Li	V	Co	Ni	Cu	Mo	Ba	Ti	U
18GSA01	泥晶灰岩	岩二段	6.71	17.1	1.67	7.87	6.8	1.59	124	0.25	1.51
18GSA02	砾屑灰岩	岩二段	17.8	50.8	1.8	33.3	14	6.93	808	0.53	10.8
18GSA03	火山灰	水一段	206	568	14.1	277	57.5	17.7	2047	4.9	27.7
18GSA04	火山灰	水一段	72.3	375	8.05	227	36	22.7	1463	12.2	12.6
18GSA05	碳质页岩	水一段	52.9	4354	22.1	292	102	184	1559	7.74	49.5
18GSA06	碳质页岩	水一段	40.7	971	3.65	121	32.5	64.4	2531	4.37	50.4
18GSA07	碳质页岩	水一段	41.6	1645	3.76	108	44	110	3967	7.9	52.4
18GSA08	碳质页岩	水一段	30.4	761	13.4	136	39.9	54.7	850	4.01	28.4
18GSA09	锅底灰岩	水一段	11.6	87.3	5.25	41.2	13.2	19.7	5232	1.12	13.5
18GSA10	碳质页岩	水一段	37.6	1507	5.84	35	63	3.19	694	0.68	86.9

【知识链接】

水井沱组（$\in_2 s$）：（标准定义）三峡地层研究组（1978）厘定水井沱组由灰黑色或黑色页岩、碳质页岩夹灰黑色薄层石灰岩组成。含三叶虫（古盘虫类）、腕足类、海绵骨针、软舌螺等化石。与上覆石牌组整合接触，与下伏灯影组灰白色厚层白云岩为平行不整合接触。（补充描述）水井沱组指介于下伏岩家河组/黄鳝洞组与上覆石牌组之间的黑色碳质页岩、钙质页岩、黑色薄—中层状灰岩地层，以黑色碳质页岩夹灰岩透镜体的出现为标志。水井沱组分 3 段：水一段为黑色薄—极薄层碳质页岩、粉砂质页岩，夹灰岩透镜体（锅底灰岩或飞碟石），含海绵骨针等化石。在滚石坳该段底部发现火山灰层（Nano-SIMS U-Pb 年龄 526.4±5.4Ma）。水二段为黑色碳质页岩、钙质页岩（页状灰岩）夹粉砂岩条带、少量薄—中层状灰岩。含三叶虫（古盘虫类）、腕足类、软舌螺等化石。在长阳背斜处，该段产著名的清江生物群（Fu et al., 2019）。水三段为灰黑色薄—中层状灰岩夹薄层泥质灰岩、钙质、粉砂岩，顶部为浅灰色薄层含磷结核白云质灰岩、灰质白云岩。暮阳村艾家河剖面水井沱组上部生物碎屑灰岩中发现古杯类、腕足类、软舌螺类和海绵骨针等化石（汪洋等，2010）。罗家村剖面厚 57m，滚石坳剖面厚 68m，长阳背斜处厚 40～100m。水井沱组与下伏岩家河组/黄鳝洞组呈平行不整合接触（最大淹没不整合），与上覆石牌组呈整合接触。水井沱组自下而上经历了水一段深

水滞留盆地—水二段深水混积陆棚—水三段浅水陆棚的沉积环境。

桐湾运动：最初为刘国昌(1945)创名，黄汲清(1980)认为其代表震旦系与寒武系间的大规模上升运动，武赛军等(2016)将四川盆地及周缘的桐湾运动划分出3幕构造运动。桐湾运动Ⅰ幕发生在灯影组二段沉积末期，致使灯二段与灯三段间呈不整合接触。桐湾运动Ⅱ幕发生在灯影组沉积末期，灯影组顶部遭受不同程度剥蚀。桐湾运动Ⅲ幕发生在早寒武世麦地坪期末，造成下寒武统麦地坪组与筇竹寺组呈不整合接触。同时，他还指出区域上桐湾运动(与"惠亭运动"相当)在神农架、峡东、南漳等地区表现为寒武系内部水井沱组与天柱山组间呈平行不整合接触。本书认可黄汲清(1980)关于桐湾运动的界定。桐湾运动的最终结果就是灯影组的抬升剥蚀，至于之后寒武系的超覆不整合已经不属于桐湾运动的范畴了。桐湾运动不能等同于惠亭运动。桐湾运动显著的表现是陡山沱组与灯影组之间的平行不整合(桐湾运动Ⅰ幕)，灯影组与岩家河组及之间的不整合(桐湾运动Ⅱ幕，即主幕)。桐湾运动可与泛非运动对比，是冈瓦纳超大陆聚合与裂解的响应(刘晓阳等，2015；王成刚等，2022)。桐湾运动是灯影组沉积后一次广泛的地壳抬升运动，该运动对华南灯影组优质储层的形成起到了关键作用，形成古岩溶风化壳型储集体(张扬等，2012)。

碳酸盐台地淹没事件：桐湾运动Ⅱ幕导致埃迪卡拉纪扬子碳酸盐台地的隆升，寒武纪开始全球性的海进事件将台地淹没，在秭归实习区表现为深水沉积的岩家河组超覆在灯影组台地之上，形成初始淹没不整合(秭归运动Ⅰ幕)，之后水井沱组一段又以深水沉积超覆在岩家河组和灯影组台地之上，形成最大淹没不整合(秭归运动Ⅱ幕)。寒武纪的海进或淹没事件可能与冈瓦纳大陆的裂解相对应。

岩家河生物群：发现于宜昌地区岩家河组中部灰黑色层状微晶灰岩与黑色粉砂质页岩中(Guo Junfeng et al.，2008；郭俊锋等，2010)，包括蓝菌类、微古植物、宏体藻类、小壳动物化石，以及宏体管状和软躯体动物化石。岩家河生物群生物多样性和埋藏学对探索"寒武纪大爆发主幕"前夕生物的辐射、演化模式及保存机制具有重要的科学意义(郭俊锋等，2017)。

小壳化石：特指寒武纪最早期海相地层中出现的原始带壳小动物化石。已发现有最原始的软舌螺、双壳类、腹足类、腕足类、海绵类等。这些化石的特点是个体小，肉眼难以见到，大小在0.1~5mm之间，其形态多种多样。小壳化石繁盛于软躯体动物群(埃迪卡拉动物群)之后，三叶虫动物群之前。小壳化石是寒武纪最早期建阶划带的标准化石(中国扬子地台寒武系最底部的梅树村阶动物群)，也是划分前寒武纪和寒武纪地层界线最重要的古生物依据。

【骨干点号】GSA03-1

【骨干点义】寒武系水井沱组水一段($\in_2 s^1$)海绵骨针化石观察点

【骨干剖面】水一段黑色碳质页岩中黄铁矿化海绵骨针(图2-4-17)。薄片显示硅质海绵骨针先后被方解石、黄铁矿交代(图2-4-17A、B)。

图2-4-17 滚石坳水一段黄铁矿化海绵骨针及其薄片照片

【骨干点号】GSA03-2

【骨干点义】寒武系水井沱组水一段（$\in_2 s^1$）与水二段（$\in_2 s^2$）分界点

【骨干剖面】（滚石坳路线）土三路刘家巷子南露头（图2-4-18）。界面之下水一段为黑色碳质页岩夹灰岩透镜体（俗称"锅底灰岩"或"飞碟石"）。A.顶部为似层状透镜体,并发生不完全塑性石香肠构造；B.椭圆状透镜体,内部块状层理；C.似圆状透镜体；界面之上为水二段黑色钙质页岩（页状灰岩），不含灰岩透镜体。

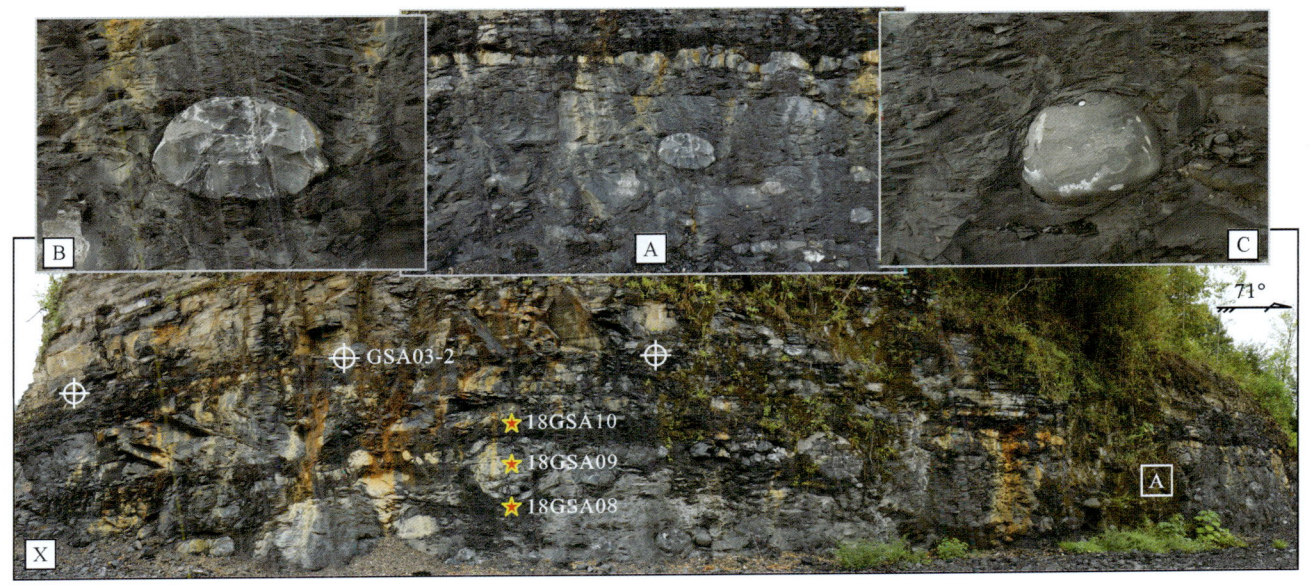

图2-4-18 滚石坳水井沱组水一段与水二段分界与灰岩透镜体

【知识链接】

1. 水井沱组页岩气地质特征

(1)滚石坳水井沱组水一段富有机质页岩烃源岩特征。岩家河组和水井沱组水一段有机碳含量（表2-4-1）:碳质页岩TOC 1.54%～4.20%,属于好—极好烃源岩；锅底灰岩TOC 1.17%,属于好烃源岩。底部火山灰TOC 0.2%～0.43%,岩家河组硅磷质砾屑灰岩TOC 0.47%,泥晶灰岩TOC 0.078%,均属于非烃源岩。

(2)鄂西水井沱组页岩气勘探。鄂阳页1井钻遇寒武系水井沱组水一段页岩厚度141m,其中有机质丰度(TOC)大于2%的优质页岩厚61m,成熟度R_o在2.55%～3.06%之间,平均2.35%,处于高成熟—过成熟早期阶段。页岩埋深为2980～3060m,含气量最高达4.48m^3/t,平均2.3m^3/t。获得稳定测试产量7.83万m^3/d高产工业气流。鄂宜页1井钻遇寒武系水井沱组水一段页岩厚86m,优质页岩厚35m,目的层埋深介于1600～1750m之间,含气量介于0.179～5.577m^3/t之间,平均2.24m^3/t。测试产量6.02万m^3/d。

2. 水井沱组黑色页岩中的钒、钼矿

广布于我国南方下寒武统的黑色岩系,是一套富含有机质的Si、P、C岩石建造,以富含Ni、V、Mo、Cu、U、Se、Au、Ag、稀土以及铂族元素等众多有色、稀有稀土、贵金属元素以及磷、重晶石、石煤等非金属矿而闻名,层位稳定,分布广泛,其中蕴含的矿产资源量十分巨大。我国南方下寒武统黑色岩系不仅在大洋缺氧事件上具有重大的理论意义,而且在研究前寒武系—寒武系界线问题、生物灭绝事件及"寒武纪生命大爆发"等相关学科研究中也有举足轻重的地位(牛丙超,2013)。峡东地区水井沱组下部钒、钼矿化较为普遍,多分布于岩家河、暮阳、黄鳝洞等地,但矿层厚度和矿石品位未达到工业要求。

3. 早寒武世全球性成磷事件

扬子地台早寒武世早期是我国地史中一次极为重要的成磷期(陈志明等,1987)。海侵及上升洋流作用使梅树村期成为中国重要的成磷期,构成了我国最大的磷矿成矿带(叶连俊等,1989)。刘宝珺等(1987)认为中国扬子地台寒武系保存风暴岩层位,其中以下寒武统梅树村组的磷质风暴岩最典型。风暴和风暴流作用不仅形成和加速了上升洋流的循环和补给,同时又是磷矿簸选富集的物理驱动力。扬子区含磷岩系岩石主要由白云岩、磷块岩、硅质及泥岩组成,发育小壳动物化石(曹金鑫等,2022)。岩家河组上部含磷层位,岩性为含硅磷质结核,P_2O_5 0.80%~17.97%。矿体厚度薄且变化较大,无工业价值。

4. 清江生物群

2019 年 3 月 22 日,陕西省西安市西北大学发布了该校早期生命与环境创新研究团队张兴亮、傅东静等在宜昌长阳地区水井沱组水二段发现了距今 5.18 亿年的寒武纪特异埋藏软躯体化石库,命名为"清江生物群"(Dongjing Fu et al.,2019)。清江生物群中已发现 108 个后生动物属,其中先前未有描述的新发现属种占 53%,软躯体生物种类比例高,85% 不具有矿化骨骼,绝大多数为水母、海葵等无骨骼动物。清江生物群与澄江生物群具有很强的互补性,澄江生物群也以软躯体生物化石为主,但两个生物群的生存环境不同,属种组成也有差异。澄江生物群生活于离海岸较近的浅水环境,而清江生物群生活于远离海岸的较深水环境。

清江生物群的化石未经强烈的成岩作用和风化作用改造,以有机碳质薄膜的形式保存下来,是开展埋藏学、地球化学和古环境学研究的理想素材。清江生物群将为研究地球动物门类起源和早期演化提供重要科学依据,也将成为开展寒武纪生命大爆发研究最理想的顶级化石宝库。

5. 寒武纪生命大爆发(Cambrian explosion)

寒武纪生命大爆发是指几乎所有已知动物门(包括脊索动物)在寒武纪早期(距今大约 5.4 亿~5.2 亿年前后)快速出现的重大生命演化事件。以寒武纪大爆发为标志,地球漫长的历史可以划分为两个截然不同的阶段,即隐生宙和显生宙。隐生宙以单细胞微生物为主体构成了一个非常稳定而简单的地球-生命系统,而显生宙则以宏体多细胞动植物作为主体构成了多变而复杂的地球-生命系统(朱茂炎,2019)。

寒武纪大爆发作为真实存在的一次生物快速演化事件的假说被正式提出来(Cloud,1948)。与末前寒武纪出现的仅有两个胚胎的低等多细胞动物及相关类别,如水母类、海绵类等相比,寒武纪大爆发则展示了包括占动物界 90% 以上具有三胚胎层动物爆发式出现的辐射进化过程,大规模两侧对称动物门类的出现和多门类后生动物骨骼化则构成这一重大事件的最主要特征(汪啸风等,2019)。

寒武纪大爆发经历了爆发的前奏—序幕—主幕 3 个阶段(Shu,2008),前奏发生在"寒武前夜"(即前寒武纪末期),以埃迪卡拉生物群为代表;序幕发生在寒武纪初期,以小壳化石的首次辐射为代表(梅村化石群);主幕发生在寒武纪早期,以澄江化石库为代表。

寒武纪大爆发研究是中国地球科学领域取得重大成就和享有国际盛誉的代表性研究方向之一(朱茂炎,2019)。中国古生物学家在丰富和完善达尔文进化论、揭示动物起源和寒武纪生命大爆发以及生物快速辐射进化奥秘方面,做出了令全球科技界高度关注和振奋的杰出贡献(汪啸风等,2019)。

L05 罗家村地质路线

> 七言·登青林口眺望秭归
> 白龙横亘断大江,凤凰山色平湖光。
> 人间烟火天仙境,秭归美名江水长。

1. 教学路线

秭归基地—罗家村—周家老屋—秭归基地

2. 教学任务

(1)观察寒武系和奥陶系岩石组合与地层序列。
(2)调查脚迹坪断层的产状和性质。
(3)掌握断层角砾岩和岩溶角砾岩的区别。
(4)掌握断裂带结构分带及其石油地质意义。
(5)了解娄山关组叠层石生物礁。

3. 路线简介

罗家村路线(LJC)位于黄陵背斜南西翼,芝茅公路罗家村—周家老屋段,菱青林口路线(图2-5-1),是关于寒武系和构造变形的路线。起始于罗家村东采石场,观察埃迪卡拉系灯影组、埃迪卡拉系—寒武系岩家河组、寒武系水井沱组;脚迹坪断层穿越水二段与水三段之间,导致断层西侧地层倒转。由脚迹坪开始沿芝茅公路依次观察倒转的寒武系水三段、石牌组、天河板组和石龙洞组。再由黄泥溪顺芝茅公路南下依次观察寒武系覃家庙组白云岩角砾岩、逆冲断层-断展褶皱,自此地层不再倒转。继续南下观察寒武系—奥陶系娄山关组。最后在周家老屋观察下奥陶统南津关组。

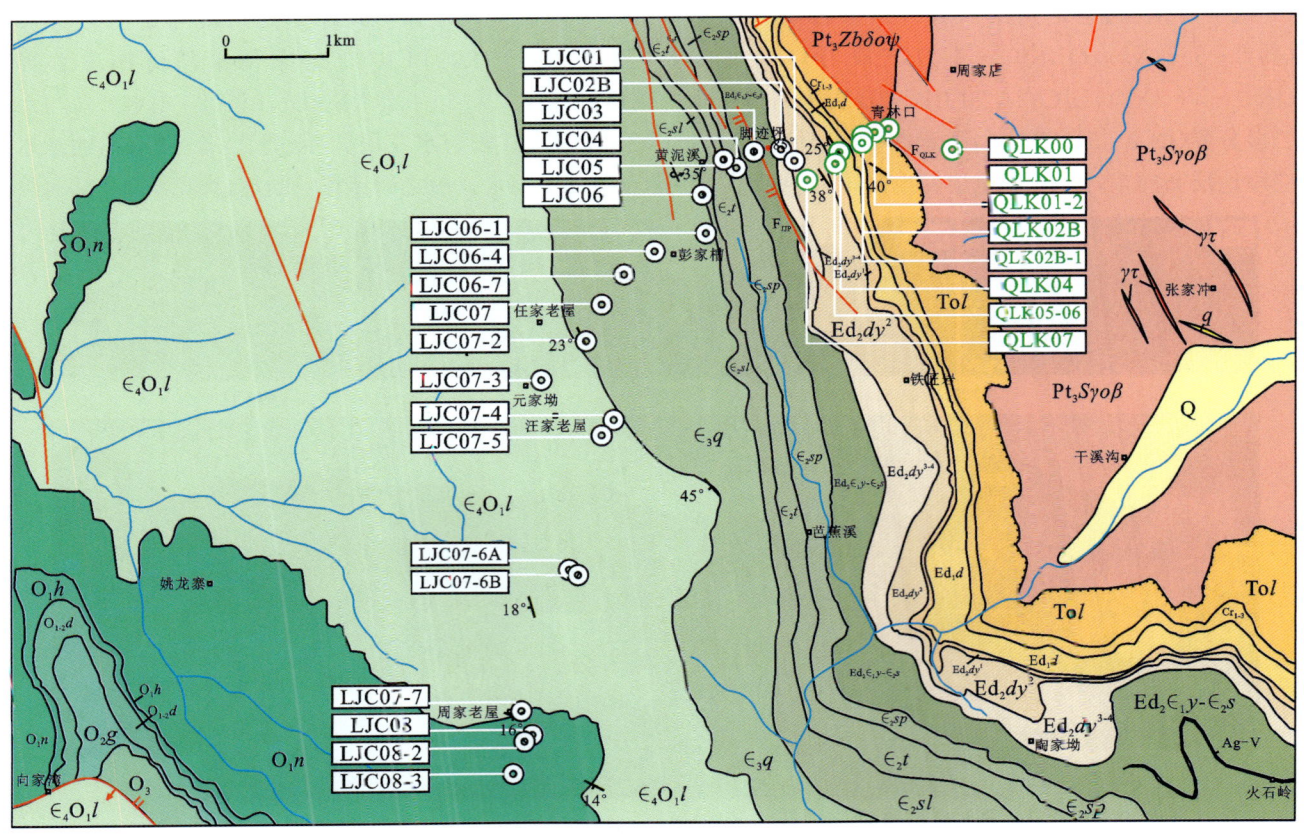

图2-5-1 罗家村路线地质图与点位分布(据1:5万过河口幅地质图,2011,修编;图例见附录F07)

4. 地质路线

【骨干点号】LJC01

【骨干点义】灯影组四段（Ed_2dy^4）与埃迪卡拉系—寒武系岩家河组（$Ed_2\epsilon_1y$）分界

【骨干剖面】芝茅公路罗家村东采石场。展示点东为灯影组四段深灰色、青灰色薄—中层状白云岩，含硅质条带（图2-5-2A、B）。点西为岩家河组底部黑色极薄—薄层状硅质岩，见大量磷质结核（图2-5-2C）；向上为黑色薄层状灰岩夹少量碳质页岩薄层。二者为平行不整合（淹没不整合）接触。右侧QLK07-1点即灯三段与灯四段分界点。

图2-5-2　罗家村灯影组灯三段\灯四段\岩家河组分界

【骨干点号】QLK07—LJC02-2

【骨干点义】灯影组（Ed_2dy）—寒武系水井沱组（ϵ_2s）水三段层序观察点

【骨干剖面】芝茅公路罗家村东采石场（图2-5-3）。自东至西展示：QLK07灯二段与灯三段分界（图2-5-3X1），QLK07-1灯三段与灯四段分界（图2-5-3X2），LJC01岩家河组与灯四段分界（图2-5-3X2），LJC02A和LJC02B岩家河组与水井沱组分界（图2-5-3X3A、X3B），LJC02-1水一段与水二段分界（图2-5-3X3A），注意这些地层倾向西。LJC02-2为水二段与水三段分界（图2-5-3X4），注意水三段地层倾向东，倾角高，地层发生倒转，说明LJC02-2点水二段与水三段之间存在一断层，详见图2-5-4。

图2-5-3　罗家村灯三段\灯四段\岩家河组\水井沱组分界

【骨干点号】LJC02-2

【骨干点义】水井沱组（∈₂s）水二段与水三段分界；脚迹坪断层

【骨干剖面】芝茅公路脚迹坪剖面（图2-5-4），与罗家村东采石场剖面相接（图2-5-3）。展示点东为水二段灰黑色页状灰岩（钙质页岩），倾向西（图2-5-4A）。点西为水三段灰黑色薄—中层状灰岩，产状近直立—略向西倒转（图2-5-4B）。水二段与水三段之间地层倾向相对，为逆冲断层接触。该逆冲断层产状66°∠80°，本书称脚迹坪断层。水三段向上灰岩单层厚度渐增，颜色渐浅至浅灰色，反映水体变浅。

图2-5-4 罗家村水井沱组水二段与水三段脚迹坪断层接触

【骨干点号】LJC03

【骨干点义】水井沱组（∈₂s）\石牌组（∈₂sp）分界及石牌组下部岩石组合特征

【骨干剖面】芝茅公路罗家村西路线展示水井沱组与石牌组分界（图2-5-5A）。展示点东为水井沱组中—厚层状灰岩（图2-5-5B）；点西为石牌组下部蓝灰色—灰绿色薄—中层状泥质粉砂岩、粉砂质泥岩，水平层理发育，见大量遗迹化石（图2-5-5C）。注意地层陡倾近直立或微向西倒转。

图2-5-5 罗家村水井沱组\石牌组分界及石牌组下部岩石组合特征

【知识链接】石牌组（∈₂sp）：（标准定义）由一套灰绿色—黄绿色黏土岩、砂质页岩、细砂岩、粉砂岩夹薄层灰岩、生物碎屑灰岩等组成，含三叶虫化石。底界以灰绿色砂质页岩与牛蹄塘组黑色页岩夹黑色薄层灰岩呈整合接触；顶界以页岩、粉砂岩夹灰岩与天河板组灰色泥质条带灰岩呈整合接触。宜昌石牌村—天河板正层型剖面厚162.92m。本组化石丰富，以产 *Redilicchia* 为主的三叶虫群为特征，此外可见腕足类、软舌螺类化石以及大量生物潜穴。时代为寒武纪第二世第三期晚期。（补充描述）石牌组以灰绿色—黄绿色薄—极薄层状粉砂质泥岩和泥质粉砂岩为主，上部夹鲕粒-核形石灰岩。常见水平层理、页理、小型波纹交错层理等，属于滨海潮坪潮间带-潮下带沉积，顶部所夹鲕粒灰岩为高能鲕粒滩。

【辅助点号】MYX02-1

【辅助点义】暮阳溪石牌组（$\in_2 sp$）上部岩性组合与化石观察点

【辅助剖面】（暮阳溪剖面 MYX）土三路（S287）马家堉西露头（图 2-5-6），展示石牌组上部深灰色粉砂质泥岩夹棕红色薄膜状泥岩，含丰富的三叶虫（*Redilicchia*）。

图 2-5-6　暮阳溪石牌组上部岩性组合与三叶虫化石

【骨干点号】LJC04

【骨干点义】罗家村石牌组（$\in_2 sp$）与天河板组（$\in_2 t$）分界及石牌组上部岩性组合

【骨干剖面】芝茅公路罗家村西段露头（图 2-5-7）。展示点东为石牌组上部灰绿色泥质粉砂岩和粉砂质泥岩（图 2-5-7X），顶部夹 3 层深灰色中—厚层状核形石-鲕粒灰岩，最顶部一层鲕粒灰岩与天河板组分界（图 2-5-7A、B）。点西为天河板组底部深灰色极薄层状泥质条带灰岩（图 2-5-7D）夹核形石-鲕粒灰岩透镜体（图 2-5-7C）。注意地层倒转。

图 2-5-7　罗家村石牌组与天河板组分界及石牌组核形石-鲕粒灰岩透镜体

【薄片照片】石牌组上部所夹鲕粒-核形石灰岩镜下特征（图2-5-8）表明，大多数核形石具有核部和外缘同心环状结构（图2-5-8B、C），少数核形石为均质体，具十字消光（图2-5-8D）。

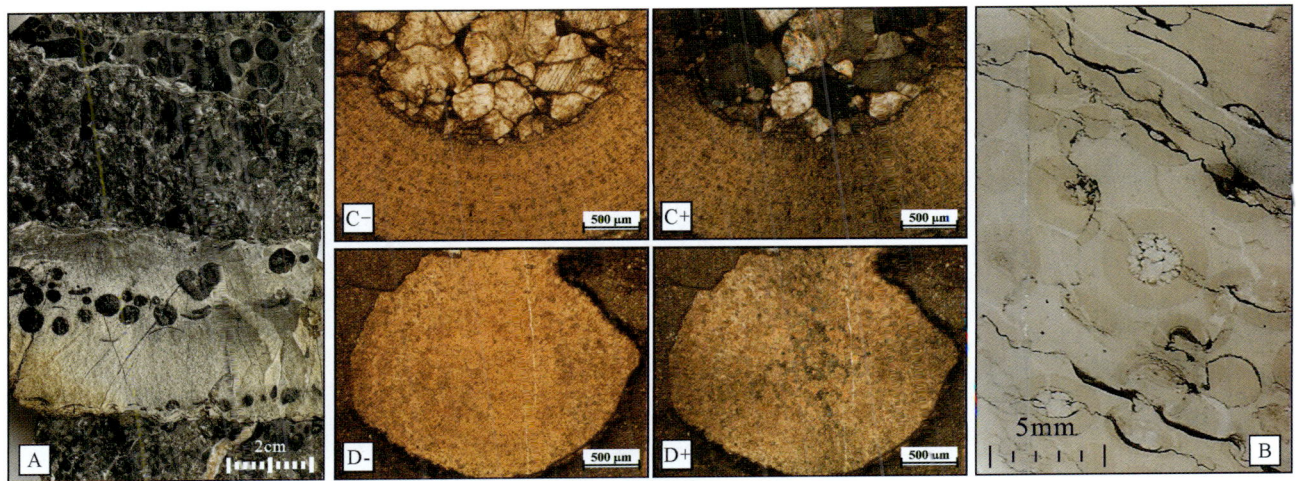

图2-5-8 罗家村石牌组核形石灰岩（LJC04）薄片照片

【知识链接】天河板组（∈₂t）：系张文堂等（1957）创建的"天河板石灰岩"演变而来。（标准定义）整合于石牌组之上、石龙洞组之下，由深灰色及灰色薄层状泥质条带灰岩，局部夹少许黄绿色页岩及鲕粒灰岩组成，含丰富的古杯类和三叶虫化石。时代为寒武纪第二世第四期早期（都匀早期）。下以泥质条带灰岩与石牌组灰绿色薄层状砂质泥岩分界；上以泥质条带灰岩与石龙洞组的厚层白云岩分界。宜昌天河板层型剖面厚81m。（补充描述）天河板组以极薄—薄层状泥质条带灰岩为特色，中部常夹中厚层状灰岩；在罗家村剖面可见核形石灰岩，在横墩岩剖面可见古杯生物礁和核形石灰岩。属开阔台地—台地边缘滩—生物礁沉积。与下伏石牌组砂泥岩呈整合接触。

【骨干点号】LJC04-1

【骨干点义】罗家村天河板组（∈₂t）深灰色厚层状核形石灰岩

【骨干剖面】芝茅公路黄泥溪村东露头（图2-5-9），展示天河板组深灰色极薄层状泥质条带灰岩夹深灰色中—厚层状核形石灰岩（图2-5-9A）。此外，可以见到少量孤立的古杯化石（图2-5-9B）。

图2-5-9 罗家村天河板组中—厚层状核形石灰岩与古杯化石

【薄片照片】展示 LJC04-1 处核形石镜下特征(图 2-5-10)。核形石直径一般在 5mm 左右,呈不规则的圆或椭圆,大多数内部具有亮晶核心以及外围的同心环状构造,环带由泥晶组成;有的内部没有同心环状构造(图 2-5-10B)。核形石之间为亮晶胶结(图 2-5-10C、D)。注意薄片用茜素红染色。

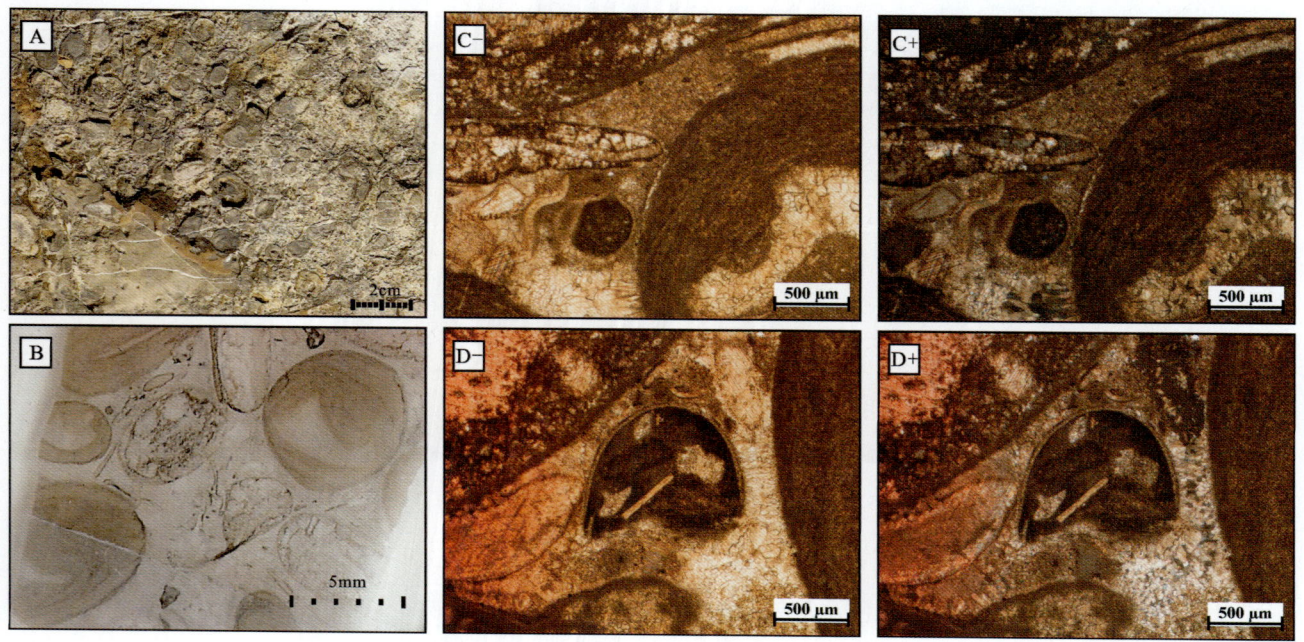

图 2-5-10　罗家村天河板组核形石灰岩(LJC04-1)薄片照片

【知识链接】核形石:通常称为藻包粒或藻灰结核。核形石是分泌黏液的藻(菌)类或微生物在生长过程中捕获、黏结碎屑物质和碳酸钙质点,围绕核心加积而成的,非固着生长的纹层状结核体,由核心和纹层两个基本单元组成。核心以蓝绿菌碎片、菌类黏结体、灰岩屑、生物碎屑等为主;纹层围绕核心呈层状分布,形态为近同心多层环状、单层环状和不规则状,纹层分为泥晶纹层、富菌纹层及含生物纹层(Dahanayake,1978)。目前有关核形石术语的概念以及成因的认识存在较大的差异,但普遍认为微生物对核形石的形成具有重要作用。尚有人强调核形石与鲕粒等碳酸盐岩颗粒的差异,认为鲕粒属于无机成因(边立曾等,1988;杨仁超等,2011)。野外和镜下观察表明,核形石与鲕粒极其相似,且二者经常共生,应该具有相同的成因。

【辅助点号】HDY04-3

【辅助点义】横墩岩天河板组($\in_2 t$)古杯生物礁

【辅助剖面】(横墩岩剖面 HDY)G348 公路棕岩头—桥东桥头露头(图 2-5-11),展示天河板组深灰色极薄层状泥质条带灰岩夹深灰色中厚层状古杯生物礁灰岩。

图 2-5-11　横墩岩天河板组古杯生物礁

【知识链接】古杯礁丘在地质历史时期中是最古老的后生动物礁(张俊明等,1994)。与王家坪古杯礁丘相似,棕岩头古杯礁属于丘状点礁,礁核为古杯障积灰岩,造礁生物为不规则古杯和蓝绿藻。古杯礁丘主要形成于较为动荡的陆架浅滩。横墩岩元河板组上部发育核形石、风暴岩、波纹交错层理砂屑灰岩、古杯类生物礁灰岩,指示台地边缘滩-礁沉积(王家豪等,2020)。

【辅助点号】BSP03

【辅助点义】白氏坪天河板组($\in_2 t$)白氏桥背斜观察点

【辅助剖面】(白氏坪剖面BSP)龙舟大道白氏桥北天河板组发育白氏桥背斜(图2-5-12)。出露寒武系天河板组中部浅灰色、深灰色极薄层状泥质条带灰岩夹中厚层状灰岩。白氏桥背斜为直立倾伏褶皱。南翼产状135°∠36°,北翼产状8°∠32°,枢纽产状80°∠18°。轴面直立近东西走向。极薄层状泥质条带灰岩为软弱层,发育一系列寄生褶皱。南翼见大量"S"形(图2-5-12A)、复式"S"形寄生褶皱和小型逆断层(图2-5-12B);北翼发育"Z"形寄生褶皱(图2-5-12C)及箱状褶皱和共轭膝褶带(图2-5-12D)。

【地质编图】白氏坪背斜、寄生褶皱、小型逆断层、节理配置编图,并分析构造变形机制。

图2-5-12 白氏坪天河板组白氏桥背斜及其伴生构造

【骨干点号】LJC05

【骨干点义】罗家村天河板组($\in_2 t$)与石龙洞组($\in_2 sl$)分界

【骨干剖面】黄泥溪南东约150m处露头,展示点南东为天河板组深灰色极薄层状泥质条带灰岩(图2-5-13)。点北西为石龙洞组浅灰色厚层状白云岩。注意地层产状倒转。

图2-5-13 罗家村天河板组与石龙洞组分界

【知识链接】**石龙洞组**($\in_2 sl$)：系王钰(1938)创建的"石龙洞石灰岩"演变而来。（标准定义）指一套浅灰色—深灰色—褐灰色中—厚层状白云岩、块状白云岩，上部含少量钙质及燧石团块的地层。底以厚层状白云岩与下伏天河板组泥质条带灰岩呈整合接触；顶以厚层状白云岩与上覆覃家庙组整合接触。宜昌石龙洞正层型剖面厚99.25m。本组化石稀少，仅在下部采到少量三叶虫化石。时代为寒武纪第二世第四期晚期（都匀晚期）。（补充描述）石龙洞组以浅灰色中—厚层状白云岩为主，属局限台地-低能浅滩沉积。

【骨干点号】LJC06

【骨干点义】罗家村石龙洞组（$\in_2 sl$）与覃家庙组（$\in_3 q$）分界

【骨干剖面】芝茅公路黄泥溪南约100m露头（图2-5-14）。展示点LJC06的北东方向为石龙洞组浅灰色厚层状白云岩，碎裂严重（图2-5-14A）；点LJC06的南西方向为覃家庙组灰黄色极薄—薄层状白云岩，以灰黄色极薄层状（或页状）泥质白云岩的出现为标志（图2-5-14B）。注意地层产状倒转。

图2-5-14　罗家村石龙洞组与覃家庙组分界

【知识链接】**覃家庙组**($\in_3 q$)：系王钰(1938)创建的"覃家庙薄层石灰岩"演变而来。（标准定义）指石龙洞组和娄山关组两套厚层碳酸盐岩之间的一套以薄层状白云岩和薄层状泥质白云岩为主，夹有中厚层状白云岩及少量页岩、砂岩，岩层中常有波痕、干裂构造，并有石盐假晶的地层。上与娄山关组中厚层状白云岩呈整合接触；下与石龙洞组厚层状白云岩呈整合接触。宜昌覃家庙打磨石山正层型剖面厚217.68m。本组产三叶虫和腕足类化石。时代为寒武纪苗岭世乌溜期—鼓山期—古丈期。

中国地质调查局武汉地质调查中心(2012)将覃家庙组划分为3段：覃一段以灰色—灰黄色极薄层泥质白云岩，深灰色中—薄层状含砾屑、砂屑、鲕粒白云岩的出现为标志；覃二段以底部为灰色—灰白色中层状泥晶白云岩含燧石结核和条带夹薄层泥晶白云岩为标志，中部为白云岩角砾岩，上部为深灰色薄层状—鲕状灰岩和中—厚层状白云岩；覃三段下部为浅灰白色薄—极薄层状白云岩与泥质白云岩互层，夹灰黄色薄—厚层状砂岩和砂屑白云岩透镜体，上部为灰色中层状泥晶白云岩与薄层泥质白云岩互层，夹燧石层或条带-结核。（补充描述）覃家庙组为一套浅灰色—深灰色薄层状白云岩和泥质白云岩夹页状白云质泥岩与中厚层状白云岩，常见波痕、水平层理、波状层理等，属于局限台地-台地边缘浅滩沉积（浅滩相与潮坪相的交互沉积）。本组薄层状白云岩-白云质泥岩常发生顺层的滑脱褶皱；常见夹有白云岩角砾岩（断裂角砾岩和岩溶角砾岩）。

【骨干点号】LJC06-3A

【骨干点义】罗家村覃家庙组（ϵ_3q）白云岩角砾岩

【骨干剖面】芝茅公路彭家槽南露头展示覃家庙组（覃二段）发育大面积的白云岩角砾岩体（图2-5-15），角砾大多数为白云岩，特别是中—粗砾石，但是也分属于不同白云岩类型，包括泥质条带白云岩、鲕粒白云岩等。砾石大小混杂堆积，基质主要为细粒碳酸盐岩。胶结物为钙质（图2-5-15B、C）。在角砾岩体内部间一小型逆断层，断裂带内角砾岩与周围砾岩特征完全相同（图2-5-15A）。

图2-5-15　罗家村覃家庙组白云岩角砾岩

【骨干点号】LJC06-3B

【骨干点义】罗家村覃家庙组（ϵ_3q）走滑-伸展断裂带及断裂角砾岩

【骨干剖面】芝茅公路露头，与LJC06-3A相邻。展示覃家庙组高角度西倾走滑-伸展断裂带（图2-5-16）。断裂带内部结构分带呈清晰的对称性：最外侧为轻微破裂的围岩，少量节理，属于围岩破裂带；向内为断裂损伤带，见高角度西倾的次级断裂，裂隙发育，有的被方解石充填；中央为核心带，以伟晶方解石胶结的白云岩角砾岩为主（图2-5-16A、B），一些角砾为鲕粒白云岩（图2-5-16C）。

图2-5-16　罗家村覃家庙组彭家槽走滑-伸展断裂带及断裂角砾岩

【知识链接】

1. 岩溶角砾岩与断层角砾岩

岩溶角砾岩与断层角砾岩有相似之处,特别是许多岩溶作用是沿断裂带发育的,导致早期断裂角砾岩被后期岩溶作用改造或叠加成新的岩溶角砾岩。一般情况下,可从角砾岩体成层性、产状、角砾岩结构等方面区别:①角砾岩结构是判别的主要标志。岩溶角砾岩中以碳酸盐岩角砾为主,成分单一,但也可见混有石英岩、变质岩、砂岩等角砾,且有些砾石具有一定的磨圆,与填隙物一起,呈现出水流搬运的特征(地下河搬运产物)。胶结物可见钙华型、胶体型等具有纹层结构的方解石沉积物。②岩溶角砾岩体一般顺层展布,呈洞穴状、漏斗状等,而高角度断裂角砾岩体垂直层位,带状展布。③断裂角砾岩体中常可见断裂面,发育擦痕阶步、热液胶结物等。

2. 脆性断裂带结构及其与油气运移

通常将断裂带划分为断裂核心带和损伤带两部分(Childs,2009)或损伤带、过渡带、核心带3部分(Choi et al.,2016)。付晓飞等(2005)将断裂带划分为破碎带和诱导裂缝带,破碎带再细分为边缘的无黏结力的断裂岩带(相当于过渡带)和中心的有黏结力的断裂岩带(相当于核心带)。断层核心带对应破碎带,是位移和应变较大的区域,主要包括主断裂、伴生裂缝和断裂岩(碎裂岩系和糜棱岩系)等。损伤带对应诱导裂缝带,由受断裂相关破裂影响的岩石块体组成,包含诱导裂缝、次级断裂、断裂牵引褶皱等。围岩带仅发育轻微破裂。Sibson(1977)将断裂岩区分为固结的糜棱岩和碎裂岩与非固结的断层泥和断层角砾,进而将破裂带划分为有黏结力的断层岩带和无黏结力的断层岩带。

断裂在油气运移和聚集中具有双重作用,既是油气运移的通道,又是油气聚集的遮挡条件。破碎带内部伴生裂缝、无黏结力断裂岩带和诱导裂缝带都可能成为油气运移的通道(付晓飞等,2005)。

【路线提示】除了白云岩角砾岩外,尽管也存在小型褶皱和断层,但LJC06-3点处覃家庙组已经不再倒转。回顾路线,水井沱组水三段产状近直立、倒转,石牌组、天河板组、石龙洞组、覃家庙组(LJC06-3A点之前)地层均倒转,但过了LJC06-3A角砾岩带地层基本恢复正常产状。

【骨干点号】LJC06-5A

【骨干点义】罗家村覃家庙组(ϵ_3q)断展褶皱

【骨干剖面】芝茅公路,楚园春南西150m岔路。展示覃家庙组(覃三段)浅灰色薄—中层状白云岩夹深灰色—黄绿色白云质泥岩薄层,夹黑色薄层状燧石层或条带和透镜体,含叠层石。发育完整的逆冲断展褶皱(图2-5-17)。

图 2-5-17 罗家村覃家庙组断展褶皱

【骨干点号】LJC06-5D
【骨干点义】罗家村覃家庙组（$\in_3 q$）小型逆断层观察点
【骨干剖面】LJC06-5A 点南西侧露头（图 2-5-18），展示覃家庙组小型低角度逆冲断层。

图 2-5-18 罗家村覃家庙组小型低角度逆冲断层

【骨干点号】LJC06-6
【骨干点义】罗家村覃家庙组（$\in_3 q$）小型共轭正断层
【骨干剖面】芝茅公路，楚园春南西 150m 岔路，点 LJC06-5D 西侧露头，展示覃家庙组（覃三段）浅灰色薄—中层状白云岩、深灰色薄—中层状灰质白云岩，夹黄绿色白云质泥岩薄层，见两条小型共轭正断层（图 2-5-19）。

图 2-5-19 罗家村覃家庙组小型共轭正断层

【骨干点号】LJC06-7
【骨干点义】罗家村覃家庙组（$\in_3 q$）低角度逆断层
【骨干剖面】芝茅公路，楚园春南西 150m。展示覃家庙组（覃三段）浅灰色薄—中层状白云岩、灰色薄—中层状灰质白云岩，夹少量灰绿色泥岩薄层。断层面之下的覃家庙组向北东倾，靠近断面处可见牵引褶皱。断层面之上覃家庙组地层向南西倾（图 2-5-20）。在 LJC06-7 点处可见一背斜构造伏于逆断层面之下。

图 2-5-20 罗家村覃家庙组低角度逆断层

【骨干点号】LJC07

【骨干点义】罗家村覃家庙组（$\epsilon_3 q$）与娄山关组（$\epsilon_4 O_1 l$）分界

【骨干剖面】芝茅公路，距楚园春南西约300m。点下为寒武系覃家庙组覃三段深灰色薄层状白云岩夹页状泥质白云岩薄层，上部夹中—厚层状白云岩；点上为娄山关组娄一段浅灰色厚层状白云岩（图2-5-21）。

图2-5-21　罗家村覃家庙组与娄山关组分界

【知识链接】娄山关组（$\epsilon_4 O_1 l$）：由丁文江（1930）创建，湖北省境内娄山关组与三游洞组属于同物异名。（标准定义）指桐梓组（省境为南津关组）与陡坡寺组（省境为覃家庙组）间的一套灰色—浅灰色薄层至块状微晶—细晶白云岩、泥质白云岩夹角砾状白云岩，局部含燧石的地层序列。省境次层型为宜昌三游洞—南津关沿江剖面，厚673.37m。下以灰色、灰白色厚层状白云岩（夹叠层石礁）与覃家庙组薄层状白云岩整合接触；上以浅灰色、灰白色中—薄层状砾屑白云岩与南津关组生物碎屑灰岩整合接触。本组化石稀少，在灰质含量较高的岩石中可见三叶虫，顶部产牙形石。时代归为寒武纪芙蓉世—早奥陶世特马豆克早期，是一个跨纪的岩石地层单位。通常将娄三段（相当于西陵峡组）归于早奥陶世特马豆克早期。（补充描述）娄山关组自下而上划分为3段，与汪啸风等（1987）划分的新坪组、雾渡河组、西陵峡组相当。娄一段为深灰色厚—巨厚层状灰质白云岩、白云岩夹灰色中层状白云岩，可见砾屑灰岩（风暴岩）。发育叠层石礁，偶见三叶虫化石。与下伏覃家庙组整合接触。宜昌新坪剖面厚100m。为潮间-潮下带沉积。娄二段由灰色、浅灰色厚层灰质白云岩与白云质灰岩韵律叠覆组成，产牙形石。宜昌新坪剖面厚582m。交错层与斜层理十分发育，为潮间-潮上带沉积。娄三段以浅灰色薄—中层状砾屑白云岩为主，夹灰岩和白云质灰岩，偶夹硅质条带。含牙形石、头足类化石。宜昌黄花场两河口厚17.2～40m。为潮间-潮上带沉积。

【骨干点号】LJC07-1A

【骨干点义】罗家村娄山关组（$\epsilon_4 O_1 l$）娄一段叠层石

【骨干剖面】芝茅公路往倒洞坪交叉路口附近。展示娄山关组娄一段深灰色厚—巨厚层状白云岩夹灰色中层状白云岩，柱状叠层石发育（图2-5-22A、B）。

图2-5-22　罗家村娄山关组娄一段柱状叠层石

【骨干点号】LJC07-1B

【骨干点义】罗家村娄山关组（$\in_4O_1l$）娄一段球状叠层石

【骨干剖面】芝茅公路与往倒洞坪交叉路口附近。娄山关组娄一段深灰色厚—巨厚层状白云岩夹灰色薄层状白云岩，球状叠层石发育（图2-5-23）。

图2-5-23　罗家村娄山关组娄一段球状叠层石

【骨干点号】LJC07-2

【骨干点义】罗家村娄山关组（$\in_4O_1l$）娄一段风暴沉积

【骨干剖面】芝茅公路与往芝兰谷风景区交叉路口附近。娄山关组娄一段深灰色厚—巨厚层白云岩夹中—薄层状白云岩，见风暴沉积层（图2-5-24）。

图2-5-24　罗家村娄山关组娄一段风暴沉积层

【骨干点号】LJC07-4

【骨干点义】罗家村娄山关组（$\in_4O_1l$）娄二段小型正断层

【骨干剖面】芝茅公路元家坳东。展示娄山关组娄二段浅灰色厚层状白云岩夹深灰色薄层状白云岩（图2-5-25）。发育两条小型正断层，北侧断层受岩溶作用改造（图2-5-25C），围岩壁遭受溶蚀呈港湾状，黄褐色与乳白色交替纹层状流石方解石沿围岩壁生长（图2-5-25B），尚可见流石方解石胶结断层角砾。南侧断层被伟晶方解石充填，围岩壁平整，方解石结晶纯净（图2-5-25A）。

图2-5-25　罗家村娄山关组娄二段小型正断层

【骨干点号】LJC07-8

【骨干点义】罗家村娄山关组（$\in_4O_1l$）娄三段风暴沉积

【骨干剖面】芝茅公路28.82km处。展示娄山关组娄三段为浅灰色薄—中层状砾屑白云岩、球粒白云岩，见丘状交错层理（图2-5-26）。砾屑成分为单一的浅灰色白云岩，多呈长条状，边缘圆滑，具有塑性砾特征（图2-5-26A），尚可见撕裂状的褐色泥岩呈积云状散布在白云岩内（图2-5-26B）。

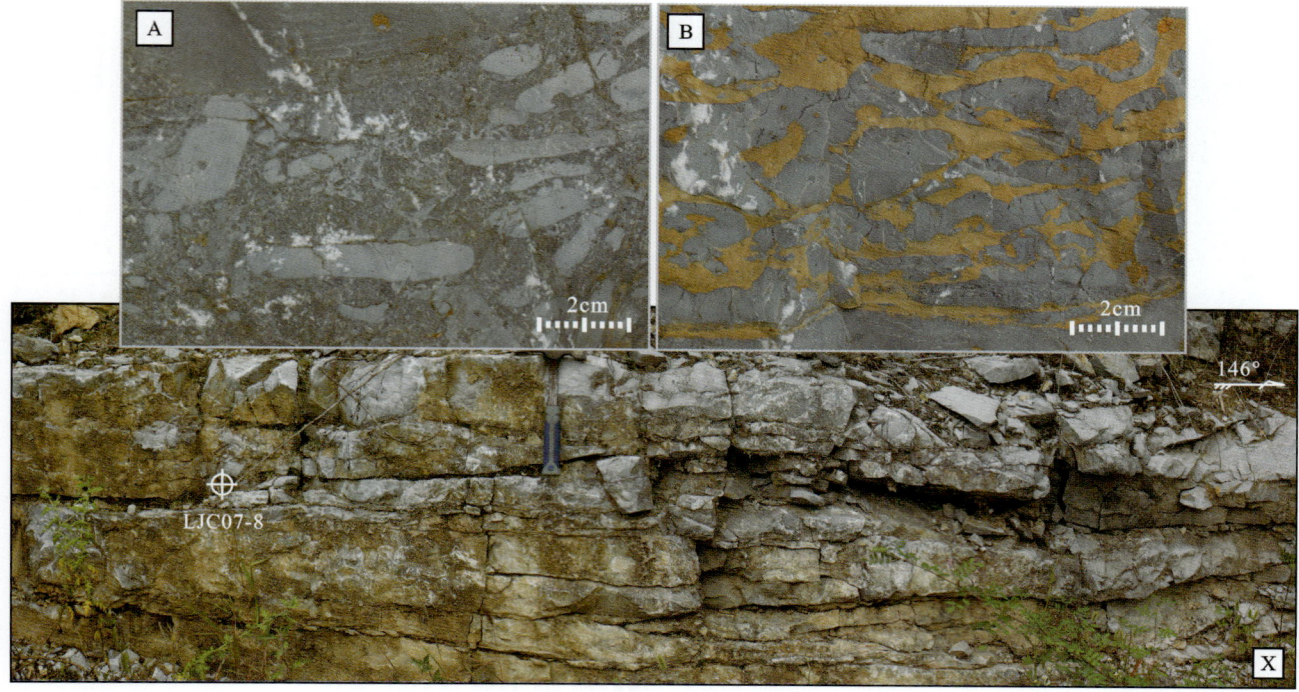

图2-5-26　罗家村娄山关组娄三段风暴沉积

【骨干点号】LJC08 和 LJC08-1

【骨干点义】娄山关组（ϵ_4O_1l）与南津关组（O_1n）分界点

【骨干剖面】芝茅公路周家老屋南公路大转弯处露头，娄山关组与南津关组分界处被掩埋，为一沟谷地貌，娄山关组与南津关组空间上并置，推测二者之间为一正断层（未展示）。点北（LJC07-8）为娄山关组娄三段浅灰色薄—中层状砾屑白云岩和球粒白云岩；点南（LJC08-1）为南津关组南一段下部深灰色薄—中—厚层状生物碎屑砾屑灰岩、鲕粒灰岩夹深灰色页岩（图2-5-27）。生物碎屑砾屑灰岩含大量腕足化石碎片（图2-5-27A、B）。

图 2-5-27　罗家村南津关组南一段下部岩石组合

【知识链接】南津关组（O_1n）：（标准定义）《湖北省岩石地层》（1996）采用的是张文堂（1962）所确定的南津关组与分乡组之和，指整合于娄山关组与红花园组之间的一套以浅灰、灰色中—厚层状碳酸盐岩为主的地层序列，底部为生屑灰岩、灰岩，含三叶虫、腕足类等，下部为白云岩；中部为含燧石灰岩、鲕粒灰岩，含三叶虫；上部为生屑灰岩夹黄绿色页岩，富含三叶虫、腕足等。本组底以生屑灰岩与下伏娄山关组白云岩整合接触；顶以页岩或白云岩与上覆红花园组粗晶生屑灰岩呈整合接触。（补充描述）鉴于南津关组与分乡组在岩石组合上差异较大，野外也易于识别，本书仍采用张文堂（1962）将南津关组和分乡组分开的方案。曾庆銮等（1983）选用宜昌黄花场剖面的南津关组为标准剖面，将南津关组分为3段，即下部为灰岩段，厚15.8m；中部为白云岩段，厚53.3m，上部为灰岩段，厚30m。曾庆銮等（1983）又将分乡组划分为两段；下段为灰岩段，厚14.9m；上段为灰岩夹页岩段，厚53.2m。本书分乡组也沿用张文堂（1962）划分方案，即以页岩的出现作为底界标志，相当于曾庆銮等（1983）所厘定的分乡组上段。将曾庆銮等（1983）的分乡组下段归属于南津关组上段，如此南津关组可划分为3段。南津关组底部以生物碎屑灰岩出现为标志，与娄山关组整合接触；顶部以黄绿色页岩底为标志，与分乡组整合接触。本组化石丰富，有三叶虫、头足类、腕足类、笔石、介形虫、牙形石、微古植物等，主要集中在下部。时代为特马豆克期早期。整体属于开阔台地-台地边缘浅滩沉积。

南津关组南一段（灰岩夹页岩段）主要为深灰色中层状砾屑灰岩、生物碎屑灰岩夹深灰色页岩，总体属开阔台地边缘礁滩高能沉积环境。南二段（白云岩段）以浅灰色中—厚层状粒屑白云岩、生物屑灰质白云岩为主，产三叶虫、牙形石等，常见层纹石、叠层石，发育板状、羽状等浅水交错层理，为开阔台地浅滩相沉积。南三段（灰岩段）以灰色中—厚层粒屑灰岩、鲕粒灰岩为主，化石较少，含腹足类、腕足类、三叶虫、海百合茎、牙形石等化石，总体为开阔台地沉积环境。

【骨干点号】LJC08-2

【骨干点义】南津关组（O_1n）南一段下部粒屑灰岩层

【骨干剖面】芝茅公路周家老屋南公路大转弯处，展示南一段下部深灰色厚层状砾屑灰岩层，砾屑为灰岩，多呈长条状或不规则状，边缘圆滑，具有塑性砾的特征（图2-5-28A、B），之上为深灰色巨厚层状含生物碎屑灰岩夹深灰色页岩，页岩中夹极薄层状透镜状或豆荚状灰岩（图2-5-28C）。属开阔台地边缘高能浅滩-浅水陆棚沉积。

图2-5-28　罗家村南津关组南一段砾屑灰岩与页岩

【辅助点号】BSP11—BSP12

【辅助点义】白氏坪下奥陶统南津关组（O_1n）\分乡组（O_1f）\红花园组（O_1h）分界点

【辅助剖面】白氏坪剖面位于长阳县白氏坪村南北，沿白氏溪两岸以及长阳大道呈近南北向展布。肖家大院长阳大道东侧露头展示，下奥陶统南津关组\分乡组\红花园组分界（图2-5-29）。BSP11点南为南津关组浅灰色厚层状生屑灰岩，构造破碎；点北为深灰色薄层状含生物碎屑鲕粒灰岩（图2-5-29A、B），顶夹灰绿色页岩。BSP12点南为分乡组灰绿色页岩夹生物碎屑灰岩，点北为红花园组深灰色中—厚层状夹薄层状生物碎屑粗晶灰岩。

图2-5-29　白氏坪下奥陶统南津关组\分乡组\红花园组分界

【知识链接】**分乡组（O_1f）**：系张文堂（1962）建立，《湖北省岩石地层》（1996）将分乡组与南津关组合并为南津关组。（标准定义）分乡组是指整合于南津关组与红花园组之间的一套灰绿色泥岩与浅灰色薄—中层状生物碎屑灰岩和鲕粒灰岩交替或不等厚互层序列。底以灰绿色泥岩与南津关组上段含腕足、海百合茎的中—薄层夹厚层灰岩整合接触；顶以中层状生屑灰岩夹灰绿色页岩与上覆红花园组的深灰色厚—巨厚层状生物碎屑灰岩整合接触。黄花场剖面厚53.2m。分乡组各门类化石丰富，有腕足类、笔石、三叶虫、头足类、海绵、双壳类、腹足类、牙形石、介形虫和微古植物等，尤以腕足类最丰富，局部可形成介壳灰岩。时代为早奥陶世特马豆克晚期。（补充描述）整体属于台地边缘浅滩—浅水陆棚沉积。

【骨干剖面】（青林口路线与罗家村路线）展示芝茅公路宛如飘在苍山上的丝带以及沿线设置的地质科普长廊（图2-5-30）。

图2-5-30　芝茅公路沿线地质科普长廊观察点

【实习文化】

芝茅公路：起始于九畹溪镇芝兰桥头，终止于茅坪镇明珠大道，全长56.7km，是湖北省上榜的唯一一条乡村旅游公路。芝茅公路沿线设置多处停车坪与观景台，游人可以赏日出、瞰大坝、观群岚、望云海。

芝茅公路还是一条地质科普公路。芝茅公路沿线开发和保护了数十处地质遗迹：三峡大坝坝基的新元古界黄陵花岗岩体、青林口断层、拉伸系莲沱三角洲、成冰纪"雪球"地球的沉积记录——冰碛岩、埃迪卡拉系陡山沱组二段最古老的页岩气层以及含有最古老动物胚胎化石的硅磷质结核、灯影组二段的埃迪卡拉动物群化石、岩家河组动物群化石、寒武系水井沱组页岩气层、脚迹坪逆冲断层与地层倒转、天河板组的核形石和古杯化石、覃家庙组的断层分带与断层角砾岩和断展褶皱、娄山关组的叠层石和风暴沉积。

L06 黄花场地质路线

> 七言·题牙形石
> 牙形石体洁似玉,显微镜下窥身形。
> 海相沉积全球现,地层对比树金钉。

1. 实习路线

秭归基地—黄花场—秭归基地

2. 实习任务

(1)理解金钉子的概念及其地层对比意义。
(2)了解年代地层单位、岩石地层单位与生物地层单位。
(3)观察黄花场大坪阶金钉子剖面地层序列。
(4)了解金钉子的点位及其确立依据。
(5)了解红花园组瓶筐石-海绵生物礁沉积特征。
(6)领会和学习金钉子精神。

3. 路线简介

黄花场地质路线(HHC)为黄花场大坪阶金钉子观测路线,位于宜昌以北22km的黄花场S312公路(宜兴路)黄花二桥北西约200m。由北西向南东奥陶系和志留系呈北东向展布(图2-6-1)。首先观测S312公路北东侧红花园组发育的瓶筐石-海绵生物礁。其次在S312公路南西侧观察红花园组\大湾组分界,并依次观察大湾组大一段下亚段、中亚段和上亚段以及金钉子点位。最后观察大湾组大二段和大三段。

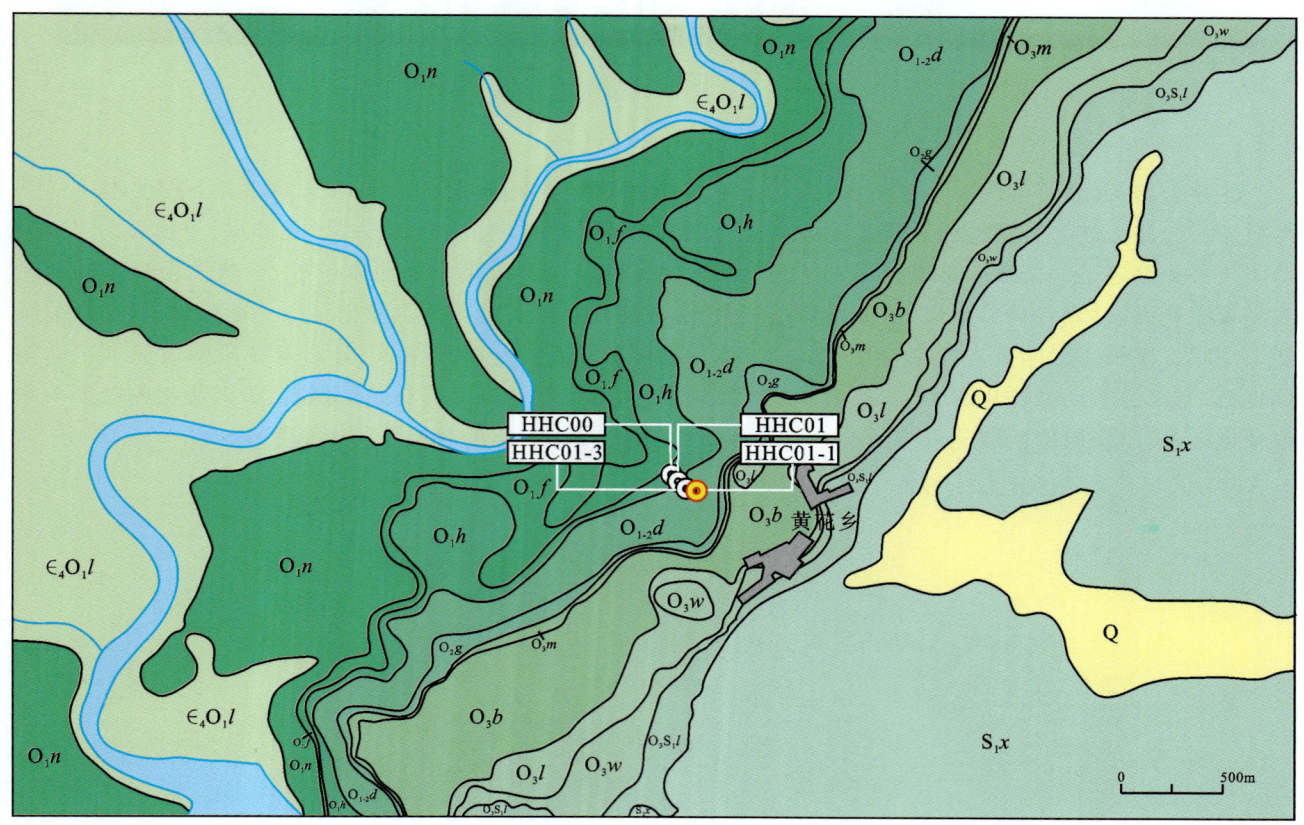

图2-6-1 黄花场中奥陶统大坪阶金钉子路线地质图(据1∶5万分乡场幅地质图,2011修编;图例见附录F07)

4. 路线地质

【骨干点号】HHC00

【骨干点义】红花园组（O_1h）生物礁

【骨干剖面】黄花场黄花二桥北西约200m处公路北东侧露头，展示红花园组深灰色—灰黑色厚层夹中—薄层状生物碎屑灰岩（图2-6-2）。生物礁核呈丘状（图中风化呈灰白色处）瓶筐石-海绵障积灰岩，之上为礁盖（深灰色风化色），之下为礁基，均为生物碎屑灰岩。造礁生物主要包括瓶筐石（图2-6-2A、B）、藻类（蓝绿藻）、海绵（图2-6-2C）等。附礁生物为头足类、腕足类、三叶虫等。礁体以障积灰岩和黏结灰岩为主，属于台地内点礁。

【地质编图】编制瓶筐石-海绵生物礁礁基-礁核-礁盖柱状图。

图2-6-2 黄花场红花园组瓶筐石-海绵生物礁

【知识链接】

红花园组（O_1h）：（标准定义）整合于桐梓组（省境为南津关组）灰岩夹页岩或灰岩之上，湄潭组（省境为大湾组）页岩之下，由灰色、深灰色中至厚层状夹薄层状微至粗晶灰岩、生物碎屑灰岩组成，常含燧石结核和透镜体，下部偶夹页岩，含丰富的头足类、腕足类、海绵、三叶虫、牙形石等化石。时代为早奥陶世弗洛期。神农架林区后湾次层型剖面厚26.13m，黄花场剖面厚24.2m。穆恩之等（1979）将黄花场剖面富含头足类、腕足类及海绵化石的灰黑色厚层灰岩称红花园组。陈旭等（2013）描述红花园组为厚约24m的灰黑色厚层至巨厚层生物灰岩，偶夹少许黄绿色薄层泥岩，产朝鲜角石、满洲角石等头足类以及海绵类的古钵海绵和瓶筐石等。（补充描述）红花园组以深灰色—灰黑色厚层状生物碎屑灰岩，富含瓶筐石、海绵为主要特征，偶夹少许黄绿色泥岩薄层或条带，层面见丰富的腕足类。主体属于开阔台地相沉积，台地内部发育小型点状海绵-瓶筐石生物礁。

瓶筐石：可能是介于古杯动物和海绵动物之间的，与古杯类关系较为密切的物种，常见的形态是直或弯的锥状、柱锥状或角状、杯状。锥端封闭，另一端呈喇叭形开口，横断面一般为圆形至椭圆形。主要产于早—中奥陶世碳酸盐岩地层，少量产于早志留世，常与石海绵类、苔藓虫类和多种藻类生物组成小型生物礁或碳酸盐建隆（刘秉理等，2005）。朱忠德等（1995）于黄花场红花园组生物礁中发现并采集到轻质油苗，油苗赋存在灰岩成岩裂缝中的晶间孔和生物溶模孔内，表明礁体曾发生过油气运移和聚集。

【薄片照片】展示红花园组生物碎屑灰岩（非含瓶筐石生物碎屑灰岩）的薄片照片（图2-6-3）。红花园组除了含大量瓶筐石和海绵外，还有丰富的腕足类、三叶虫、海百合茎、苔藓虫等化石。

 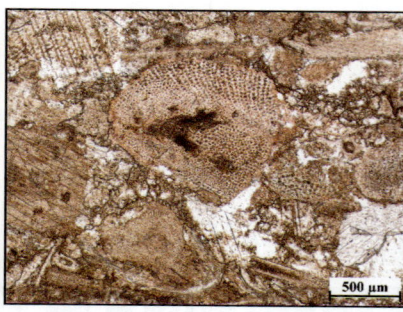 

图2-6-3　黄花场红花园组生物碎屑灰岩薄片照片

【骨干点号】HHC01

【骨干点义】奥陶系大湾组（$O_{1-2}d$）与红花园组（O_1h）分界

【骨干剖面】黄花乡黄花二桥北西约200 m的S312公路西侧。展示界面之下为红花园组深灰色厚层状含海绿石生物碎屑灰岩（图2-6-4A）；界面之上为大湾组大一段下亚段灰绿色薄—中层状含海绿石瘤状生物碎屑灰岩夹灰绿色泥岩薄层。

图2-6-4　黄花场红花园组与大湾组分界

【薄片照片】HHC01点西侧，展示大湾组大一段下亚段浅灰色薄—极薄层状瘤状生物碎屑灰岩及薄片照片（图2-6-5）。

图2-6-5　黄花场大湾组大一段下亚段瘤状生物碎屑灰岩薄片照片

【知识链接】**大湾组（$O_{1-2}d$）**：（标准定义）大湾组为一套富含腕足类、三叶虫、笔石等的泥质较高的碳酸盐岩地层，下部为灰色、灰绿色薄—中层状泥质瘤状生物碎屑灰岩夹黄绿色泥岩；中部为紫红色、暗红色生屑灰岩、泥灰岩；上部为灰色、灰绿色薄—中层状泥质瘤状生物碎屑灰岩夹泥岩。与上覆牯牛潭组中—厚层状灰岩和下伏红花园组深灰色厚层状含头足类粗晶生屑灰岩均呈整合接触。宜昌分乡场次层型剖面厚30.49m。本组生物化石特别丰富，有头足类、腕足类、三叶虫、笔石、牙形石等。时代为弗洛晚期—大坪期—达瑞威尔早期。（补充描述）张文堂（1962）在宜昌分乡创立大湾组时，底界以薄层瘤状灰岩和红花岩组厚层石灰岩相区分。湖北省地质局三峡地层研究组（1978）把原大湾组底界下移至原归于红花园组的海绿石石灰岩之下。曾庆銮等（1983）认为原因有三：其一是海绿石石灰岩所含的腕足类、三叶虫以及牙形石均与大湾组动物群相同，而与红花园组的动物群关系疏远；其二是红花园组产有极为丰富的海绵和头足类，这些在海绿石石灰岩层中没有见到；其三是大湾组下段的薄层瘤状灰岩中也含有海绿石，与其下的海绿石石灰岩层的沉积环境相近似。鉴于岩石地层单元划分的主要依据是岩石组合宏观面貌，本书采用张文堂（1962）的原始定义。大湾组为一套灰绿色泥岩与灰绿色薄层状瘤状灰岩不等厚互层中部夹紫红色调的中厚层生物碎屑灰岩。总体为台地浅滩-斜坡相环境沉积，大湾组中部页岩具韵律层理、水平层理，属浅水陆棚相。

曾庆銮等（1983）将大湾组划分为3段。大下段为浅灰色、灰绿色薄层至中厚层瘤状生物灰岩夹少许黄绿色、灰绿色泥岩，厚12.97m。大下段以笔石、几丁虫、疑源类和介壳化石、牙形石、腕足类、三叶虫、头足类等相互混生为特点。大下段尚可分3个亚段：下亚段厚9.07m，为灰色—灰绿色薄层瘤状生物碎屑灰岩夹灰绿色泥岩；中亚段为0.9m厚的灰紫色、灰色中厚层状生物碎屑灰岩；上亚段厚3m，为灰绿色泥岩夹薄层状瘤状灰岩；大中段为紫色、少许灰绿色中厚层生物碎屑灰岩夹少量黄绿色泥岩，以产大量腕足类、头足类为特征，厚13m。大上段为黄绿色页岩夹薄层状瘤状生物碎屑灰岩，产腕足类、头足类、三叶虫等，厚28m。

【骨干点号】HHC01-1和HHC01-2

【骨干点义】大湾组大一段下亚段\中亚段\上亚段分界；大坪阶金钉子点位

【骨干剖面】展示HHC01-1点界面之下为下亚段浅灰色薄层状瘤状生物碎屑灰岩，厚9.07m；界面之上为中亚段中—厚层状生物碎屑灰岩（图2-6-6），厚0.9m。HHC01-2点界面之下为中亚段；界面之上为上亚段黄绿色泥岩、页岩夹薄层状瘤状生物碎屑灰岩，厚3m。大坪阶金钉子距离中亚段厚层状灰岩顶0.60m，距大湾组底界10.57m。

图2-6-6 黄花场大一段划分与大坪阶金钉子点位

【知识链接】**金钉子**

地质学上的"金钉子"：实际上是全球年代地层单位界线层型剖面和点位（Global Standard Stratotype-section and Point，GSSP）的俗称，它是划分和定义全球年代地层基本工作单位"阶"的底界的国际标准。"金钉子"（全球标准层型剖面和点位）中的"点位"是"嵌入"岩层中的一个特殊的地理点，它同时也对应一个时间点（等时线、等时面）。

金钉子的核心内涵：只采用界线层型定义一个年代地层单位的底界，这个底界又自动定义下伏单位的上界，从而能保证两个接续的、通常建立在不同地点的年代地层单位严格地共用一条界线(同一个时间点)。这种方法是达到建立一个完全连续的全球年代地层系统的唯一途径，可以确保在不同地点建立的年代地层单位叠加成一个整体后，单位之间既不会出现地层重复也不会有地层缺失，从而得到一个完全连续的年代地层和地质年代框架。"金钉子"中的"剖面"是含有"层型点位"的一段"界线地层"，厚度通常在界线上下各数米或数十米不等(彭善池，2014)。

奥陶系大坪阶"金钉子"：由中国地质调查局武汉地质矿产研究所汪啸风研究员率领的中、丹麦、德、美科学家组成的国际团队确立。大坪阶底界的层型剖面为黄花场剖面，位于宜昌以北22km。2008年3月，国际地科联根据汪啸风等提出的阶名，批准建立全球大坪阶及其底界"金钉子"。大坪阶的底界暨中奥陶统的底界位于大一段上亚段的页岩夹瘤状灰岩层段之内SHod-16牙形刺样品层的底界(图2-6-7)，以三角形波罗的海刺(*Baltoniodus triangularis*)的首现为标志，下距大湾组底界10.57m，距大一段中亚段顶0.6m(汪啸风等，2005)。

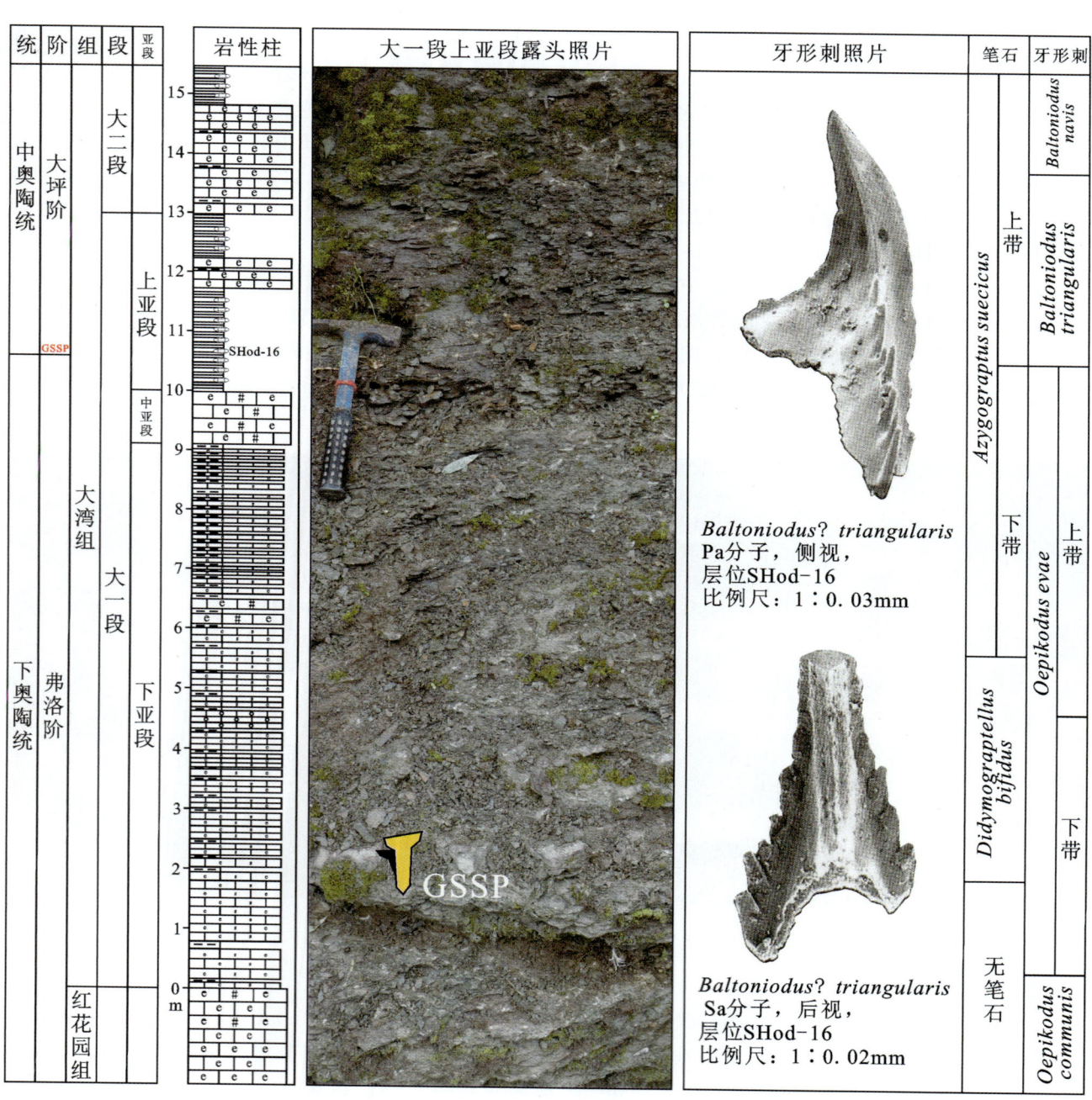

图2-6-7 黄花场中奥陶统大坪阶金钉子综合柱状图(据Wang Xiaofeng et al., 2005修编)

【骨干点号】HHC01-3

【骨干点义】奥陶系大湾组大二段\大三段分界

【骨干剖面】S312黄花场金钉子剖面(图2-6-8),展示界面之下为大二段红褐色中厚层状生物碎屑灰岩夹黄绿色薄—极薄层状泥岩,普遍见有头足类大化石(图2-6-8A、B、C);界面之上为大三段灰绿色泥岩夹薄层状瘤状生物碎屑灰岩,见有头足类和腕足类化石。

图2-6-8 黄花场大二段生物碎屑灰岩和头足类化石

【辅助点号】BSP14

【辅助点义】下—中奥陶统大湾组($O_{1-2}d$)与中奥陶统牯牛潭组(O_2g)分界

【辅助剖面】白氏坪剖面之龙舟大道红岩—桥北露头(图2-6-9),展示界面之南为大湾组大三段灰绿色泥岩夹薄层状瘤状生物碎屑灰岩(X);界面之北为牯牛潭组灰紫色厚层状生物碎屑灰岩,见头足类化石(图2-6-9A)。

图2-6-9 白氏坪下—中奥陶统大湾组与中奥陶统牯牛潭组分界

【知识链接】牯牛潭组(O_2g):系张文堂(1957)所创建的"牯牛潭石灰岩"演变而来。(标准定义)指整合于大湾组和庙坡组之间的一套青灰、灰色及紫灰色薄—中厚层状灰岩与瘤状泥质灰岩互层,富含头足类和三叶虫等化石的地层序列,均以页岩(泥岩)的结束或出现作为划分其底、顶界线的标志。区域上,无庙坡组时,则与上覆宝塔组的龟裂纹灰岩呈整合接触。宜昌分乡场正层型剖面厚19m。本组化石以头足类最为丰富,其次有牙形石、腕足类和三叶虫等。本组地质时代归属为中奥陶世达瑞威尔期。属开阔台地沉积。

【辅助点号】BSP15—BSP16

【辅助点义】中奥陶统牯牛潭组(O_2g)\上奥陶统庙坡组(O_3m)\宝塔组(O_3b)分界点

【辅助剖面】白氏坪剖面之红岩南长阳大道露头。庙坡组厚仅1m,故而牯牛潭组和庙坡组分界(BSP15)和庙坡组与宝塔组分界(BSP16)在一处。由于分界处露头被覆盖,仅展示庙坡组灰黑色页岩夹4层疙瘩状生物碎屑灰岩层。疙瘩状灰岩含大量头足类化石(图2-6-10)。

图2-6-10 白氏坪上奥陶统庙坡组岩石组合与化石

【知识链接】庙坡组(O_3m):系张文堂等(1957)创建的"庙坡页岩"演变而来。(标准定义)指整合于牯牛潭组和宝塔组两套碳酸盐岩地层之间的一套黑色钙质泥岩和黄绿色页岩夹灰岩或灰岩透镜体。富含笔石、三叶虫、头足类等化石。它与上下地层的岩性界线明显,即以泥岩(页岩)的出现和消失为其顶底界。宜昌分乡庙坡正层型剖面厚1.8m。本组富产笔石、三叶虫、介形类、腕足类、头足类、牙形石等化石。本组地质时代归属于晚奥陶世桑比期早—中期(张元动等,2021)。属浅水陆棚沉积。

L07 王家湾地质路线

金钉子——钉进地球时空的一个点,既标定地质时间的全球统一刻度,
又彪炳那些曾经为之锲而不舍付出心血的人们。

1. 实习路线

秭归基地—王家湾—王家坪—秭归基地

2. 实习任务

(1)观察王家湾奥陶系赫南特阶金钉子剖面地层序列。
(2)了解金钉子的点位及其确立依据。
(3)了解宜昌运动的表现及其动力学背景。
(4)了解五峰组—龙马溪组页岩气地质。
(5)领会和学习金钉子精神。
(6)了解G348最美国家地质科普公路。

3. 路线简介

王家湾地质路线(WJW)是上奥陶统赫南特阶金钉子路线以及五峰组—龙马溪组页岩气地质路线。金钉子剖面位于宜昌市以北42km处的王家弯村北,G241公路旁(经纬度为30°58′56″N,111°25′10″E),处于黄陵背斜的东翼,雾渡河断裂北(图2-7-1)。金钉子剖面出露地层为五峰组和龙马溪组。首先观察五峰组和龙马溪组的分界,查明各组岩石组合和化石特征;分析五峰组与龙马溪组接触关系,了解宜昌运动;再厘定金钉子的点位及确定的依据;最后了解五峰组—龙马溪组页岩气地质特征。返程可经过G348最美国家地质科普公路,沿途观察地质遗迹和旅游资源。

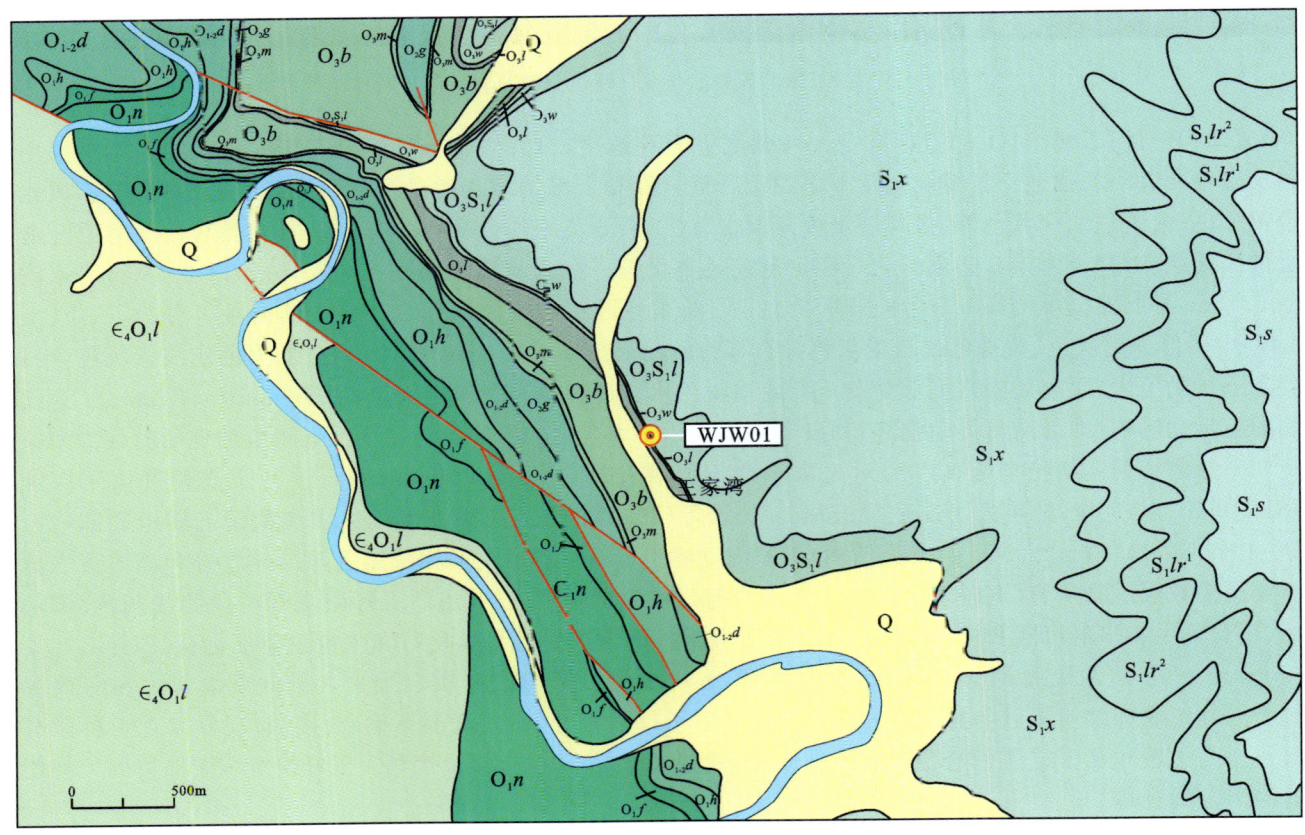

图2-7-1 王家湾上奥陶统赫南特阶金钉子路线地质图(据1:5万分乡场幅地质图,2011修编;图例见附录F07)

4. 路线地质

【骨干点号】WJW01

【骨干点义】五峰组（O_3w）与龙马溪组（O_3S_1l）分界

【骨干剖面】G241王家湾剖面（图2-7-2）。展示界面之下为上奥陶统五峰组；界面之上为上奥陶统—下志留统龙马溪组。五峰组笔石页岩段为黑色放射虫硅质页岩和硅质岩（图2-7-2C）夹数层薄层斑脱岩，页岩含有大量笔石化石；五峰组观音桥段为褐黄色生物碎屑沉凝灰岩（图2-7-2B），含丰富的赫南特贝和少量三叶虫化石；龙马溪组为黑色硅质页岩和硅质岩（图2-7-2A），含大量笔石化石。

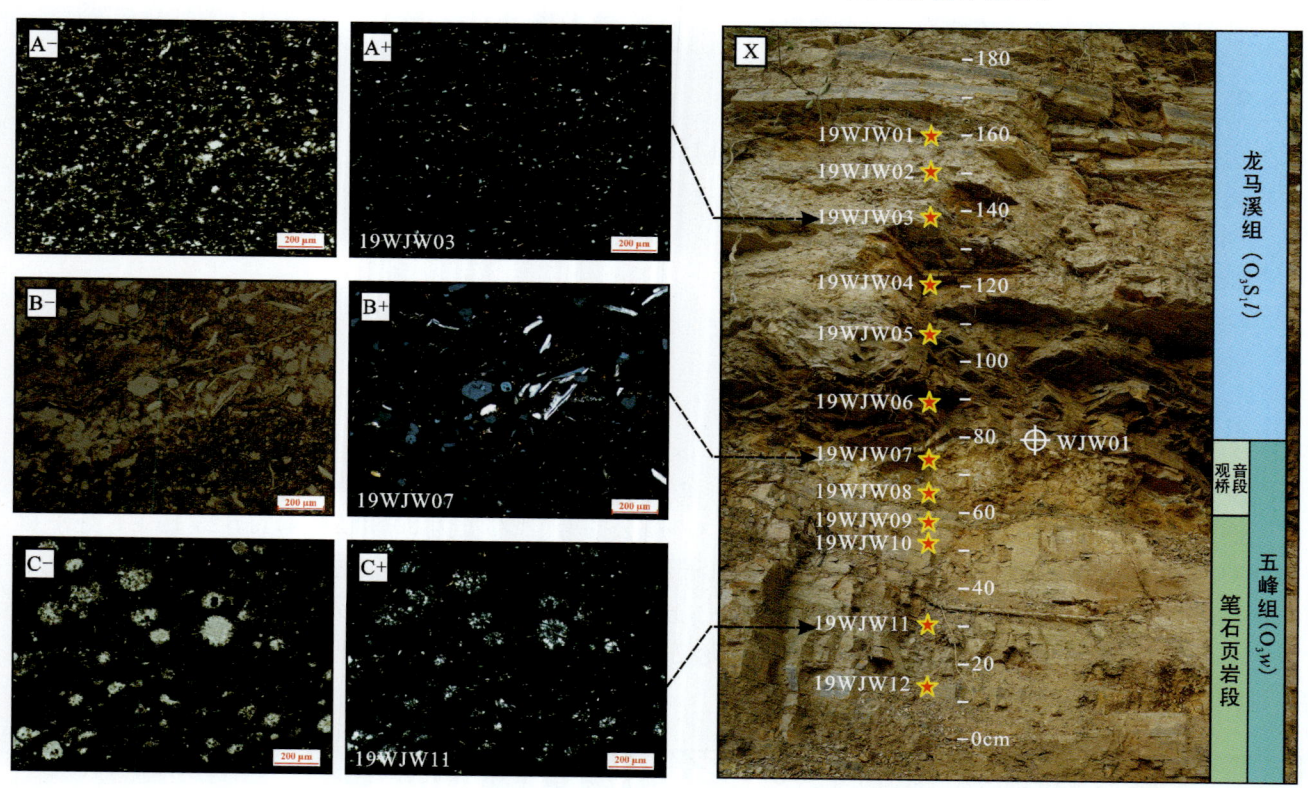

图2-7-2　王家湾五峰组与龙马溪组分界及岩石薄片照片

【知识链接】**五峰组**（O_3w）：（标准定义）《湖北省岩石地层》（1996）将五峰组合并于龙马溪组。本书采用曾庆銮等（1983）的描述。五峰组包括下部的笔石页岩段和上部的观音桥段。笔石页岩段岩性黑灰色，风化呈黄绿色、浅紫色或棕黄色等，微薄层至极薄层含有机质、石英细粉砂质水云母黏土岩夹黑灰色微薄层至薄层微晶硅质岩，产极为丰富的笔石化石和少量腕足类化石。在宜昌黄花场厚5.30m，分乡厚5.53m，王家湾厚5.18m，秭归龙马溪沟厚6.5m，长阳厚2.12m。峡东地区观音桥段厚0.17~0.3m，岩性可分为下、中、上3部分：下部为黑灰色、黄褐色或浅紫灰色含石英粉砂水云母黏土岩；中部为黄灰色、米黄色或浅紫灰色含石英水云母黏土岩（层凝灰岩）；上部为黄灰色或浅灰色水云母黏土岩。以产大量的 *Hirnantia*、*Kinnella* 为代表的腕足动物群（即赫南特贝动物群）和以 *Dalmanitina* 为代表的三叶虫为特征。五峰组的地质时代为凯迪晚期—赫南特期。胡艳华等（2008）对王家湾北剖面观音桥层顶部斑脱岩的锆石进行了高精度离子探针（SHRIMP Ⅱ）定年，结果为443.2±1.6Ma。杨颖等（2019）获得宜昌黄花场地区上奥陶统五峰组底部锆石U-Pb年龄445.4±2.0Ma。（补充描述）王家湾五峰组笔石页岩段主要为灰黑色薄层硅质岩和硅质页岩韵律互层夹数层沉凝灰岩（斑脱岩）薄层，产丰富的笔石和少量腕足、三叶虫。五峰组观音桥段为浅灰色、深灰色、褐黄色生物碎屑沉凝灰岩层（表2-7-1），厚仅20cm，含大量腕足类化石和少量三叶虫化石（即赫南特贝 *Hirnantia*-小达尔曼虫 *Dalmanitina* 动物群）。五峰组笔石页岩段硅质岩中含大量硅质放射虫和海绵骨针。五峰组底部硅质页岩与其下临湘组瘤状灰岩呈平行不整合（初始淹没不整合）接触；顶界以观音桥段沉凝灰岩与上覆龙马溪组黑色笔石页岩也呈平行不整合（最大淹没不整合）接触。五峰组沉积于滞留的欠补偿的深海盆地环境。

龙马溪组(O_3S_1l)：《湖北省岩石地层》(1996)认为五峰组是由笔石化石所建立的非岩石地层单位，建议取消。考虑到五峰组在金钉子剖面已经被熟知，同时在页岩气地质领域也被广泛应用，本书采用五峰组和龙马溪组分开方案；又因峡东地区已广泛使用新滩组，因此本书的龙马溪组相当于汪啸风等(1987)龙马溪组的黑色页岩段。龙马溪组是指介于五峰组观音桥段和新滩组黄绿色粉砂质泥岩之下的一套富含笔石的黑色硅质页岩与硅质岩互层，夹少量沉凝灰岩(斑脱岩)薄层。王家湾剖面厚51.9m。时代为晚奥陶世赫南特晚期—早志留世(兰多维列世)鲁丹期。龙马溪组以平行不整合或淹没不整合覆于观音桥段或临湘组之上，与上覆新滩组呈渐变的整合接触。属于滞留的深海盆地-深水陆棚沉积。

【测试数据】五峰组—龙马溪组全岩X衍射分析仅检测出石英、长石和黏土矿物(表2-7-1)，同时提供无机碳同位素($\delta^{13}C_{V-PDB}$)测试数据。

表2-7-1 王家湾五峰组—龙马溪组X衍射(%)和碳同位素(‰)测试结果

地层	样品编号	石英	长石	黏土矿物	伊-蒙混层	伊利石	高岭石	$\delta^{13}C$
龙马溪组	19WJW-01	44.1	15.8	40.1	92	6	2	-5.7
	19WJW-02	69.3	3.9	26.8	92	8	/	-8.7
	19WJW-03	60.9	4.4	34.7	77	22	1	-9.9
	19WJW-04	30.4	6.8	62.8	82	16	2	-12.4
	19WJW-05	51.2	8.3	40.5	81	19	/	-12.9
	19WJW-06	54.7	7.7	37.5	87	13	/	-15.1
五峰组观音桥段	19WJW-07	60.6	9.4	30.0	99	1	/	-18.0
	19WJW-08	67.4	6	26.7	91	9	/	-16.0
五峰组笔石页岩段	19WJW-09	55.8	8.9	35.3	80	20	/	-13.0
	19WJW-10	67.5	6.5	26.0	81	19	/	-13.6
	19WJW-11	85.0	1.2	13.8	74	25	1	-8.7
	19WJW-12	67.6	3.2	29.1	86	13	1	-13.0

【骨干点号】WJW01-1

【骨干点义】五峰组(O_3w)沉凝灰岩(斑脱岩)夹层

【骨干剖面】G241王家湾剖面(图2-7-3)。五峰组为灰黑色笔石页岩段夹数层沉凝灰岩层(斑脱岩层)，一般厚度<1cm。此外，龙马溪组下部也夹有沉凝灰岩层。

图2-7-3 王家湾五峰组笔石页岩段沉凝灰岩夹层

【知识链接】斑脱岩：即膨润土，是一类由火山喷发产生的凝灰质物质经沉积成岩作用后，在埋藏条件下经水下风化作用形成的黏土岩（Altaner et al.，1984）。地质历史时期的火山灰沉降在不同的沉积环境中将被改造成不同的产物。海相的碱性环境下火山灰经蚀变首先形成以蒙脱石为主的斑脱岩（Calarge et al.，2003），随着进一步的成岩作用，原来的斑脱岩转变为以富含伊-蒙混层矿物和伊利石为特征的钾质斑脱岩（K-bentonite）；在陆相及海陆交互相的酸性环境下（成煤环境），火山灰蚀变成以富高岭石为特征的高岭岩。关于斑脱岩的术语并不统一，常用的还有界线黏土层、火山灰层及变斑脱岩或钾质斑脱岩等不同的名称（周明忠等，2007）。这些称谓并不是正式的岩石学名称，故本书将其统一归为沉凝灰岩。斑脱岩在地层对比、地层测年、古构造背景、古气候和古环境、古生物灭绝事件等领域发挥了重要作用。

扬子板块周缘五峰组—龙马溪组斑脱岩广泛分布，层位众多，其原岩主要产于碰撞岛弧环境（胡艳华等，2008，2009；苏文博等，2002，2006；熊国庆等，2017；杨颖等，2019）。形成斑脱岩的火山物质可能是与秦岭洋闭合有关的板块俯冲过程的产物，或可能是华夏板块与扬子板块会聚过程的产物。

【骨干剖面】展示上奥陶统赫南特阶的全球界线层型剖面和点位（图2-7-4）。界线层型剖面由五峰组黑色笔石页岩段（图2-7-4C）、观音桥段黄褐色生物碎屑沉凝灰岩（含赫南特贝和三叶虫，图2-7-4B）与龙马溪组底部笔石页岩段（图2-7-4A）构成。奥陶系赫南特阶"金钉子"由中国科学院南京古生物地质研究所陈旭和戎嘉余率领的团队确立，于2006年5月被国际地质科学联合会正式批准（彭善池，2014）。上奥陶统赫南特阶的全球界线层型剖面和点位确立在中国宜昌王家湾北剖面观音桥层底界之下0.39m处AFA97层底，以笔石 *Normalograptus extraordinarius*（超常正常笔石）的首现层位为标志。碳同位素在此层位显示的正漂移以及 *N. ojsuensis* 的首现可作为第二标志。赫南特阶顶界以鲁丹阶底部笔石 *Akidograptus ascensus* 的首现为标志。

图2-7-4 王家湾上奥陶统赫南特阶金钉子层型剖面和点位

【知识链接】

奥陶纪末生物集群绝灭事件：奥陶纪末生物大灭绝（the end Ordovician mass extinction，EOME）是第一次全球生物大灭绝，其生态系统遭受的破坏程度排在5次生物大灭绝事件的第二位（Sheehan，2001；Harper et al.，2014；Wang et al.，2019），期间85%的物种灭绝。奥陶纪末期的大量生物绝灭事件在长江三峡东部地区乃至整个扬子地台上也表现得十分明显。据汪啸风等（1986，1987）对长江三峡东部地区最有代表性的宜昌王家湾、分乡和黄花场奥陶系—志留系界线剖面的研究表明，晚奥陶世五峰期已知的91属88种笔石中只有3属4种延续到早志留世初期。观音桥段赫南特贝 Hirnantia -小达尔曼虫 Dalmanitina 动物群发生灭绝。

在奥陶纪—志留纪界线，发生过一次大规模冰川事件。国际上主流的观点认为冈瓦纳冰川活动及其效应造成了晚奥陶世生物的集群灭绝（戎嘉余，1984，1999；Sheehan，2001）。华南尚未找到这次冰川留下的痕迹或岩石学记录。奥陶纪末频繁发生在华南的火山喷发事件也可能与生物灭绝有关（胡艳华等，2009）。

宜昌运动：孙云铸（1943）根据发生在鄂西奥陶系和志留系之间广泛缺失地层而提出宜昌上升的观点。穆恩之（1954）认为宜昌上升代表了志留系兰多维列统龙马溪组与下伏上奥陶统五峰组之间的一个间断，主要发生在湖北长阳、湖南临湘一带。盛莘夫（1973）提出宜昌上升存在两幕的观点，一幕发生在龙马溪组与观音桥层之间，另一幕在五峰组与下伏地层之间。葛治洲等（1979）具体指出在鄂西南地区奥陶系与志留系之间广泛发育沉积间断，缺失五峰组顶部、观音桥层和龙马溪组底部。陈旭等（2001）认为宜昌上升发生在较深水的笔石地层之内（五峰组与龙马溪组），两者之间未见近岸浅水的介壳相地层，可能该地区只是一种水下的隆起、间断和剥蚀。王怿等（2011，2013）认为从奥陶纪晚期开始，在鄂西南鹤峰、五峰、宜都和长阳发生了上升作用，并曾露出水面，形成陆地（岛屿）。

目前没有证据表明在奥陶纪末期扬子地台北缘发生大规模的构造抬升事件。五峰组上覆在临湘组之上，水体突然加深，反映奥陶纪碳酸盐岩台地被淹没；五峰组笔石页岩段与龙马溪组之间虽有观音桥段，但是二者均是深水陆棚-盆地相的沉积。如果说二者之间曾经发生抬升成陆的变革，那么在沉积相上必然要有所记录。龙马溪组相对于观音桥段，也是水体突然加深的。由此可见，与其说是宜昌上升，不如说是"宜昌沉降"。本书借用"宜昌运动"来代表奥陶纪末期构造沉降导致的碳酸盐台地的淹没事件。宜昌运动分两幕，第Ⅰ幕以五峰组/临湘组平行不整合为标志，代表碳酸盐台地的初始淹没事件；第Ⅱ幕以龙马溪组/五峰组观音桥段平行不整合为标志，代表碳酸盐台地的最大淹没事件。宜昌运动可能与扬子地块与华夏地块的会聚碰撞有关。虽然广西运动动力学背景也是扬子板块与华夏板块会聚碰撞的结果，但二者之间构造变形表现截然相反，因此不宜将宜昌运动并入广西运动。

五峰组—龙马溪组页岩气地质：王家湾金钉子剖面（2018样品）：五峰组笔石页岩段硅质页岩 TOC 1.20%～1.78%，观音桥段 TOC 0.38%；龙马溪组硅质页岩 TOC 1.13%～2.72%。脆性矿物石英+长石平均含量69.5%，黏土矿物平均含量30.2%，不含碳酸盐矿物。鄂宜页2井钻遇五峰组—龙马溪组中下部19m厚页岩：TOC 1.4%～4.3%，平均2.6%；干酪根具有Ⅰ-Ⅱ$_1$型；镜质体反射率 R_o 在1.88%～2.03%之间，平均1.98%，为高成熟晚期—过成熟早期，已过大量生气阶段；含气量普遍大于2m^3/t。鄂宜页2井首次实现了中扬子地区志留系页岩气的勘探突破。通过对500m水平段进行压裂改造，获得日产3.15×10^{8}m^3/d、无阻流量5.76×10^{8}m^3/d的工业气流，表明四川盆地之外的鄂西地区五峰组—龙马溪组同样具有良好的页岩气勘探前景（陈孝红等，2018）。目前我国实现商业开采的页岩气产层就是四川盆地周缘五峰组—龙马溪组富笔石页岩段。涪陵五峰组—龙马溪组页岩 TOC 2.8%～4.5%，R_o 为2.2%～3.1%，总含气量3.86～4.64m^3/t。已经发现有涪陵、威远、长宁等页岩气田。

【实习文化】**金钉子精神**：地质学家借用"金钉子"形象地表达了全球标准层型剖面和点位（GSSP），隐喻了它在年代地层学中重要地位和里程碑式的科学意义。实现全球地层等时对比是无数地质学家梦寐以求的，采用"金钉子"定义年代地层单位是实现这个梦想的唯一途径。确立和争取金钉子的历程是漫长而艰辛的，需要许多地质学家为此付出汗水和智慧。我国是世界上拥有"金钉子"最多的国家，表明我国在全球年代地层研究领域的综合研究实力达到了世界领先水平。值得我们纪念和弘扬的"金钉子"精神就是放眼全球、聚焦目标、扎根野外、精益求精、锲而不舍、勇攀地学高峰的精神。

【辅助点号】WJP01

【辅助点义】地质科普公园地质标本观察点

【辅助剖面】(王家坪路线 WJP)G348 地质科普公路之西陵峡 0.618 服务区地质科普主题公园(图 2-7-5)。展示距今约 33 亿年的古太古代 TTG 片麻岩(图 2-7-5A)、距今约 8.3 亿年的新元古代球状花岗闪长岩(图 2-7-5B)、距今约 2.54 亿年的二叠纪的皱纹珊瑚(图 2-7-5C)等岩石和地质现象标本。

图 2-7-5 G348 西陵峡 0.618 服务区地质科普主题公园标本展示

【实习文化】

科学普及：简称科普，又称大众科学或者普及科学，是指利用各种传媒以浅显的、通俗易懂的方式，让公众接受自然科学和社会科学知识，推广科学技术的应用、倡导科学方法、传播科学思想、弘扬科学精神的活动。地质科普是科普的分支之一。

宜昌 G348 中国地质科普公路：宜昌 G348 三峡公路起于夷陵区港虹路，止于西陵长江大桥北岸桥头，全长约 40km。G348 是宜昌市夷陵区境内连接城区与三峡坝区的国道，以独特的地质科普主题和旅游融合功能为核心特色，被誉为最美国家地质科普公路。宜昌 G348 三峡旅游公路是连通宜昌市区和举世闻名的三峡大坝的唯一国道，串联起"两坝一峡"核心景区，沿途层峦叠嶂、风光旖旎，拥有丰富的自然、人文旅游资源。以地质科普为核心，沿途设计了 99 个地质科考点，涵盖地层结构、岩石类型等地质现象，被誉为"鲜活的地质百科全书""行走的地质课堂"。西陵峡 0.618 服务区是 G348 三峡公路的地质科普主题公园，它利用螺旋线和黄金分割法则来设计游览线路，通过 24 块地质标本展示和沿线地质遗迹点标识，向大众普及地球演化过程、生命进化历史，以及古地理、古环境、古气候演变等地质知识。

L08 西陵峡地质路线

> 七言·九畹溪褶皱
> 蕙草萋萋流水碧,兰花盈盈薄雾香。
> 九畹溪畔神龙舞,腾云九天心飞扬。

1. 实习路线

秭归基地—九畹溪大桥—西陵峡村—秭归基地

2. 实习任务

(1)观察寒武系石龙洞组和覃家庙组岩石组合与九畹溪褶皱。
(2)观察奥陶系宝塔组—志留系罗惹坪组的岩石组合与地层层序。
(3)查明九畹溪断裂的产状和性质,掌握野外断层观测方法。
(4)了解水库诱发地震。
(5)了解屈原与九畹溪文化内涵。

3. 路线简介

西陵峡路线(XLX)起始于九畹溪大桥南桥头,是一条关于奥陶系与志留系部分地层单元与九畹溪断裂的地质路线,是利用断层两侧地层接触特征判别断层性质和产状的构造路线。首先于九畹溪大桥南桥头向北观察覃家庙组薄层状白云岩层间"S"形褶皱(九畹溪褶皱)。过九畹溪大桥,在北桥头观察覃家庙组岩性,并远观牛肝马肺峡。乘车至西陵峡村,在山脚观察志留系新滩组和罗惹坪组;其次于山腰观察奥陶系五峰组与罗惹坪组之间九畹溪断层接触以及宝塔组和临湘组分界;再次于山顶观测临湘组与五峰组分界以及罗惹坪组潮道砂体与正断层;最后根据观测结果判别九畹溪断裂的产状和性质(图2-8-1)。

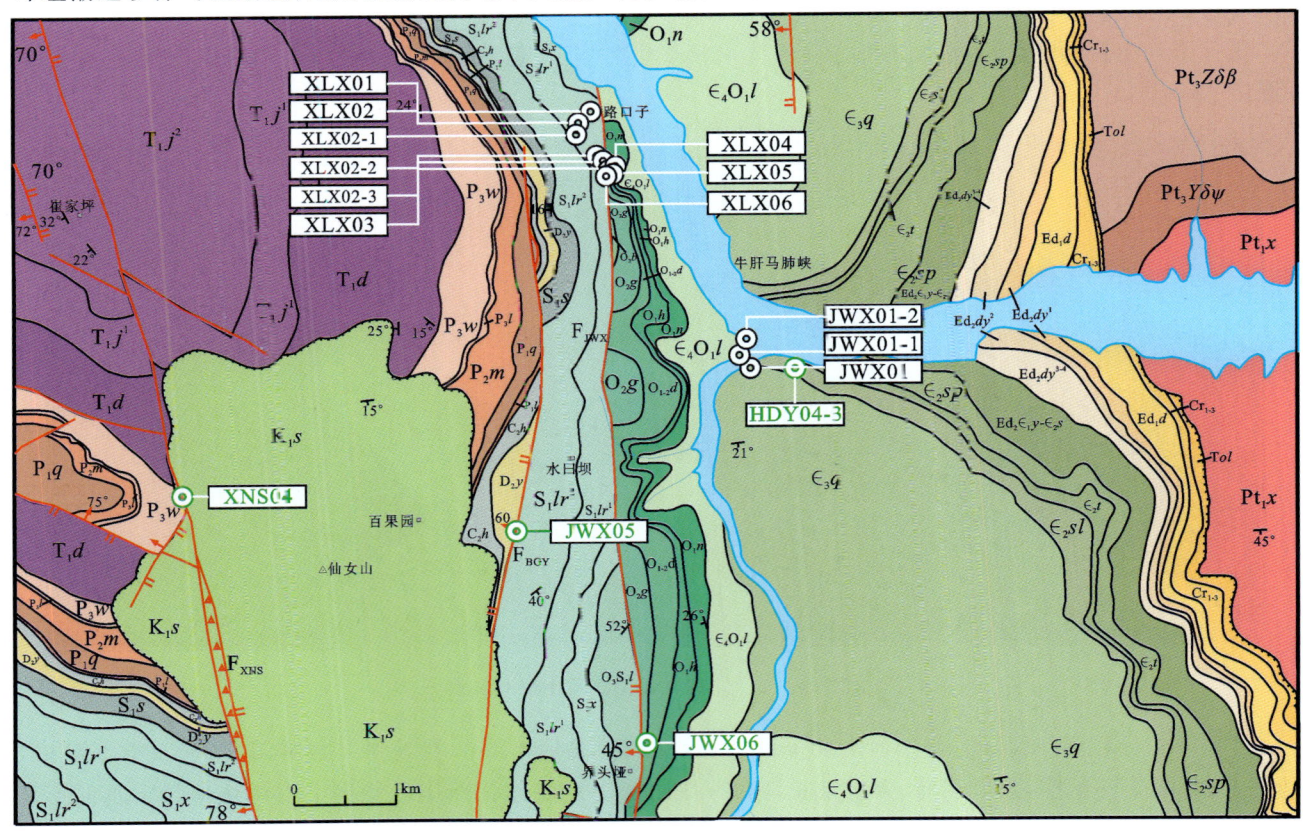

图2-8-1 西陵峡路线地质图与点位分布(据1:5万新滩幅地质图,2009修编;图例见附录F07)

4. 路线地质

【骨干点号】JWX01

【骨干点义】九畹溪褶皱观察点

【骨干剖面】展示九畹溪大桥北桥头岩壁覃家庙组层间"S"形褶皱（图 2-8-2A）。覃家庙组为灰色薄层状白云岩、泥质白云岩夹有中-厚层状白云岩，见"S"形褶皱。

图 2-8-2 九畹溪覃家庙组层间"S"形褶皱

【地质编图】勾勒"S"形褶皱的轮廓，标定褶皱要素，并按照褶皱的位态进行分类。

【实习文化】屈原与九畹溪。九畹溪位于长江西陵峡南岸，秭归新县城西部，发源于云台荒南麓，杨林桥镇朱溪荒西北。溪流流至三峡大坝上游 20km 处在巨鱼坊注入长江，全长 42.3km，流域面积 514.5km²。九畹溪的奇山、秀水、绝壁、怪石、兰花举世闻名。九畹溪因屈原而得名。爱国诗人屈原进京为左徒前曾在此开坛讲学、植兰修性。《离骚》："余既滋兰之九畹兮，又树蕙之百亩"。"滋兰树蕙"成语指培养有美好品质的人才，多用来形容学校或老师育人的高尚行为。

【骨干点号】JWX01-2

【骨干点义】远眺牛肝马肺峡

【骨干剖面】在九畹溪大桥向东眺望，见九畹溪（浑浊）汇入长江（清澈），对岸为牛肝马肺峡所在绝壁（图 2-8-3）。

图 2-8-3 九畹溪入长江及牛肝马肺峡

【实习文化】牛肝马肺峡：位于西陵峡上段，西距秭归香溪约 15km，在新滩与崆岭滩之间，又名马肝峡，全长 4.5km，千仞绝壁，隔岸相峙，大有束长江为一线之势。此峡因江北岸巨绝壁上有两块自然下垂的形若牛肝和马肺的黄褐色钟乳石而得名。

【骨干点号】XLX01

【骨干点义】志留系新滩组(S_1x)岩性及节理和断层观察点

【骨干剖面】西陵峡村山坡小路。展示新滩组黄绿色粉砂质泥岩,水平层理,含笔石化石(图2-8-4A)。多见X共轭节理和小型正断层(图2-8-4B)。

图2-8-4 西陵峡新滩组下部岩性与笔石化石

【知识链接】新滩组(S_1x):(标准定义)由"新滩页岩"演变而来,创名地点在秭归新滩,指整合于龙马溪组与罗惹坪组之间的一套黄绿色页岩、砂质页岩、薄层粉砂岩夹少量薄层细砂岩,波痕发育,产笔石的地层序列。下与龙马溪组黑色页岩分界,上与罗惹坪组泥质灰岩或灰岩透镜体分界,均呈整合接触。新滩选层型剖面厚820.2m。本组富含笔石,以下部居多,向上渐少,尚有三叶虫和腕足类、遗迹等化石。时代为早志留世(兰多维列世)鲁丹晚期—埃隆早期。新滩组相当于汪啸风等(1987)所称龙马溪组黄绿色页岩段,或者称龙马溪组二段。(补充描述)新滩组主体为一套黄绿色泥岩和粉砂质泥岩,下部以水平层理为主,向上夹粉砂岩,浅水波痕和潮汐层理发育,自下而上沉积水体由深变浅。富含笔石等浮游生物,属潮控内浅海沉积。

【骨干点号】XLX01-2

【骨干点义】志留系新滩组(S_1x)上部岩性和沉积构造

【骨干剖面】西陵峡村郑家湾北。展示新滩组上部为黄绿色粉砂质泥岩夹细砂岩薄层或透镜体,波痕、双黏土层、透镜状层理发育(图2-8-5A、B),属于潮坪相潮间带-潮下带沉积。泥岩层中小型断层和褶皱发育。

图2-8-5 西陵峡志留系新滩组上部岩性和沉积构造

【骨干点号】XLX02

【骨干点义】志留系新滩组（S_1x）与罗惹坪组（S_1lr）分界点

【骨干剖面】西陵峡村路线，展示界面之下为新滩组顶部黄绿色粉砂质泥岩夹粉砂岩、细砂岩薄层；界面之上为罗惹坪组底部灰白色中—厚层状生物碎屑灰岩（图2-8-6 A、B），见丰富的海百合茎、珊瑚、腕足类碎屑。

图2-8-6 西陵峡罗惹坪组生物碎屑灰岩

【知识链接】罗惹坪组（S_1lr）：（标准定义）指整合于新滩组和纱帽组之间的地层序列。下部为黄绿色泥岩、页岩夹生物灰岩、泥灰岩或透镜体，产腕足类、笔石等混合相生物群；中部为黄灰色泥岩、钙质泥岩与灰岩或泥灰岩互层，渐上为灰岩夹层，产珊瑚、腕足类等壳相生物群；上部为黄绿色泥岩、粉砂质泥岩，不含灰岩。底以灰岩出现为始，顶以砂岩底面为止。宜昌罗惹坪正层型剖面厚266.25m。本组灰岩富含腕足类、珊瑚、三叶虫、海百合茎、笔石、苔藓虫及双壳类等化石；碎屑岩亦含有腕足类、三叶虫及少量笔石等化石。时代为早志留世（兰多维列世）埃隆晚期—特列奇早期。（补充描述）与新滩组黄绿色粉砂质泥岩相比，本组整体呈蓝灰色或灰绿色，是一套蓝灰色泥岩、粉砂质泥岩夹生物碎屑灰岩透镜体的地层。水平层理、潮汐层理、波痕发育。下部含生物碎屑灰岩段属于潮坪相潮间带沉积，琵琶溪剖面见珊瑚礁滩沉积。中上部总体属于潮坪相潮下带沉积。

【辅助点号】PPX01

【辅助点义】罗惹坪组（S_1lr）珊瑚礁观察点

【辅助剖面】琵琶溪剖面（PPX）展示罗惹坪组灰白色厚—巨厚层状生物碎屑粗晶灰岩、珊瑚骨架灰岩、腕足灰岩（图2-8-7）。珊瑚礁层与生屑滩层频繁互层。造礁生物包括复体珊瑚的蜂巢珊瑚（图2-8-7A、B、C）以及单体的贵州珊瑚，居礁生物为腕足类动物五房贝族（图2-8-7D）。生屑滩主要由丰富的海百合茎、珊瑚碎屑构成。

图2-8-7 琵琶溪志留系罗惹坪组珊瑚礁

【骨干点号】XLX02-1 和 XLX02-2

【骨干点义】志留系罗惹坪组（S_1lr）中部和上部岩性

【骨干剖面】出西陵峡村的山坡小路露头，展示罗惹坪组中部黄绿色粉砂质泥岩（图2-8-8X1、A）；罗惹坪组上部蓝灰色粉砂质泥岩（X2、B），属于潮坪相沉积。在断层沟谷西侧小路边见罗惹坪组顶部为灰绿色中—薄层状细砂岩夹粉砂质泥岩薄层，向上为灰绿色厚层状细砂岩，厚2.5m（点XLX02-3覆盖严重，见图2-8-9）。

图2-8-8　志留系罗惹坪组中部和上部岩性

【骨干点号】XLX03

【骨干点义】奥陶系五峰组（O_3w）与志留系罗惹坪组（S_1lr）九畹溪断层接触

【骨干剖面】在山坡沟谷沿石阶小路上山约20m处的小树林中（图2-8-9），见五峰组含笔石硅质页岩，X共轭剪节理极其发育；镜下见硅质海绵骨针和硅质放射虫（图2-8-9A）。五峰组与小路西侧XLX02-3点罗惹坪组厚层状细砂岩为断层接触，但因未见断层露头，无法判别断层产状和性质。

图2-8-9　西陵峡五峰组-罗惹坪组断层接触及笔石硅质页岩

【骨干点号】XLX04

【骨干点义】奥陶系宝塔组(O_3b)与临湘组(O_3l)分界

【骨干剖面】由点XLX03沿梯田向东行约50m见宝塔组和临湘组分界(图2-8-10)。界面之下为宝塔组青灰色中层状生物碎屑网纹状灰岩,含有丰富的震旦角石(图2-8-10A)和三叶虫(图2-8-10B);界面之上是临湘组黄绿色极薄层状含生物碎屑瘤状灰岩(图2-8-10C)。宝塔组顶部也夹有中—薄层状瘤状灰岩,与临湘组呈渐变过渡的整合接触。瘤状灰岩新鲜色呈青灰色,被黄绿色泥质条带分割灰岩呈扁平状或豆荚状。

图2-8-10　西陵峡宝塔组与临湘组分界及宝塔组化石

【知识链接】宝塔组(O_3b):由李四光等(1924)创名的"宝塔石灰岩"直接引申而来,创名地点在湖北省秭归县新滩龙马溪雷家山,是我国唯一用化石形态特征创名的一个地层单位名称。杨敬之等(1954)将宝塔灰岩分为上部临湘组和下部宝塔灰岩。《湖北省岩石地层》(1996)认为区域上宝塔组与临湘组岩性相似,将二者合并称宝塔组,恢复李四光等(1924)宝塔石灰岩原义。临湘组以瘤状灰岩为主,宝塔组虽夹瘤状灰岩层,但以网纹状灰岩为主,二者在露头上极容易区分。杨敬之等(1954)的方案现已被广泛使用,故本书采用之。(标准定义)宝塔组指整合于庙坡组黑色页岩之上、龙马溪组黑色硅质页岩之下的一套含头足类、三叶虫等化石,上部以灰绿色泥质瘤状灰岩为主,下部以中厚层、厚层状紫红、灰绿色"龟裂纹"灰岩为主,夹薄层状泥质灰岩的地层序列。秭归新滩龙马溪滩头选层型剖面厚19.26m。本组与下伏庙坡组和上覆龙马溪组的黑色页岩均呈整合接触。本组含有丰富的头足类、三叶虫、腕足类以及介形虫、牙形石等化石。地质时代为晚奥陶世桑比晚期—凯迪早-中期。(补充描述)标准定义中龙马溪组包含了下部的五峰组,现已将五峰组单独划分出来。"上部以灰绿色泥质瘤状灰岩为主"的层段现单独划分为临湘组。龟裂纹似乎有干裂成因的含义,但宝塔组灰岩"纹"的成因尚不明确,因此建议将龟裂纹改为没有成因含义的网纹状。宝塔组是一套淡紫灰色—青灰色中厚层状网纹状生屑灰岩,以含著名的 *Sinoceras chinense* 为特色。宝塔组与下伏庙坡组整合接触,与上覆临湘组呈不整合接触。宝塔组岩石颜色为淡紫灰色、灰色和黄灰色,反映沉积时位于氧化还原界面附近。生物群以浮游型的头足类和薄壳型的介形类为主,贫底栖生物,说明水体深度较大(徐光洪等,1988)。此外,可见宝塔组夹有多层风暴层,说明其处于风暴浪基面附近。总体属开阔台地相-台地边缘相-浅水陆棚相沉积。

临湘组(O_3l):(标准定义)与张文堂(1962)所引用的原始含义临湘组一致,为一套浅灰绿色、浅紫灰或黄绿色薄层至中厚层瘤状泥晶灰岩夹少许青灰色泥晶灰岩,泥质相对较高,易于风化成许多瘤状颗粒。秭归新滩龙马溪滩头选层型剖面厚3.41m。产丰富的头足类、三叶虫、牙形石、介形类等化石,时代属于晚奥陶世凯迪晚期。(补充描述)临湘组整体属于局限台地潮坪相,其与宝塔组呈渐变的整合接触,与上覆五峰组呈平行不整合接触。

【骨干点号】XLX05

【骨干点义】临湘组(O_3l)\五峰组(O_3w)分界点

【骨干剖面】西陵峡村南山顶采石场见临湘组\五峰组分界点。露头极差而未展示。

【骨干点号】XLX05-1

【骨干点义】临湘组(O_3l)岩性与正断层擦痕观测点

【骨干剖面】西陵峡村南山顶采石场(图2-8-11)。展示临湘组灰色极薄层状瘤状灰岩夹灰绿色泥岩(图2-8-11A)。见一组西倾断层面,具有擦痕和阶步(图2-8-11B)。该组断面属于九畹溪断层东侧次级断层,指示了九畹溪断层为正断层。

图2-8-11　西陵峡临湘组瘤状灰岩和断层擦痕与阶步

【骨干点号】XLX06

【骨干点义】罗惹坪组(S_1lr)潮道砂体与正断层观察点

【骨干剖面】西陵峡村南山顶采石场小路旁(图2-8-12)。罗惹坪组黄绿色粉砂质泥岩夹黄绿色厚层状细砂岩透镜体,见大型槽状交错层理(图2-8-12A)。属于潮坪相潮下带潮道沉积微相;潮道砂体左侧(南东侧)见一条西倾正断层(图2-8-12B)。属于九畹溪断层西侧的次级断层,也印证了九畹溪断层为正断层。

图2-8-12　西陵峡罗惹坪组潮道砂体与正断层

【骨干点号】XLX07

【骨干点义】九畹溪断裂沟谷地貌

【骨干剖面】镜头面向约130°，展示九畹溪断裂沟谷（图2-8-13）。沟谷东侧为宝塔组和临湘组（点XLX04）以及五峰组（点XLX03）；沟谷西侧为新滩组和罗惹坪组。点XLX07处见宝塔组露头，且适合观察九畹溪断裂沟谷地貌。

图2-8-13　西陵峡九畹溪断裂沟谷地貌

【辅助点号】JWX06

【辅助点义】界垭九畹溪断裂面擦痕和阶步（国家地质公园仙女山断裂园）

【辅助剖面】（九畹溪路线JWX）X208界垭村剖面展示九畹溪断裂界垭段，为近南北向的断裂沟谷地貌（图2-8-14）。沟谷的东侧为奥陶系牯牛潭组青灰色生物碎屑灰岩，断层面产状286°∠72°，擦痕产状197°∠17°。沟谷覆盖严重，在沟谷西侧X208公路边可见龙马溪组黑色页岩，产状277°∠23°。反映九畹溪断裂为右旋走滑-伸展断层。结合此点观测结果，分析西陵峡段九畹溪断裂性质。

图2-8-14　九畹溪路线界垭村九畹溪断裂面擦痕和阶步

【知识链接】九畹溪断裂带：位于黄陵背斜南西侧，距离三峡大坝约17km。整体近南北走向，向南与仙女山断裂带交会于老林河，向北于路口子穿过长江至巴东，全长约31km（何超枫等，2017）。由路口子向南经西陵峡村，再向南过界垭村，到擂鼓台北，为西倾走滑-伸展断层。

白果园断裂（JWX05，图2-8-15）：位于九畹溪断裂西侧的一条与之近平行的断层，两者相距1～1.5km，近南北走向，西倾正断层。在九畹溪X208公路观瀑亭一带，白果园断裂西侧为泥盆系云台观组，东侧为志留系罗惹坪组（图2-8-15C）。西倾正断层产状270°∠70°。断裂带内可见紫红色断层泥、构造角砾岩和构造透镜体。该断裂向南进入仙女山白垩系盆地，错断白垩系，并消失在盆地内，反映其形成于新生代。

【辅助点号】JWX05

【辅助点义】白果园断裂观察点

【辅助剖面】(九畹溪路线 JWX)X208 桂垭村黑沟观瀑亭露头展示白果园断裂(图 2-8-15)。点东下盘为志留系罗惹坪组灰绿色粉砂质泥岩(图 2-8-15X、C);点西上盘为中泥盆统云台观组石英砂岩。断面西倾,含多个次级断面(图 2-8-15A),见紫红色断层泥(图 2-8-15B)。

图 2-8-15 九畹溪路线观瀑亭白果园断裂

【知识链接】水库诱发地震(Reservoir-Induced Seismicity, RIS):指由于水库蓄水或水位变化而引发的地震。迄今为止,全世界发生水库诱发地震 150 余例,其中震级大于 6.0 级的有 4 例,大于 5.0 级的有 15 例,大部分水库诱发地震是小于 5.0 级的中等地震和中小地震及微震,约占 90%。

三峡水库蓄水初期,三峡水库诱发地震震级绝大部分是微震和弱震,主要由浅表应力调整、岩溶及矿坑塌陷引起。大于 3.0 级的地震极少,一般发生于断裂带附近,多由水库蓄水引发断裂构造活动引起。震源深度极浅,绝大部分震源深度在 3~5km,直至近地表。三峡大坝处于黄陵背斜地质构造稳定、地震活动极其微弱的古老结晶岩地块内,大坝及主要水工建筑物抗震设防能力高,即使发生任何超出预测范围的水库诱发地震,也不会对大坝及主要水工建筑物的安全造成危害(夏金梧,2020)。

九畹溪断裂带邻近区域内未有强震记载,三峡大坝蓄水前最大地震为 1961 年潘家湾 4.9 级地震,其次为 1991 年长阳 4.2 级和 1972 年周坪 3.3 级地震。蓄水后,断裂邻近区域内发生 M3.5 级以上地震 5 次,其中 2014 年 3 月 27 日和 3 月 30 日连续发生 M4.5 和 M4.7 地震(何超枫等,2017)。

L09 链子崖地质路线

> 七言·登链子崖
> 链子崖壁锁江边,栖霞灰岩溢光彩。
> 手扶铁索鉴化石,攀山原是探沧海。

1. 实习路线

秭归基地—链子崖风景区—链子崖村—秭归基地

2. 实习任务

(1) 观察志留系—二叠系岩石组合与地层序列。
(2) 了解新滩滑坡体、链子崖危岩体地质灾害与防治。
(3) 了解泥盆系宁乡式铁矿,梁山组与龙潭组煤矿、铝土矿和锂矿。
(4) 了解中扬子地区的加里东运动旋回和海西运动旋回。
(5) 了解长江三峡贯通和长江的前世今生。

3. 路线简介

链子崖路线(LZY)位于黄陵背斜南西,是一条关于志留系—二叠系与加里东和海西构造运动,以及地质灾害治理的路线。首先于链子崖正门观察江北新滩滑坡遗址,了解地质灾害发生的原因。前往归乡寺沿途可观察到志留系罗惹坪组,然后观察寺庙后崖壁志留系—二叠系完整的地层序列;继续向北西行进,沿途可观察到纱帽组、泥盆系云台观组,了解志留系\泥盆系之交的著名的广西运动。在巴巫寨观察链子崖危岩体地质结构。爬山至半山亭观察泥盆系黄家磴组及宁乡式铁矿。往双修亭沿途经过石炭系大埔组和黄龙组,二叠系梁山组(覆盖严重)。由双修亭沿崖上栈道向链子崖顶攀登,手扶铁索鉴定栖霞组化石。抵达山顶观察金链锁崖。过链子崖村向村委会前行,沿途观察茅口组、龙潭组和吴家坪组(图2-9-1)。

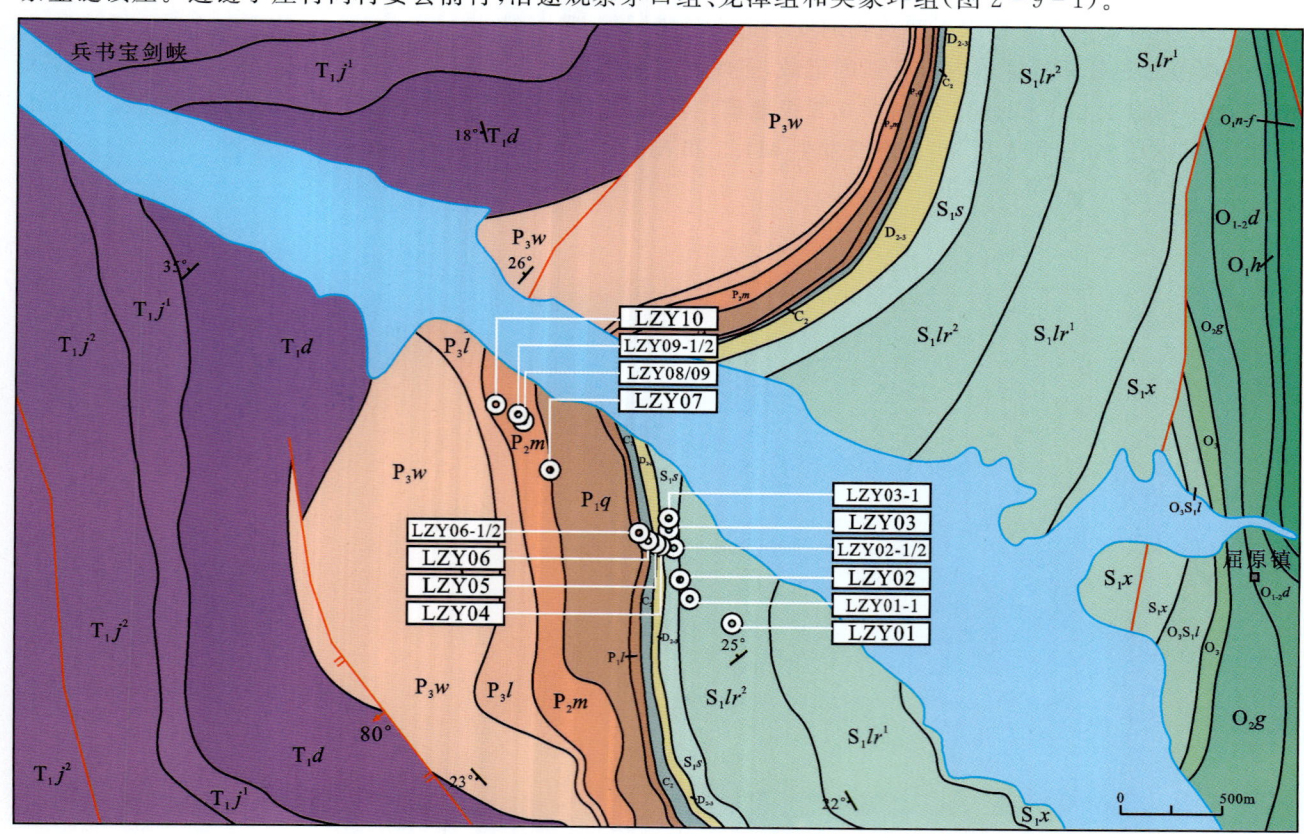

图2-9-1 链子崖路线地质图与点位分布(据1:5万新滩幅地质图,2009修编;图例见附录F07)

4. 路线地质

【骨干点号】LZY01

【骨干点义】新滩滑坡与重力滑动构造观察点

【骨干剖面】展示链子崖风景区正门处，长江北岸新滩滑坡遗址（图2-9-2）。

图2-9-2 链子崖长江北岸新滩滑坡遗址

【知识链接】

1. 新滩滑坡

1985年6月12日3时45分至4时10分，湖北省秭归县新滩镇发生了一起约3000×10⁴m³堆积层大型滑坡，高速下滑的土石毁灭了具有千年历史的古镇新滩。约有1/10的土石滑入长江，激起涌浪高54m，波及上、下游江面约42km，形成高出江水面长约93m、宽约250m的碍航滑舌，中断航运12天。由于滑坡前坚持长期监测，预报准确及时，领导果断决策，各方协同作战，滑坡区内457户1371人在滑坡前夕安全撤离。新滩滑坡的预报被誉为我国滑坡防灾预报研究史上罕见的奇迹（王尚庆，1996）。

新滩滑坡位于黄陵背斜西翼。区内出露岩层自东向西依次为志留系、泥盆系、石炭系和二叠系。地层走向北北东—北东，倾向西，倾角一般为27°~35°（汪发武等，1991）。新滩滑坡总体呈牛角状，地势北高南低，向长江倾斜，呈多级阶梯状，平均坡度23°。后缘到前缘高程为900~70m，南北长1900m，北窄（200~300m）南宽（沿江约1km），面积约1km²（汪发武等，1991）。滑坡后缘（广家崖）及西侧（黄崖）边界为泥盆系砂岩和二叠系石灰岩组成的基岩陡壁，东侧边界为老崩坡积层构成的纵向斜座台坎（夏元友等，1996）；滑坡体堆积物以崩坡积碎块石夹黏土为主，厚度一般为30~40m；滑床是以志留系页岩夹砂岩组成的台阶状基础侵蚀面（叶正伟等，2000）。新滩滑坡为一沿基岩面黏土层滑动的整体式堆积层滑坡。水对滑移层黏土的软化作用是新滩滑坡的主要触发因素（夏元友等，1996）。

2. 重力滑动构造

重力滑动构造是指地质体在重力作用下沿斜坡向下滑动所形成的构造变形。重力滑动构造发生的前提条件是重力势和滑动斜坡。重力滑动构造几何结构要素主要包括下伏系统（原地系统）、润滑层、滑动面、滑动系统（即滑覆体）以及后缘拉伸带和前锋推挤带（索书田，1983）。重力滑动构造变形作用可概括为后缘伸展，前缘挤压，侧缘走滑。

重力滑动构造是被动大陆边缘盆地普遍发育的一种构造样式，作为全球油气勘探的一种重要构造类型，其形成因素、变形过程以及形态特征都控制着油气的分布、运移和成藏。

【骨干点号】LZY01-1

【骨干点义】罗惹坪组（S_1lr）岩性和波痕观察点

【骨干剖面】归乡寺北东约150m。展示罗惹坪组灰绿色粉砂岩、泥质粉砂岩夹灰绿色和紫红色泥岩，层面见丰富的波痕（图2-9-3）。属于潮间带砂泥混合坪沉积。

图2-9-3　链子崖罗惹坪组层面波痕

【骨干点号】LZY02

【骨干点义】志留系罗惹坪组（S_1lr）与纱帽组（S_1s）分界点及链子崖志留系—二叠系远观点

【骨干剖面】链子崖归乡寺后山崖壁远观（图2-9-4）。LZY02分界点处被覆盖，但归乡寺下坡出露罗惹坪组灰绿色薄—极薄层状泥质粉砂岩和粉砂质泥岩，之上归乡寺后山出露纱帽组紫红色中—厚层状细砂岩及上部中—薄层状粉砂岩夹粉砂质泥岩；LZY03为下志留统纱帽组（S_1s）与中泥盆统云台观组（D_2y）的分界点，缺失中志留统—下泥盆统；LZY05为上泥盆统黄家磴组—写经寺组（D_3h—D_3x）与上石炭统黄龙组（C_2h）的分界点，缺失下石炭统；LZY06为上石炭统黄龙组（C_2h）与下二叠统梁山组（P_1l，植被覆盖）—栖霞组（P_1q，陡崖）的分界点。

图2-9-4　链子崖归乡寺后崖壁志留系—二叠系地层序列

【骨干点号】LZY02-1

【骨干点义】纱帽组(S_1s)潮道砂体观察点

【骨干剖面】链子崖往归乡寺向北小路露头,展示纱帽组紫红色中厚层状细砂岩夹少量粉砂质泥岩(图2-9-5)。砂体由多个透镜体叠置,各透镜体具底冲刷现象和槽状交错层理(图2-9-5A),属于潮坪相潮下带潮汐水道微相。

图2-9-5 链子崖纱帽组紫红色细—粉砂岩夹紫红色泥岩

【知识链接】

纱帽组(S_1s):(标准定义)指整合于罗惹坪组黄绿色含粉砂质泥岩之上,平行不整合于云台观组灰白色厚层状石英砂岩之下的地层序列。其下部为黄绿色页岩、泥质粉砂岩、粉砂岩夹砂岩或紫红色细砂岩;上部为灰绿色夹紫红色中厚层状细粒石英砂岩夹中至薄层状粉砂岩、砂质页岩。产笔石、腕足、三叶虫、双壳等化石。纱帽组时代为兰多维列世特里奇早期(戎嘉余等,1990;王成源等,2010)。宜昌罗惹坪层型剖面厚593.1m。本组岩性以富含砂岩类及紫红色岩系为特征。底界以砂岩或紫红色粉砂质泥岩夹细砂岩的出现为标志,且从此砂岩渐具明显增多趋势,与下伏罗惹坪组呈连续过渡关系,与上覆中泥盆统云台观组为平行不整合接触。(补充描述)纱帽组系红色粉—细砂岩夹粉砂质泥岩序列,常见波痕、双黏土层、潮汐束、透镜状层理、脉状层理、波状层理、正粒序层理、水平层理等,属于潮坪相(潮下带潮道和潮砂脊-潮间带砂泥混合坪)。

潮汐层理:包括脉状层理、透镜状层理及波状复合层理,这些层理主要出现在粉砂岩、粉砂质泥岩中。脉状层理是在波谷及部分波脊上含有泥质条纹的沙纹层理。在涨潮流和退潮流的活动期,形成砂质沙纹,而泥质保持悬浮状态;在憩水期,悬浮泥质沉降覆盖在沙纹上;当下一个潮汐流的活动期开始时,波脊上的泥被削去而波谷中的泥被新沙纹覆盖而保存,最终形成脉状层理(砂包泥)。透镜状层理的特征是在泥质层中夹有砂质透镜体,其形成的条件与脉状层理相反,它是在潮汐水流或波浪作用较弱,砂的供应不足,泥质比砂质的沉积和保存均有利的条件下形成的(泥包砂)。波状复合层理是上述两种之间的过渡类型,呈砂泥互层的波状层理。这3种层理常相互伴生,主要出现在潮间坪及潮上坪沉积环境中(姜在兴,2003)。

【骨干点号】LZY02-2

【骨干点义】纱帽组（S_1s）上部岩性和潮汐层理观察点

【骨干剖面】展示纱帽组上部紫红色粉—细砂岩与粉砂质泥岩（图2-9-6），见波痕和脉状层理（图2-9-6A）、透镜状层理（图2-9-6B），尚可见双黏土层。属于潮坪相潮间带砂泥混合坪沉积。

图2-9-6　链子崖纱帽组紫灰色粉砂岩与粉砂质泥岩

【骨干点号】LZY03

【骨干点义】志留系纱帽组（S_1s）与泥盆系云台观组（D_2y）分界点

【骨干剖面】巴巫寨门小路转弯处。分界点处被覆盖（图2-9-7），仅展示点上（北侧）为云台观组灰白色厚—巨厚层状细粒石英砂岩（图2-9-7A），发育大型冲洗交错层理（图2-9-7B）。属于无障壁滨海前滨沉积。

图2-9-7　链子崖泥盆系云台观组石英细砂岩和冲洗交错层理

【知识链接】

云台观组（D_2y）：（标准定义）为一套灰白色中至厚层或块状石英岩状细粒石英砂岩，夹少许灰绿色泥质砂岩。区域上有时呈紫红色或肉红色，时夹薄层状粉砂岩或泥岩，底部时具底砾岩或砂砾岩或底黏土岩。平行不整合于志留系的不同层位之上，整合于黄家磴组或平行不整合于大埔组、或黄龙组、或梁山组之下。钟祥云台观西南2km小天池选层型剖面厚55.45m，秭归周坪厚57m。本组含有孢粉和植物等化石。冯少南等（1999）根据秭归周坪地区云台观组上部植物化石确定其时代属中泥盆世晚期即吉维特期。（补充描述）发育冲洗交错层理、双向交错层理（鱼骨剖状交错层理）等，属于无障壁海岸前滨沉积。

硅石矿：赋存于泥盆系云台观组，主要岩性为灰白色石英岩状砂岩，矿层厚度4～10m，连续稳定分布，SiO_2含量一般为96%～98%，有害杂质Al_2O_3、CaO及铁质含量少，一般达到硅石矿品位，局部达到玻璃原料标准。官庄硅石矿床位于宜昌市北东20km，黄陵背斜东翼南段。矿区岩层产状平缓，主矿层赋存于云台观组中，黄家磴组下部亦有可利用的硅石。本矿为中型耐火型硅石矿床。

广西运动：丁文江（1929）根据广西下泥盆统莲花山组和下伏寒武系龙山系之间的不整合，建议以"广西运动"代表华南与加里东运动相应的地壳运动。遍布华南的泥盆系与其下覆寒武系—志留系不同层位地层之间的大间断，表现为地层间的角度不整合或平行不整合接触，是华南古生代地层中最重要的构造界面（陈旭等，2012）。在湖北省扬子地层区，广西运动表现为中泥盆统云台观组（D_2y）与志留系兰多维列统纱帽组（S_1s）呈平行不整合接触。扬子区经过广西运动后总体呈南高北低的古地理格局。广西运动一般被认为志留纪末华南洋闭合，华夏地块和扬子地块会聚成华南板块的造山运动。广西运动的性质是洋盆关闭之后的碰撞造山作用，还是陆内造山作用存在较大的争议（徐亚军等，2018）。广西运动或加里东运动标志着罗迪尼亚超大陆裂解旋回结束，潘吉亚超大陆聚合旋回开始。

【骨干点号】LZY03-1

【骨干点义】链子崖危岩体观察点

【骨干剖面】链子崖危岩体（图2-9-8）。危岩体为二叠系栖霞组生物碎屑灰岩，发育纵向节理和裂缝。

图2-9-8 链子崖危岩体发育的节理和裂缝

【知识链接】**链子崖危岩体**：位于湖北省秭归县屈原镇（原新滩镇）长江西陵峡兵书宝剑峡出口南岸，距三峡大坝仅27km，与新滩滑坡隔江对峙，扼川江航道咽喉。链子崖地形陡峻，岩体软硬相间，下二叠统由坚硬的栖霞灰岩夹薄层页岩组成，坐落于1.6～4.2m厚的马鞍山煤系地层（梁山组）之上。岩层走向为30°～50°，倾向北西，倾角27°～35°。链子崖总体呈南北向展布，北宽南窄，南高北低，俯视长江。岩顶面向北西倾斜，分布高程在180～500m之间。崖下东侧为猴子岭扇积斜坡；崖上西侧与筲箕洼和雷劈石滑坡毗邻。链子崖在长约700m、宽30～180m范围内发育有5条裂缝，将岩体切割成3个危岩区（涂鹏飞等，2011）。

链子崖危岩体的变形破坏机制包括：①岩体结构的作用——下部煤系地层极易产生塑性变形而导致上部岩体变形开裂；②构造作用——裂缝主要沿大的断裂及其伴生的构造裂缝进一步扩大发展而成；③水的作用——水沿裂缝下渗，产生水压力和溶蚀效应，致使岩体岩溶洞穴（缝）加剧扩大，软弱岩层遇水浸泡软化、泥化，力学强度降低，摩擦减小；④采煤作用——数百年来的采煤而形成的大面积采空区是导致山体开裂最重要、最直接的原因；⑤其他营力作用——岩体的重力作用、爆破震动作用和温差效应变化等内外营力的作用，又使原有的裂缝进一步加剧扩大。

链子崖整治工程所采用的技术开世界之先河。对采空区做承重阻滑键，承受危岩巨大的山体压力，阻止山体进一步倾斜与开裂；对已开裂的山体进行预应力锚索加固，用173根锚索把危岩固定到山体上。智慧的人们用整体锚固的方式实现了千钧铁链锁住链子崖的梦想，使链子崖更加名符其实。链子崖危岩体治理工程达到了防治崩、滑、塌和堵塞长江咽喉要道的目标，被誉为"我国重大地质灾害防治的样板工程"（范宏喜，2005）。

【骨干点号】LZY04

【骨干点义】泥盆系云台观组（D_2y）和黄家磴组（D_3h）分界点

【骨干剖面】链子崖半山亭露头（图2-9-9），展示点下为云台观组灰白色厚层状细粒石英砂岩（图2-9-9X），发育大型冲洗交错层理（图2-9-9A），属于无障壁滨海前滨沉积；展示点上为上泥盆统黄家磴组底部灰黄色中层状赤铁矿鲕粒细粒石英砂岩，较破碎，裂隙中见褐铁矿化（图2-9-9B），其上为褐黄色薄层状细粒石英砂岩夹泥岩（图2-9-9C）。属于无障壁滨海临滨沉积。

图2-9-9 链子崖云台观组与黄家磴组分界

【辅助点号】WLC07

【辅助点义】黄家磴组（D_3h）鲕状赤铁矿

【辅助剖面】展示五龙村剖面黄家磴组鲕状赤铁矿手标本及薄片照片（图2-9-10）。标本A为含赤铁矿鲕粒石英细砂岩，其薄片照片显示同心环状赤铁矿鲕粒和赤铁矿胶结物。

图2-9-10 五龙村黄家磴组鲕状赤铁矿手标本和薄片照片

【知识链接】

黄家磴组(D_3h)：(标准定义)以黄绿色、灰绿色页岩、砂质页岩和砂岩为主,夹鲕状赤铁矿层,含植物和腕足类等化石。与下伏云台观组的纯质石英岩状砂岩和上覆写经寺组底部的泥灰岩、灰岩均呈整合关系。由于剥蚀原因,亦可分别伏于大埔组、黄龙组、梁山组或栖霞组等地层之下。长阳黄家磴正层型剖面厚51m。本组是宁乡式铁矿的主要含矿层之一,厚1~3m。本组含植物化石和丰富的腕足类、叶肢介、胴甲鱼类化石。其地质时代为晚泥盆世弗拉期(冯少南等,1984;彭中勤等,2010)。(补充描述)本组岩性为灰黄色、浅灰色中—薄层状石英细—粉砂岩夹灰绿色泥岩,顶部为鲕状赤铁矿层,属滨海相临滨亚相。

宁乡式铁矿：指赋存于中—上泥盆统滨-浅海相地层中的鲕状赤铁矿矿床。鄂西宁乡式铁矿含矿岩系为上泥盆统黄家磴组和写经寺组。含四层铁矿,FeⅠ、FeⅡ赋存于黄家磴组,FeⅢ、FeⅣ赋存于写经寺组(秦元奎等,2013;赵宏军等,2018;赵一鸣等,2000)。FeⅢ铁矿层厚度为8m以上,品位可达45%,成为铁矿主矿层(斯小华等,2021)。含矿岩系总体为一套砂岩、泥页岩和泥灰岩组合,形成于区域海侵背景下的滨-浅海环境。黄家磴组为临滨亚相沉积,写经寺组为远滨亚相。铁矿赋存于临滨相和远滨相,尤以产在远滨相中的铁矿规模最大,质量最好。根据矿石基本组分的差异,可将宁乡式铁矿划分为砂岩型、灰岩型和混合型3种类型,具有典型的鲕状结构(朱伟鹏,2021)。

鄂西—湘西北地区作为宁乡式铁矿的主要产区,其储量占我国宁乡式铁矿总储量的58.7%(甘凯等,2021)。典型矿床有湖北官店(铁矿储量8亿t、含铁品位38.37%~45.11%,含磷0.93%)及火烧坪(铁矿储量1.6亿t,含铁品位平均37.85%、含磷0.9%)。由于铁矿中硫、磷等有害元素含量较高,故这些矿床目前暂未开采利用。

【骨干点号】LZY04-1
【骨干点义】上泥盆统黄家磴组(D_3h)\写经寺组(D_3x)分界点(被覆盖未展示)
【辅助点号】DJC01
【辅助点义】上泥盆统黄家磴组(D_3h)\写经寺组(D_3x)分界点
【辅助剖面】邓家冲采石场剖面,注意地层发生倒转(图2-9-11)。展示黄家磴组灰白色中层状石英砂岩与写经寺组紫红色鲕状赤铁矿层整合接触(图2-9-11A)。写经寺组自下而上为钢灰色—紫红色鲕状赤铁矿层、含菱铁质砾屑生物屑泥质灰岩、浅灰绿色泥岩、钢灰色—紫红色鲕状赤铁矿层。

图2-9-11　邓家冲泥盆系黄家磴组\写经寺组\石炭系大埔组分界

【骨干点号】LZY05
【骨干点义】泥盆系写经寺组(D_3x)\石炭系大埔组(C_2d)分界点(被覆盖未展示)
【辅助点号】DJC02
【辅助点义】泥盆系写经寺组(D_3x)\石炭系大埔组(C_2d)分界点
【辅助剖面】图2-9-11B展示写经寺组鲕粒赤铁矿层与大埔组白云岩平行不整合接触。

【知识链接】

写经寺组（D_3x）：（标准定义）指整合于黄家磴组与金陵组之间的一套地层序列。下段称灰岩段，以灰色、深灰色泥灰岩、灰岩或白云岩为主，时夹页岩及鲕状赤铁矿层或鲕状绿泥石菱铁矿，含腕足类，亦有苔藓虫、珊瑚和介形虫类等化石。上部称为砂页岩段，以灰绿、灰黑色页岩、碳质页岩、粉砂岩、砂岩为主，时含鲕绿泥石菱铁矿及煤线，含腕足类和植物化石；松滋刘家场选层型剖面厚44.7m。本组地质时代为晚泥盆世弗拉期—法门期。（补充描述）写经寺组水平层理发育。灰岩段属于远滨陆源碎屑-碳酸盐岩混合沉积，上部砂岩段属于滨岸沼泽相沉积。

大埔组（C_2d）：（标准定义）湖北省内指平行不整合于云台观组之上、黄龙组灰岩之下的一套灰白色—灰黑色厚层块状白云岩，上以厚层块状白云岩的消失或灰岩的出现与黄龙组分界。底部偶见含砾砂岩（如长阳马鞍山），局部地段（如秭归新滩）见底部为角砾岩，并含团块状燧石。本组化石稀少，仅在一些夹有灰质较高的白云质灰岩或灰质白云岩的夹层中可获得非蜓有孔虫、蜓类、珊瑚等。地质时代为晚石炭世巴什基尔期。秭归新滩剖面厚20.60m，长阳枇杷溪厚11m。（补充描述）大埔组属于局限台地相沉积。

柳江运动：由朱森（1932）创名，原指广西下石炭统下燕子组与下伏上泥盆统之间的不整合。在湖北省内指下石炭统高骊山组与上泥盆统写经寺组间之平行不整合，见于武汉。柳江运动属于海西旋回，反映了晚泥盆世法门期海平面下降和早石炭世的海侵事件。

晚泥盆世生物大灭绝事件：泥盆纪发生25次全球性海平面升降、海洋缺氧/贫氧和生物灭绝/更替事件（Becker et al.，2012）。广为人知的是F/F之交的Kellwasser事件和D/C之交的Hangenberg事件。晚泥盆世弗拉期—法门期（Frasnian–Famennian）之间的生物绝灭事件（简称F-F事件）是显生宙以来第三次重要的全球性生物绝灭事件（杜远生，1989）。

淮南运动：由李四光（1931）创名，指中石炭统（现归为上石炭统）黄龙群与下石炭统上部和州段间的侵蚀不整合。在湖北省内指上石炭统大浦组与下石炭统和州组之间的平行不整合。鄂东南-江南地层区缺失下石炭统。上石炭统大埔组在砾岩发育区分别超覆在写经寺组、黄家磴组、云台观组之上。淮南运动属于海西旋回。

【骨干点号】 LZY05-1
【骨干点义】 石炭系大埔组（C_2d）\黄龙组（C_2h）分界点（被覆盖未展示）
【辅助点号】 PPX05
【辅助点义】 石炭系大埔组（C_2d）\黄龙组（C_2h）分界点
【辅助剖面】（琵琶溪路线PPX）展示点南为大埔组灰白色厚层状白云岩；点北为黄龙组灰白色厚层状生物碎屑灰岩（图2-9-12）及其薄片照片（图2-9-12A、B，均为单偏光）。注意地层产状倒转。此外，PPX06点南为黄龙组，点北为下二叠统梁山组。

图2-9-12 琵琶溪石炭系大埔组\黄龙组\二叠系梁山组分界

【知识链接】

黄龙组（C_2h）：（标准定义）为一套灰色、浅灰肉红色厚层微晶灰岩、生物屑灰岩，底为粗晶灰岩，含灰质白云岩角砾、团块，含丰富的䗴、珊瑚、腕足类等化石。上与船山组灰色厚层状灰岩，下与大埔组细晶白云岩分界，均为整合接触。秭归新滩厚 33.10m。本组含有丰富的非䗴有孔虫、䗴类、腕足类、珊瑚等化石。地质时代为晚石炭世莫斯科期—卡西莫夫期—格舍尔期（《中国区域地质志·湖北志》，2021）。（补充描述）扬子地层区黄龙组分布广泛，岩性稳定，主要为浅灰白—肉红色厚层生物屑灰岩、内碎屑灰岩等。自下而上粒度变细：一般以角砾灰岩或砾屑、内碎屑灰岩为底，生物屑、颗粒灰岩居中，粒泥灰岩、灰泥灰岩为顶。本组与上覆梁山组平行不整合接触，属于开阔台地相沉积。石炭系黄龙组为四川盆地天然气的主力产层之一。

黄龙组石灰岩矿产：矿层为黄龙组灰白厚层至块状生物屑灰岩，一般厚 7～8m，化学组分也较稳定，质量好，灰岩层厚质纯，CaO 含量高，有害杂质 MgO 少，是很好的水泥原料（中国地质调查局武汉地质调查中心，2012，内部资料）。

【骨干剖面】LZY06
【骨干点义】上石炭统黄龙组（C_2h）\下二叠统梁山组（P_1l）分界点（被覆盖未展示）
【辅助点号】PPX06
【辅助点义】上石炭统黄龙组（C_2h）\下二叠统梁山组（P_1l）\栖霞组（P_1q）分界点
【辅助剖面】（琵琶溪路线 PPX）PPX06 点展示石炭系黄龙组与二叠系梁山组分界点（图 2-9-13X）。注意层序倒转。点南为黄龙组灰白色厚层状生物碎屑灰岩；点北为梁山组灰色—深灰色泥岩和含碳屑泥岩夹煤线，夹中—薄层状青灰色—灰白色石英粉砂岩，粉砂岩见水平层理；梁山组内发育小型逆断层，错断粉砂岩层（图 2-9-13A）。上部见紫红色厚层状石英细砂岩（图 2-9-13B）。整体属于滨海滨岸沼泽-前滨沉积。二者平行不整合接触。PPX07 点展示下二叠统梁山组与栖霞组分界点（图 2-9-13X、B）。点南为梁山组，点北为栖霞组底部深灰色灰质泥岩、薄层状灰岩，属于浅水混积陆棚相。

图 2-9-13　琵琶溪石炭系黄龙组\二叠系梁山组\栖霞组分界

【知识链接】

1. 梁山组（P_1l）

（标准定义）平行不整合于新滩组或罗惹坪组（省境为船山组或黄龙组及罗惹坪组）之上，以黑色含铁质页岩为主，含劣质煤及黏土岩、砂岩等。长阳马鞍山剖面为典型，一般以细粒石英砂岩为底，向上变细为粉砂质泥岩含透镜状煤层、煤线。一般可含煤1～3层，多成透镜状。与上覆栖霞组整合接触。长阳枇杷溪剖面厚6m，长阳马鞍山剖面厚12.45m。产植物化石和腕足类、介形虫化石。地质时代为乌拉尔世隆林期最晚期，相当于亚丁斯克期晚期（沈树忠等，2019；申博恒等，2021）。（补充描述）梁山组为一套含煤、含黏土矿的碎屑岩系，属于滨海前滨-滨岸沼泽沉积。实习区梁山组与下伏石炭系黄龙组呈平行不整合接触，区域上为显著的角度不整合界面。

2. 地层含矿性

梁山组煤矿：湖北省早二叠世是一次重要的成煤时期，在梁山组形成较多中小型煤矿床。梁山组由下向上共发育4层煤，大部分地区含煤1～3层，仅在巴东麻沙、宜都松宜煤矿可见4层。

梁山组铝土矿：在鄂西北的宜城、南漳及鄂西南的利川、咸丰等地，梁山组岩性为含煤铝土质砂泥质岩系，是湖北省铝土矿、黏土矿（高岭石、累托石、蒙脱石、叶蜡石等）重要产出层位。

梁山组黏土型锂矿：富锂黏土岩中以含碳质高岭石黏土岩、硬质高岭石黏土岩Li含量最高，矿物组成主要为高岭石、绿泥石、锐钛矿等。秭归月明山剖面Li_2O含量为0.22%～0.24%。

3. 云南运动

由谢家荣等（1941）命名，代表云南北部华力西运动（海西运动）之一幕，即早二叠世栖霞组和晚石炭世马平群（乌拉灰岩）间的地层不整合。栖霞组底部有砾岩，厚可达200m，乌拉灰岩受侵蚀，有时缺失，使栖霞组直接和中石炭世威宁群接触。原始定义中，栖霞组底部应该是现在的梁山组。在湖北省内指二叠系栖霞组（指原马鞍段，现为梁山组）与石炭系船山组或与石炭系黄龙组之间的平行不整合。区域上为一显著的角度不整合界面。

【骨干点号】LZY06-1

【骨干点义】二叠系梁山组（P_1l）\栖霞组（P_1q）分界点（被覆盖未展示）

【辅助点号】PPX07

【辅助点义】二叠系梁山组（P_1l）\栖霞组（P_1q）分界点

【辅助剖面】（琵琶溪路线PPX）注意地层倒转。展示点南为梁山组紫红色厚层状石英细砂岩；点北为栖霞组深灰色灰质泥岩、薄层状生物碎屑灰岩（臭灰岩），二者呈平行不整合接触（图2-9-13）。

【骨干点号】LZY06-2

【骨干点义】栖霞组（P_1q）下部岩石组合观察点

【骨干剖面】链子崖双修亭剖面。梁山组和栖霞组分界被掩埋，此处仅展示栖霞组底部灰黑色中—薄层状灰岩夹极薄层碳质页岩，夹黑色燧石条带或透镜体，有的燧石具石香肠构造特征（图2-9-14）。

图2-9-14 链子崖栖霞组下部中—薄层状生屑灰岩夹燧石条带或团块

【骨干点号】LZY06-3

【骨干点义】栖霞组(P_1q)主体岩性和化石观察点

【骨干剖面】由双修亭出发,沿铁索栈道攀登,沿途观察崖壁栖霞组生物碎屑灰岩中的化石(图2-9-15)。栖霞组主体为灰黑色厚层状含燧石结核的生物碎屑泥晶灰岩(注意新鲜色为灰黑色,臭灰岩),含丰富的珊瑚(图2-9-15A、B)、海绵(图2-9-15C、D、E)、苔藓虫碎屑(图2-9-15F)、腹足类(图2-9-15G)、蜓类-非蜓有孔虫(图2-9-15I、H)、腕足类等化石。

图2-9-15 链子崖栖霞组生物碎屑灰岩中的生物化石

【知识链接】栖霞组(P_1q):(标准定义)指船山组(省境尚有梁山组)与孤峰组(省境尚有茅口组)之间一套碳酸盐岩。自下而上:碎屑岩夹煤;臭灰岩层为灰黑色沥青质中厚层泥晶灰岩;下硅质层为灰黑色薄层硅质岩夹灰岩,中部灰岩为深灰色厚层含燧石结核微晶灰岩、生物碎屑灰岩;上硅质层为灰黑色中薄层硅质岩夹灰岩。含蜓、珊瑚、腕足类等化石,地质时代为早二叠世空谷期。阳新县太子庙次层型剖面厚106.7m。与下伏船山组灰岩(省境为黄龙组)呈平行不整合接触(省境尚与下伏梁山组呈整合接触);与上覆孤峰组含锰或磷质结核页岩为整合接触(省境尚与上覆茅口组呈整合接触)。秭归—兴山地区栖霞组主要为一套深灰色、灰黑色厚层状含燧石结核(或团块)的生物碎屑泥晶灰岩。顶底发育灰黑色瘤状生物碎屑泥晶灰岩,且底部灰岩层间夹含钙碳质页岩。厚170~190m。(补充描述)标准定义中"碎屑岩咸夹煤"已划归为梁山组。栖霞组是一套黑色—灰黑色含碳质、含硅质生物碎屑微晶灰岩地层。除了含丰富的蜓类-非蜓有孔虫、珊瑚、海绵、腕足外,还含有菊石、介形类、苔藓虫、牙形石等化石。该组代表二叠纪的最大海泛期沉积,属于浅水陆棚相-开阔台地相沉积。标准定义中栖霞组与下伏地层的接触,实际上是梁山组与下伏地层的接触。

栖霞组含矿性:华南下二叠统栖霞组沉积的一套特殊的碳酸盐岩地层,是中国南方四套区域性烃源岩之一,TOC含量1%~2%,最高达2.5%(梁狄刚等,2009)。该套地层富含有机质(沥青质)和燧石结核或硅质层,发育特有的矿物集合体——天青石结核(菊花石)和黏土矿物海泡石(颜佳新,2004)。

【骨干点号】LZY07

【骨干点义】二叠系栖霞组(P_1q)\茅口组(P_2m)分界点及茅口组岩性与化石观察点

【骨干剖面】链子崖村之字形山路北西笔直段,栖霞组\茅口组分界处被覆盖。此处展示茅口组为深灰色—灰色厚—极厚层状含硅质团块生物碎屑灰岩,局部发育䗴灰岩和叶状藻灰岩(图2-9-16)。露头可见䗴(图2-9-16A、B)、叶状藻(图2-9-16C)、海绵(图2-9-16D、E)、腹足类(图2-9-16F)、海百合茎、非䗴有孔虫、珊瑚等化石。属于开阔台地相。相比栖霞组灰黑色—深灰色灰岩,茅口组灰岩多呈灰色—浅灰色—灰黄色,俗称"黑栖霞白茅口"。

图2-9-16 链子崖茅口组生物碎屑灰岩中的生物化石

【知识链接】

茅口组(P_2m):(标准定义)系指整合于栖霞组深灰色燧石石灰岩之上,平行不整合于龙潭组底部黏土岩之下的一套深灰色、灰色、浅灰色白云质斑块灰岩、灰岩及深灰色含燧石结核灰岩,夹少量白云岩,富含䗴、珊瑚以及腕足类化石,地质时代为中二叠世罗德期—沃德期—卡匹敦期。底以浅灰色白云质斑块灰岩出现或燧石灰岩的消失与栖霞组分界;顶以灰色黏土岩出现与龙潭组分界。省境茅口组以浅灰色灰岩序列为主要特征("黑栖霞白茅口"),区域上相变为孤峰组硅质岩系或孤峰组—武穴组。

鄂西秭归—兴山地区茅口组沉积厚度较大,在秭归新滩茅口组厚达177m。其岩性主要为一套灰色、浅灰色厚层—块状含燧石结核生屑微晶灰岩、藻屑微晶灰岩,中部夹2~3层细晶白云岩。且中上部灰岩中,层间常有密集的燧石结核或条带。(补充描述)茅口组富含生物化石,有䗴类-非䗴有孔虫、珊瑚类、苔藓虫类、腕足类、叶状藻等。整体属于开阔台地相。与上覆龙潭组为平行不整合接触。

石灰石矿:栖霞组和茅口组块状灰岩都可用作水泥、石灰原料,且质量较好,如官庄至大天坑一带的石灰岩矿床已被大量开采,成为当地的主要经济来源。

【骨干点号】LZY08

【骨干点义】二叠系茅口组（P_2m）\龙潭组（P_3l）分界点

【骨干剖面】剖面位于链子崖通往链子崖村委会村公路旁，展示茅口组\龙潭组分界（图2-9-17）。点下为茅口组深灰色厚层状生物碎屑灰岩（图2-9-17X1、A）；点上为龙潭组，底部为铁质铝土质黏土岩含灰岩砾石（图2-9-17B），之上为褐黄色黏土岩夹含黄铁矿硅质岩透镜体（图2-9-17C），上部为灰白色—褐黄色铝土质黏土岩（图2-9-17D）。上部黏土岩样品21LZY01全岩矿物X衍射分析结果：黏土矿物77.2%，石英11.6%，钾长石1.4%，方解石9.8%；全岩氧化物分析结果：SiO_2 45.54%、Al_2O_3 28.17%、Fe_2O_3 1.29%（沈传波，2021，未发表）。茅口组与龙潭组分界面是区域上重要的不整合界面，即中—上二叠统不整合界面。

图2-9-17 链子崖茅口组\龙潭组\吴家坪组分界及龙潭组岩石组合特征

【知识链接】

龙潭组（P_3l）：（标准定义）指孤峰组（省境尚有武穴组及茅口组）与大隆组或长兴组（省境或吴家坪组或下窑组）之间一套含煤地层。下部以深灰色砂、页岩互层为主，顶部砂岩及含蜓灰岩；中部为黄褐色中至粗粒厚层长石石英砂岩、铝土质泥岩、页岩夹煤层，含植物化石；上部以黑色页岩为主夹灰岩及细砂岩，富含腕足类化石。下与孤峰组以含个体甚小的双壳类含钙碳质页岩之底为界（省境与下伏孤峰组硅质岩，或与武穴组或茅口组灰岩），均呈平行不整合接触。上以大隆组硅质岩或长兴组灰岩出现为界，彼此之间为整合关系。武昌花山土桥次层型剖面厚41.55m。本组含有丰富的植物、腕足类和双壳类等化石，地质时代为晚二叠世吴家坪期早期。冯少南等（2002）将长江三峡地区阳新世—乐平世沉积划分为南型和北型。北型以秭归新滩剖面为代表，在阳新统顶部为黏土岩沉积，称王坡组，厚1m左右，岩性为含黄铁矿、铝土矿水云母黏土岩，呈鲕状结构，顶部为数厘米的黑色页岩夹生屑灰岩透镜体或硅质灰岩扁豆体，后两者产有孔虫及蜓类。南型位于远离黄陵穹隆的长江以南地区，以长阳赵姑垭剖面和五峰牛庄剖面为代表，阳新统顶部王坡组为含煤碎屑岩，其上为黑色钙质泥岩，产丰富的小型双壳类和腕足类化石，厚5m。（补充描述）实习区龙潭组为铁质铝土质黏土岩夹灰岩和硅质岩透镜体,为滨海沼泽或潟湖相沉积。该组与下伏茅口组呈平行不整合接触,与上覆吴家坪组为整合接触。

龙潭组煤矿:鄂西地区龙潭组较发育,是湖北省重要煤矿产地之一,尤以巴东—秭归以南、建始等地较厚,一般为10~25m,其含煤性好,可夹1~3层煤。

龙潭组黏土型锂矿:主要位于宜昌夷陵区杨家堂龙潭组。富锂黏土岩分为下部含植物根系黏土岩和上部含黄铁矿结核黏土岩两套矿层,矿物组成主要为高岭石、勃姆石、绿泥石、水铝石等。Li_2O 含量为 0.28%(龚银等,2023)。

东吴运动:系李四光(1931)命名。盛金章(1962)认为乐平统与阳新统之间为不整合或假整合关系,东吴运动位于龙潭组与茅口组之间,西南地区则位于峨眉山玄武岩与茅口组之间。鄂西普遍存在上二叠统(乐平统)龙潭组与下伏中二叠统(瓜德鲁普统)茅口组—孤峰组—武穴组(同期异相)之间的平行不整合。

扬子板块中、晚二叠世发生的构造运动造成了大规模的地壳抬升与剥蚀以及相应的沉积,同时形成峨眉山大火成岩省(梁新权等,2013)。同时,上扬子中、晚二叠世岩相古地理也发生明显的变化,在剖面上由台地碳酸盐岩突变为陆相、滨浅海碎屑岩;在空间上由南北分带突变为东西分带。通常人们认为这是东吴运动的结果。峨眉山地幔柱活动引发扬子地区二叠纪东吴运动以及相应的岩浆-沉积-成矿响应已经得到地质学家的广泛认同(何斌等,2004)。东吴运动发生在潘吉亚大陆即将聚合和古特提斯洋闭合的背景下。

【骨干点号】LZY09

【骨干点义】龙潭组(P_3l)\吴家坪组(P_3w)分界点

【骨干剖面】与 LZY08 剖面相同(图2-9-17)。LZY09 点下为龙潭组褐黄色—灰白色黏土岩;点上为吴家坪组底部深灰色薄—中层状硅质团块灰岩夹泥岩薄层,可见石香肠构造,二者之间为整合接触。

【骨干点号】LZY09-1

【骨干点义】吴家坪组(P_3w)岩性与化石观察点

【骨干剖面】链子崖村江边公路。吴家坪组主体为灰色厚—巨厚层状积云状硅质团块生物碎屑灰岩(图2-9-18A)。沿岩壁观察可见蜓类-非蜓有孔虫(图2-9-18B)、腹足类(图2-9-18C)、腕足类(图2-9-18D)、珊瑚、海百合茎等化石。

图2-9-18 链子崖吴家坪组岩性与化石

【知识链接】

吴家坪组(P_3w):(标准定义)整合于阳新群(即栖霞组和茅口组)灰岩与大冶组泥灰岩之间的地层序列,为灰色中厚层—厚层状、块状含燧石团块的泥晶灰岩、生物碎屑灰岩。底部稳定地发育一层厚度不大的含鲕粒的铁铝质泥质岩(王坡段),并以此层之底作为该组底界,以燧石灰岩结束或纹层状灰岩、薄层泥质灰岩的出现为该组顶界。秭归新滩次层型剖面厚84.01m。含丰富的䗴类、珊瑚、腕足类、有孔虫、牙形石等化石,地质时代为晚二叠世(乐平世)吴家坪中期—长兴期。(补充描述)定义中的"王坡段"即龙潭组,应该从该定义中剥离。其灰岩普遍含不规则状的燧石团块,称为积云状燧石团块生屑灰岩。该组下部为中—薄层状含硅质团块生物碎屑灰岩夹泥岩薄层。吴家坪组整体属于开阔台地—台地边缘生物礁沉积(王家豪等,2020)。在省境内呈孤岛状分布,横向相变为大隆组硅质岩或下窑组灰岩—大隆组硅质岩。在利川见天坝、沐抚等地该组为一套典型的海绵礁灰岩,属于台地边缘生物礁相沉积。

二叠纪末的生物大灭绝:该大灭绝事件是生物演化史上最具灾难性的灭绝事件,导致约90%的海洋生物以及约70%的陆地脊椎动物绝灭(Erwin,1994)。一些学者研究发现古、中生代之交的生物大灭绝可分为两幕,分别发生在二叠纪末和三叠纪初(Xie et al.,2005),并把古、中生代之交的这次灭绝事件称为PTB灭绝(殷鸿福等,2013);在中、晚二叠世之交,即瓜德鲁普统—乐平统界线附近存在生物绝灭事件,称为瓜德鲁普世末期事件。这两次灭绝事件对整个生态系统产生了根本性影响,破坏了存在约200Ma之久的海洋生态系统结构,促使了以非能动型动物为主的生态结构转变为以能动型动物为主的生态结构(Song et al.,2013),完成了古生代动物群向中生代动物群的转变。

殷鸿福等(2013)提出了PTB灭绝及end Guadalupian生物灭绝与泛大陆聚合、核幔圈层变动以及地幔柱有关。李朋武等(2009)依据峨眉山与西伯利亚两个大火成岩省的形成时代和大洋的闭合时代吻合,而大火成岩省在时间上又与全球生物灭绝事件吻合,进而推断二叠纪末的生物灭绝事件可能与古亚洲洋和古特提斯洋的闭合密切相关。

【骨干点号】LZY09-2

【骨干点义】吴家坪组岩溶改造型断裂带观察点

【骨干剖面】链子崖村江边公路露头,展示吴家坪组灰色厚—巨厚层状积云状硅质团块含生物碎屑灰岩中发育的岩溶改造型断裂带(图2-9-19),断裂带西侧充填有断层-岩溶角砾(图2-9-19A),角砾之间充填红色砂砾和黏土。东侧为放射状—柱状方解石集合体构成的流石带(图2-9-19B)。

图2-9-19 链子崖吴家坪组岩溶改造型断裂带

【骨干点号】LZY10

【骨干点义】西陵峡起点观察点以及三峡贯通介绍点

【骨干剖面】于链子崖相思岭观景台眺望秭归长江大桥和香溪河口(图2-9-20)。

图2-9-20　链子崖远眺秭归长江大桥与香溪河口

【知识链接】

长江三峡：西起重庆市奉节县白帝城，东至湖北宜昌市南津关，全长193km，沿途两岸奇峰陡立、峭壁对峙，自西向东依次为瞿塘峡、巫峡、西陵峡。瞿塘峡位于重庆奉节县境内，长8km，是三峡中最短的一个峡，也是最雄伟险峻的一个峡。巫峡位于重庆巫山县和湖北巴东县两县境内，绵延45km，是长江横切巫山主脉背斜而形成的。巫峡又名大峡，以幽深秀丽著称。西陵峡西起秭归县香溪口，东至宜昌南津关，长约66km，是长江三峡中最长、以滩多水急闻名的山峡。

长江三峡的贯通：长江是中华民族的母亲河，在中华文明历史进程和当代国计民生中占据独特的地位。长江是世界第三、亚洲第一大河，在区域宏观地理环境演化中具有标志性意义。长江的年龄（或者起源与演化历史）作为地球科学界和大众关注的热点，长期存在重大争议，从45Ma（始新世）到数万年（更新世晚期）不等，成为科学界一个著名的"世纪谜题"。对青藏高原东南缘新生代盆地开展年代学与沉积学研究，揭示出在始新世时期区内存在大型的南流水系，在渐新世期间（或渐新世末期）南流水系转向东流，形成长江第一湾（也有写作"弯"）。长江中下游新生代盆地的沉积记录也显示，长江上游物质在渐新世晚期（或者最晚在渐新世/中新世之交）就已经能够到下游，表明贯通东流的长江水系从此诞生（郑洪波等，2017）。

香溪：香溪又名昭君溪，是长江的一条支流，位于西陵峡口长江北岸。香溪发源于神农架山区，流经石灰岩裂缝并经洞穴过滤，水质清澈，由北向南注入长江。香溪流域因战国时期楚国诗人屈原和汉代王昭君的出生地而闻名。宝坪村（明妃村）相传是王昭君的出生地，而秭归县三闾乡乐平里被认为是屈原的故里。香溪流域内有丰富的自然资源，包括煤、铁、铜、石棉等矿产。

旅游地质学：是介于旅游科学和地球科学之间的一门边缘学科，属于地球科学范畴。旅游地质学的主要任务是运用地球科学的方法手段来观察、分析和解释名胜区、风景点、地质景观等旅游资源的成因、演变和发展；着重于自然景观科学性的描述与探讨，以及研究旅游地质资源的开发、规划、利用和保护，推动旅游事业的发展；通过旅游地质活动激发和培养人们对地球科学的兴趣与爱好，普及和发展地球科学研究事业（朱济成，1995）。

L10 文化乡地质路线

> 在区域地层界面对比时，
> 我们往往习惯于不整合界面与不整合界面的对比，
> 而忽略了不整合界面与之相对应的整合界面的对比。

1. 实习路线

秭归基地—文化乡—上和坪隧道—秭归基地

2. 实习任务

(1) 观察三叠系—侏罗系岩石组合与地层层序。
(2) 了解秭归盆地南缘构造-沉积特征。
(3) 了解印支运动发生的时间和标志。
(4) 观察河流-三角洲-湖泊沉积序列。
(5) 了解香溪群含煤岩系地质特征及其古气候意义。

3. 路线简介

文化乡地质路线（WHX）为秭归盆地最南缘三叠系—侏罗系地层-构造-煤地质路线，位于黄陵背斜南西侧（图2-10-1）。为了与链子崖路线（LZY）衔接，引入了五龙村路线（WLC）的下三叠统作为骨干剖面。沿X037出露的五龙村剖面可观察到上二叠统吴家坪组与下三叠统大冶组分界和大冶组与嘉陵江组分界。文化乡路线起始于G348文化乡金鸡沟桥北桥头，先观察嘉陵江组与巴东组分界；继续沿G348向北东前行，可依次观察到巴东组与九里岗组分界、九里岗组与侏罗系桐竹园组分界；了解印支运动不整合面的基本特征。继续沿G348前行，在石元桥附近见桐竹园组与千佛崖组分界；最后在上和坪隧道西观察千佛崖组湖泊-三角洲前缘序列。

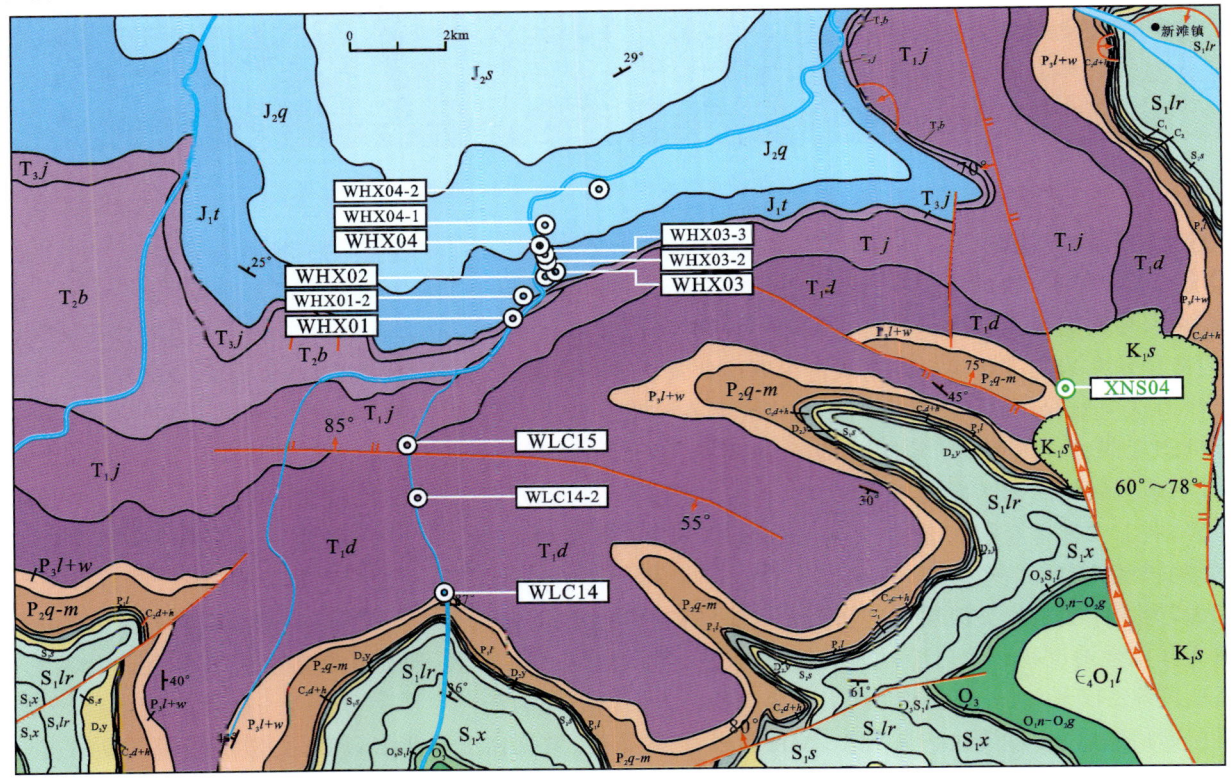

图2-10-1 文化乡路线地质图与点位分布（据1:25万宜昌市幅西部和建始县幅东部地质图，2005修编；图例见附录F07）

4. 路线地质

【骨干点号】WLC14

【骨干点义】上二叠统吴家坪组（P_3w）与下三叠统大冶组（T_1d）分界点

【骨干剖面】（五龙村路线 WLC）阴坡村小溪东岸 X037 露头，展示上二叠统吴家坪组与下三叠统大冶组分界（图 2-10-2）。WLC14 点之南为上二叠统吴家坪组深灰色中—厚层状积云状硅质团块生物碎屑灰岩（图 2-10-2A）；界面之北为下三叠统大冶组大一段。大一段为黄绿色页岩与灰色薄层状泥灰岩不等厚互层，故而易于风化，被植被覆盖。WLC14-1 为大冶组大一段与大二段分界点。大二段为深灰色中厚层状灰岩夹薄层灰岩和页岩（图 2-10-2B）。注意地层产状较陡，向北倒转。

图 2-10-2　五龙村上二叠统吴家坪组与下三叠统大冶组分界

【知识链接】大冶组（T_1d）：由谢家荣等（1924）所创的"大冶石灰岩"演变而来，地点在湖北省大冶市城北铁山大冶铁矿附近。（标准定义）指以灰色、浅灰色薄层状灰岩为主，中、上部夹中—厚层状灰岩，时而夹鲕状灰岩、白云质灰岩或白云岩化灰岩，下部为泥质灰岩或黄绿色页岩。底界页岩与下伏大隆组硅质页岩、硅质岩，或薄层状灰岩与下伏吴家坪组灰色中厚层状灰岩呈整合接触；顶界与上覆嘉陵江组白云岩呈整合接触。大冶沙田选层型剖面厚 557.73m。本组以含菊石、双壳、牙形石等为主，其下部富含菊石。地质时代属于早三叠世印度期。总体为浅水陆棚-开阔台地沉积。

《中国区域地质志·湖北志》（2021）将大冶组自下而上划分为 4 段：大一段下部为黄绿色页岩夹薄层灰泥灰岩，向上二者呈互层状态，上部为灰色薄层灰泥灰岩夹页岩，底部普遍夹数层 2~8cm 白色凝灰质黏土层（凝灰岩事件层）。在鄂西该段厚 49~126m。总体为浅水陆棚沉积。大二段以中厚层灰岩的出现和终止为标志，为中厚层灰岩夹薄层灰岩和页岩或薄层灰岩夹中厚层灰岩或砾屑灰岩。在鄂西该段厚 19~105m。总体为开阔台地沉积。大三段以薄层、叶片状灰岩为主夹灰绿色泥膜，层面发育蠕虫状构造（虫迹构造）。在鄂西该段厚 217~494m。总体为浅水陆棚沉积。大四段下部为灰色中层夹薄层泥—微晶灰岩，上部为灰色中厚层砂屑灰岩、含砂屑生物屑灰岩、鲕粒灰岩、颗粒灰岩，常夹白云质灰岩，局部见岩溶作用形成的灰岩角砾岩。在鄂西该段厚 75~224m。总体为开阔台地沉积。

【骨干点号】WLC14-2

【骨干点义】大冶组（T_1d）大三段岩性控制点

【骨干剖面】（五龙村路线 WLC）黄泥滩村南、小溪东岸 X037 露头，展示大冶组大三段深灰色极薄层状灰岩（图 2-10-3），属于碳酸盐陆棚沉积。

图 2-10-3　五龙村大冶组大三段岩性特征

【骨干点号】WLC15

【骨干点义】大冶组（T_1d）与嘉陵江组（T_1j）分界

【骨干剖面】（五龙村路线）马家湾村西小溪东岸 X037 露头，展示大冶组与嘉陵江组分界（图 2-10-4）。界面处植被覆盖严重。点南东为大冶组深灰色薄层状鲕粒灰岩；点北西为嘉陵江组底部薄—中层状夹厚层状白云岩，属于局限台地沉积。此处顶部以及再向北西前行均见嘉陵江组夹大面积出露的白云岩角砾岩（岩溶角砾岩）。

图 2-10-4　五龙村大冶组与嘉陵江组分界

【知识链接】嘉陵江组（T_1j）：赵亚曾和黄汲清（1931）将原称"昭化灰岩"更名为"嘉陵江石灰岩"。（标准定义）岩性以灰色中—厚层状白云岩、白云质灰岩为主，夹微晶灰岩、"盐溶角砾岩"（井下为巨厚岩盐及石膏岩），含海相双壳类、有孔虫化石，头足类罕见。嘉陵江组的时代归属有分歧：第一种意见是嘉陵江组时代为早三叠世奥伦尼克期，第二种意见是中三叠世安尼期，第三种意见是早三叠世晚期至中三叠世早期（《中国区域地质志·湖北志》，2021）。本书采用第一种意见，与童金南等（2021）的划分方案相当。本组在鄂西可分 4 个部分：下部和上部主要为薄—厚层状白云岩夹溶崩角砾岩，中部和顶部以灰岩为主。本组底界以白云岩为标志，与下伏大冶组顶部灰岩（有时为白云质灰岩、鲕状灰岩）分界清晰。顶界以中厚层状灰岩或薄层状白云岩为主，整合伏于蒲圻组或巴东组底部杂色页岩之下。建始马扎坪次层型剖面厚 728m。（补充描述）嘉陵江组是一套灰色中—厚层状白云岩、灰岩相间夹白云岩角砾岩的碳酸盐岩层序，属于局限台地-开阔台地沉积。

【骨干点号】WHX01

【骨干点义】下三叠统嘉陵江组（T_1j）与中三叠统巴东组（T_2b）分界

【骨干剖面】G348文化乡金鸡沟桥北桥头剖面，展示界面南为下三叠统嘉陵江组顶部深灰色厚层状白云质灰岩（图2-10-5A）；界面北为中三叠统巴东组巴一段底部灰绿色极薄层状泥质白云岩、泥灰岩，属局限台地沉积。发育小型顺层滑脱褶皱（图2-10-5B）。

图2-10-5　文化乡下三叠统嘉陵江组与中三叠统巴东组分界

【知识链接】巴东组（T_2b）：巴东组由Richthofen（1912）所建的"巴东层"演变而来。（标准定义）该组岩性可分3个部分，即上、下部分为紫红色粉砂岩、泥岩夹灰绿色粉砂岩、页岩，偶含孔雀石薄膜；中部为灰岩、泥灰岩。底部普遍发育灰绿色页岩，与下伏江陵江组白云岩、灰岩呈过渡关系，界线明显；顶部为浅灰色钙质页岩、灰岩、白云岩，与上覆香溪群九里岗组灰黑色粉砂质黏土岩、碳质页岩呈整合接触。巴东县城关正层型剖面厚1 364.22m。该组以产双壳类为主，亦有菊石和植物化石，富集于中、下段。地质时代属于中三叠世安尼期—拉丁期。（补充描述）标准定义中虽强调巴东组三分，但考虑顶、底部分，巴东组可细分五段：巴一段为灰绿色极薄层泥质白云岩、白云质泥岩或页岩段，巴二段和巴四段为紫红色细—粉砂岩与泥岩段，巴三段为薄层灰岩、泥灰岩段，巴五段为灰岩、白云岩夹泥岩段。巴东组为一套厚度较大的紫红色碎屑岩及碳酸盐岩沉积，紫红色碎屑岩中波痕、交错层理、虫管构造常见。总体属于潮坪相潮间带-潮下带碎屑岩夹少量碳酸盐岩沉积。

【骨干点号】WHX01-2

【骨干点义】巴东组（T_2b）巴二段孔雀石薄膜观察点

【骨干剖面】G348露头展示巴东组巴二段紫红色泥岩所夹的灰绿色粉砂质泥岩中孔雀石薄膜（图2-10-6）。

图2-10-6　文化乡巴东组巴二段孔雀石薄膜

【知识链接】**巴东组沉积铜矿**：巴东组是鄂西地区有名的含铜建造，主要含孔雀石、辉铜矿、黄铜矿。矿化体主要产于浅灰绿色粉砂质泥岩中，多呈透镜状，矿化体长40～200m，厚0.1～1.5m，Cu含量0.01%～0.24%。矿石分两类：一类为氧化铜矿石，主要矿物为孔雀石；另一类为原生铜矿石（主要矿物为辉铜矿，其次为孔雀石、自然铜、铜蓝等）(《中国区域地质志·湖北志》，2021)。

【骨干点号】WHX01-3

【骨干点义】巴东组(T_2b)巴二段岩石组合观察点

【骨干剖面】G348露头，展示巴东组巴二段紫红色粉砂质泥岩夹灰绿色中—薄层状粉砂岩(图2-10-7)，普遍见波纹交错层理和波痕，属潮坪潮间带砂泥混合坪沉积。

图2-10-7 文化乡巴东组巴二段岩性组合

【骨干点号】WHX02

【骨干点义】中三叠统巴东组(T_2b)与下侏罗统桐竹园组(J_1t)分界

【骨干剖面】范家营村南G348公路剖面，展示中三叠统巴东组与下侏罗统桐竹园组分界(图2-10-8X、A)。WHX02点南为巴东组巴五段褐黄色含灰泥质粉砂岩、灰质粉砂岩，厚50cm(图2-10-8A、B，表2-10-1)；分界点WHX01-9之下为巴四段紫红色泥质粉砂岩、粉砂质泥岩(图2-10-8X)。WHX02点北为桐竹园组底部约1cm厚的褐铁矿化黄铁矿条带(图2-10-8A，表2-10-1)，其上为灰绿色含灰泥质粉砂岩，再上以灰绿色厚层状中—细砂岩为主(未展示)。此处，巴东组顶部褐黄色灰质粉砂岩中方解石和白云石总含量为48.10%(表2-10-1)，与巴五段的灰岩、白云岩夹泥岩段相当。巴东组与桐竹园组之间缺失上三叠统九里岗组，巴五段顶部也缺失大部分，反映九里岗组与巴东组遭受了强烈的剥蚀。桐竹园组与九里岗组、巴东组呈角度不整合接触。

【测试数据】表2-10-1展示中三叠统巴东组与下侏罗统桐竹园组全岩X衍射结果。

图2-10-8 文化乡中三叠统巴东组与下侏罗统桐竹园组分界

表 2-10-1　文化乡巴东组与桐竹园组全岩 X 衍射结果表(%)

样号	层位	岩性	石英	钾长石	斜长石	方解石	白云石	黄铁矿	赤铁矿	黏土
S19WHX10	J_1t	灰绿色含灰泥质粉砂岩	46.4	1.3	1.4	12.9	/	/	/	38.0
S19WHX09	J_1t	灰绿色含灰泥质粉砂岩	47.7	1.6	1.3	11.6	/	/	/	37.8
S19WHX08	J_1t	灰绿色泥质粉砂岩	59.3	1.1	1.5	/	/	/	/	38.0
S19WHX07	J_1t	金黄色黄铁矿层	13.5	0.4	/	0.7	/	79.3	/	6.1
S19WHX06	T_2b	灰黄色泥质灰质粉砂岩	24.9	/	/	21.5	26.6	/	/	27.0
S19WHX05	T_2b	灰黄色含泥灰质粉砂岩	46.0	0.8	0.8	32.9	2.5	/	/	17.0
S19WHX04	T_2b	黄绿色泥质粉砂岩	49.6	/	2.1	7.7	/	/	/	40.6
S19WHX03	T_2b	灰绿色含灰泥质粉砂岩	50.0	1.4	1.5	14.7	/	/	1.9	30.5
S19WHX02	T_2b	紫红色泥质粉砂岩	42.0	1.4	1.9	8.6	/	/	6.3	39.8
S19WHX01	T_2b	紫红色含灰泥质粉砂岩	47.9	1.1	1.6	13.7	/	/	/	35.7

【知识链接】

1. 秭归盆地

秭归盆地位于扬子陆块北部，南大巴山褶冲带东段，北接神农架隆起，东邻黄陵隆起，南为恩施弧形褶皱带，为中生代以海陆交互相—陆相沉积为主的沉积盆地（龚志愚等，2014）。秭归盆地并不是一个单独的沉积盆地，而是四川盆地向东的延伸部分，并呈"海湾状"进入湖北境内，是典型的造山带周缘前陆盆地。盆地呈轴向近南北的向斜构造，南北长约 40km，东西最宽处约 33km。盆地基底地层主要为中三叠世巴东组。盆地由下向上充填了九里岗组（T_3j）、桐竹园组（J_1t）、千佛崖组（J_2q）、沙溪庙组（J_2s）、遂宁组（J_3s）和蓬莱镇组（J_3p）。野外地质调查结果表明：巴东组为滨海潮坪-潟湖沉积，九里岗组为滨岸沼泽沉积，二者在沉积相上具有连续性。桐竹园组底部则完全属于陆相河流沉积，与九里岗组存在重大的沉积变革，是印支运动主幕的响应。在秭归盆地南缘和东缘均见桐竹园组与巴东组巴二段、巴一段，甚至嘉陵江组直接接触，反映桐竹园组与九里岗组、巴东组、嘉陵江组之间存在强烈剥蚀的角度不整合。基于此，笔者认为秭归盆地应该是侏罗系陆相盆地，九里岗组与巴东组均属于盆地基底。

秦岭-大别造山带是扬子陆块与华北陆块之间的复合型造山带。早—中三叠世随着勉略洋的关闭，扬子陆块、秦岭大别微陆块与华北陆块全面进入陆陆碰撞时期（殷鸿福等，1998）。随着扬子陆块持续向北挤压，在秦岭-大别造山带南缘、扬子陆块北缘开始发育周缘前陆盆地（汪泽成等，2001；刘少峰等，2010）。目前关于秭归盆地的原型研究较少，扬子陆块北缘前陆盆地（中扬子前陆盆地）北部边界是秦岭-大别造山带，还是米仓山-大巴山褶皱带，尚有待探索，但可以确定的是沉降中心（前渊）靠近两大构造带，现今秭归残留盆地相当于中扬子前陆盆地的斜坡带。

2. 香溪群（T_3J_1X）

谢家荣等（1925）称之为香溪煤系，并细分为下、上煤系。孟宪民（1929）在荆当盆地沿用香溪煤系，细分为下、中、上 3 个煤系。湖北省区测队（1973）将鄂西香溪群下、中、上 3 个煤组分别创名为九里岗组、王龙滩组、桐竹园组。陈楚震等（1979）在秭归盆地，把香溪群下煤组创名为沙溪镇组，把中、上煤组称香溪组（狭义）。（标准定义）在秭归盆地，本群介于巴东组与千佛崖组之间，由下至上包含九里岗组、桐竹园组。在荆当盆地及鄂东南，该群在巴东组或蒲圻组与花家湖组之间，由下至上包括九里岗组、王龙滩组和桐竹园组。该群分布于利川、秭归、荆当盆地及鄂东南地区诸向斜中，其岩性特征为一套含煤碎屑岩，是湖北省的主要含煤地层之一，一般含可采薄煤层 3~7 层。厚度在省境西部较厚，东部变薄。利川煤道厚 566m，秭归一带厚 492m，荆当至当阳等地厚 1667~2450m。鄂东地区厚 266~432m。该群产双壳类和植物化石，地质时限为晚三叠世—早侏罗世。

（1）九里岗组（T_3j）。九里岗组系湖北省区测队（1973）创名，陈公信（1975）报道，地点在远安县茅坪九里岗。陈楚震等（1979）在秭归盆地将其创名为沙镇溪组。（标准定义）以黄灰色、深灰色粉砂岩、砂质页岩、泥岩为主，夹长石石英砂岩及碳质页岩，含煤层或煤线 3~7 层，总厚度 0~350m。底界以粉砂岩、粉砂质泥岩与巴东组紫红色或灰绿色钙质粉砂岩、灰岩、白云岩分界；顶界以页岩、粉砂岩与王龙滩组长石石英砂岩分界，均呈整合接触。九里岗组植物群以苏铁类占优势，蕨类也很发育，具有北方区和南方区植物群的双重特征。除含植物化石外，还含有双壳类、叶肢介等化石，地质时代为晚三叠世卡尼期—瑞替期。（补充描述）九里岗组为一套含煤细碎屑岩系，属滨岸沼泽相沉积。

九里岗组是湖北省西部重要含煤地层之一，一般含可采煤层2~3层，平均厚0.60~0.83m，可构成小型矿床，供地方开采。在长江北岸的宝塔河、谭家等地形成可采煤层，局部厚达1~3m，多为亮煤—半亮煤。

(2) 桐竹园组(J_1t)。桐竹园组系湖北省区测队(1973)创名，陈公信(1975)报道，创名地点在当阳庙前桐竹园。（标准定义）以黄色、黄绿色、灰黄色砂质页岩、粉砂岩及长石石英砂岩为主，夹碳质页岩及薄煤层或煤线，含植物化石和双壳类化石。与下伏王龙滩组长石石英砂岩呈整合接触；与上覆花家湖组底部粗砂岩及紫红色、灰黄色粉砂岩分界，呈整合接触。在秭归盆地本组与下伏九里岗组、上覆千佛崖组均呈整合接触。当阳桐竹园正层型剖面厚597.55m。秭归盆地本组在泄滩厚359m，但底界为一层含砾砂岩与下伏九里岗组碳质页岩呈整合接触，顶界为黄灰色钙质泥岩夹泥灰岩与上覆千佛崖组紫红色泥岩之底部含砾粗粒石英砂岩呈整合接触。本组含有丰富的植物化石和双壳类化石。时代属于早侏罗世早期。（补充描述）桐竹园组下部自下而上为砾岩—含砾粗粒岩屑石英砂岩—细粒岩屑砂岩反复叠置，砂岩中常具大型槽状交错层理、正粒序层理、平行层理，属于辫状河道沉积。中部为灰色—灰绿色中厚层粉砂岩、细粒岩屑砂岩夹深灰色含碳粉砂岩、灰黑色碳质页岩及煤线，见有大量植物化石和双壳类化石，属泛滥平原沼泽-滨浅湖沉积。上部为灰绿色薄—中层细粒岩屑砂岩、粉砂岩泥岩，属于滨浅湖-三角洲前缘沉积。通常桐竹园组底部以灰黑色厚—巨厚层状硅质砾岩层为标志，是区域分布较广的底砾岩层，但是在秭归盆地南西巴东-沙镇溪、南东万古寺-大峡口等地，普遍见有硅质砾岩层之下发育一套厚层状的长石石英砂岩。该套砂岩通常被划归为九里岗组，或与荆当盆地的三龙滩组对应。本书认为这套砂岩应该归属于桐竹园组，是桐竹园组硅质底砾岩在区域上的相变。

3. 印支运动

Gromaget(1934)将印支半岛晚三叠世前诺利期和前瑞替期两个造山幕的褶皱命名为印支褶皱。最初，印支运动只是指中南半岛和中国华南地区中三叠统与上三叠统之间的角度不整合所表现的构造运动。现一般将晚二叠世—三叠纪之间的构造运动(257~205Ma)统称为印支运动。

印支运动使长期游离于世界主要大陆外的华南、中朝、塔里木等陆块拼合成中国及邻区大陆，使中国3/4的陆地完成了拼合，奠定了中国大陆及亚欧大陆的雏形(谭永杰等，2014；张义平等，2019)。印支运动也为鄂尔多斯盆地、四川盆地、准格尔盆地、塔里木盆地等大型聚煤盆地的形成奠定了重要基础(谭永杰等，2014)。印支运动形成于全球潘吉亚大陆的裂解、古特提斯洋的封闭、新特提斯洋的打开的全球构造背景(许靖华，1978)。环太平洋构造带亦是从印支旋回起联成一体，并开始强烈活动(任纪舜，1984)。印支运动奠定了中、新生代以来全球构造的基本格局(任纪舜，1984)。印支运动结束了中上扬子区自埃迪卡拉纪以来至中三叠世末期漫长的海相沉积的历史，在晚三叠世形成了从残留海相盆地到周缘前陆盆地的演变。印支运动主要受控于秦岭-大别造山带在晚三叠世的强烈造山隆升以及华北板块向南、印支板块向北的强烈挤压。

梅冥相(2010)将中上扬子区的印支运动划分为4幕：早三叠世晚期的第一幕表现为下、中三叠统之间明显的沉积间断以及广泛分布在中上扬子地区著名的"绿豆岩"所代表的火山凝灰岩层；发生在中三叠世末期的印支运动第二幕表现为中扬子地区以及上扬子地区东部中三叠统的残留不全，代表了海域大幅度退出研究区域；发生在瑞替期之前的印支运动第三幕代表了研究区域几乎完全结束海相沉积的历史；印支运动第四幕发生在三叠纪末期。《中国区域地质志·湖北志》(2021)将印支运动划分为2幕：印支运动Ⅰ幕发生于中—晚三叠世间，相当于安源运动。赤壁市鸡公山、西塔山和秭归县兀孔岩见上三叠统九里岗组与中三叠统蒲圻组或巴东组呈微角度不整合接触，嘉鱼县石滚山、赤壁九里岗组与下三叠统大冶组或二叠系茅口组接触。印支运动Ⅱ幕发生在侏罗纪与三叠纪间。扬子区大部分地区两者间为平行不整合，兴山县大峡口、秭归县九孔岩局部见侏罗系桐竹园组，与三叠系九里组或巴东组呈微角度不整合关系。

本书采用比划分方案，印支运动Ⅰ幕代表界面为中三叠统巴东组与上三叠统九里岗组的平行不整合，印支运动Ⅱ幕(主幕)代表界面为上三叠统九里岗组与下侏罗统桐竹园组的角度—平行不整合。

【辅助点号】SZX04

【辅助点义】中三叠统巴东组（T_2b）与上三叠统九里岗组（T_3j）分界点

【辅助剖面】（沙镇溪剖面 SZX）沙镇溪剖面位于秭归盆地南西方向，长江与青干河交汇处南岸 X013 公路旁。图 2-10-9 露头展示中三叠统巴东组四段与五段分界（SZX03-4）和巴东组与上三叠统九里岗组分界（SZX04）。SZX03-4 点北西方向为巴四段紫红色粉砂质泥岩夹灰绿色中—薄层状粉砂岩（图 2-10-9A）；SZX03-4 点南东方向为巴五段深灰色中—厚层状灰岩夹深灰色页岩（图 2-10-9B、C）。SZX04 点北西方向为巴五段顶部深灰色厚层状灰岩（图 2-10-9D、E）；SZX04 点南东方向为九里岗组灰黄色中层状泥质粉砂岩、粉砂质泥岩夹碳质页岩（煤线）（图 2-10-9E），尚夹灰色薄层状—透镜状灰岩（图 2-10-9F）。九里岗组整体属于滨海相滨岸沼泽沉积。此处，巴东组与九里岗组为整合接触。

图 2-10-9　沙镇溪中三叠统巴东组与上三叠统九里岗组分界

【辅助点号】SZX05

【辅助点义】上三叠统九里岗组（T_3j）与下侏罗统桐竹园组（J_1t）分界点

【辅助剖面】（沙镇溪路线 SZX）青干河西岸石槽溪村 X013 露头，展示上三叠统九里岗组与桐竹园组分界（图 2-10-10）。SZX05 点东为九里岗组黄灰色粉砂质泥岩夹薄层状泥质粉砂岩，泥岩含有姜石状灰岩结核（图 2-10-10A）；点西为桐竹园组下部青灰色中—厚层状粉—细砂岩夹灰色泥岩（图 2-10-10B），向上变为中—粗砂岩（图 2-10-10C）。

图 2-10-10　沙镇溪上三叠统九里岗组与下侏罗统桐竹园组分界

【辅助点号】SZX05-1
【辅助点义】下侏罗统桐竹园组（J_1t）岩石组合控制点
【辅助剖面】（沙镇溪路线 SZX）青干河西岸石槽溪村 X013 露头（图 2-10-11），展示下侏罗统桐竹园组青灰色中—厚层状含硅质细砾粗砂岩（图 2-10-11A）、中—粗砂岩（图 2-10-11B），见槽状交错层理（图 2-10-11X），属于辫状河道沉积。

图 2-10-11　沙镇溪下侏罗统桐竹园组下部含砾砂岩

【骨干点号】WHX03
【骨干点义】下侏罗统桐竹园组（J_1t）硅质砾岩观察点
【骨干剖面】G348 范家营村南东进山谷小路露头见桐竹园组硅质砾岩（图 2-10-12）。桐竹园组下部为深灰色厚—巨厚层状硅质砾岩、含硅质砾砂岩。砾石成分以黑色燧石为主，少量灰白色石英岩砾（图 2-10-12A，B）。由底部透镜状砾岩，向上渐变为透镜状含砾粗砂岩，再到透镜状粗—中砂岩，整体呈现正粒序、大型槽状交错层理（图 2-10-12X）。注意地层产状倒转。桐竹园组底部属于辫状河道底部沉积。

图 2-10-12　文化乡桐竹园组硅质岩-含砾砂岩

【骨干点号】WHX03-1

【骨干点义】桐竹园组(J_1t)下部岩石组合观察点

【骨干剖面】G348公路范家营村南东向进山谷小路露头,与WHX03露头相邻,展示桐竹园组硅质砾岩层之上灰白色透镜状粗-中砂岩(图2-10-13)。砂体呈透镜状叠置,见大型槽状交错层理和大量的煤化的植物化石碎片,属于辫状河道沉积。

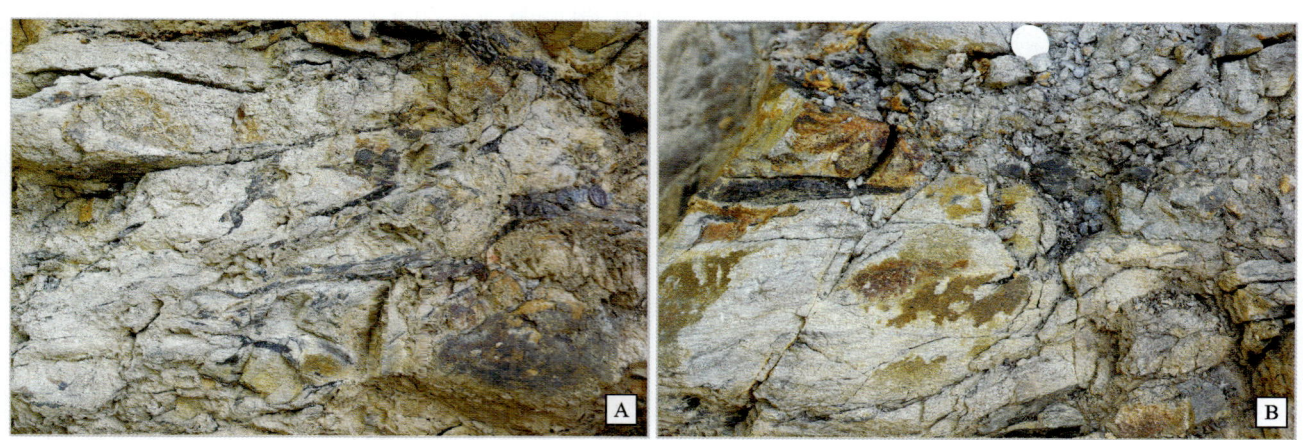

图2-10-13 文化乡桐竹园组辫状河道砂体与煤屑

【骨干点号】WHX03-2

【骨干点义】桐竹园组(J_1t)中部岩石组合观察点

【骨干剖面】G348公路范家营南剖面,展示桐竹园组灰色泥岩、泥质粉砂岩含煤线,夹浅灰色厚层状粉—细砂岩(图2-10-14X),见大量植物化石(图2-10-14A)、垂直层面的根化石(图2-10-14B)、数厘米厚的数层煤线(图2-10-14C)。顶部为浅灰色透镜状细砂岩,发育大型槽状交错层理,内部见大量煤屑(图2-10-14D)。属辫状河道-泛滥平原沼泽沉积。

图2-10-14 文化乡桐竹园组中部岩石组合与植物化石

【骨干点号】WHX03-3

【骨干点义】桐竹园组（J_1t）上部岩石组合

【骨干剖面】G348公路范家营剖面，展示桐竹园组上部灰绿色中—厚层状泥质粉砂岩夹深灰色泥岩夹煤线，含大量植物化石和双壳类化石（图2-10-15），属滨浅湖亚相；向上为灰黄色粉砂质泥岩与浅灰色粉砂岩互层，属三角洲前缘沉积。

图2-10-15 文化乡桐竹园组上部岩性组合与双壳化石

【骨干点号】WHX04

【骨干点义】下侏罗统桐竹园组（J_1t）与中侏罗统千佛崖组（J_2q）分界点

【骨干剖面】分界处露头位于范家营村北G348公路，覆盖严重而不展示。点南为桐竹园组顶部黄绿色泥岩；点北为千佛崖组，灰绿色厚层状含砾细砂岩，之上为紫红色泥岩。

【骨干点号】WHX04-1

【骨干点义】千佛崖组（J_2q）中部岩石组合与沉积相观察点

【骨干剖面】G348公路上和坪隧道南出口西侧小路边露头（图2-10-16），展示千佛崖组紫红色泥岩、粉砂质泥岩，紫红色泥岩夹灰绿色薄—中层状粉砂岩。砂岩呈板状，见波状交错层理（X1、A、B、C），为辫状河三角洲前缘亚相河口坝微相。向上为灰绿色厚—巨厚层状中—细砂岩，砂体呈透镜状叠置，见大型槽状交错层理（X左侧），为辫状河三角洲前缘亚相水下分流河道微相。整体构成了前三角洲—三角洲前缘的进积序列。

图2-10-16 文化乡上和坪隧道南出口千佛崖组前三角洲—三角洲前缘序列

【知识链接】千佛崖组(J_2q)：千佛崖组系赵亚曾等(1931)命名于广元县北嘉陵江东岸的千佛崖。湖北省区测队(1984)曾创名"聂家山组"。(标准定义)以黄绿色、绿灰色细、粉砂岩、页岩为主，夹介壳灰岩条带及透镜体，底部具细砾岩及含砾砂岩，厚180～450m，含双壳类、植物及孢粉化石。地质时代为中侏罗世早期。与下伏白田坝组或香溪群及上覆沙溪庙群底部黄灰色块状岩屑长石砂岩均呈整合接触。秭归泄滩次层型剖面厚969m。

千佛崖组在秭归盆地出露齐全。底部为一层含砾石英砂岩，有时砾石富集成薄层，并为底界标志，与下伏香溪群桐竹园组黄绿色钙质泥岩呈整合接触；下部为紫红色、黄绿色泥岩、粉砂岩、细粒石英砂岩夹介壳灰岩，含极为丰富的双壳类及孢粉类化石。上部以紫红色砂泥岩为主，夹灰绿色泥岩、粉砂岩、长石石英砂岩。(补充描述)千佛崖组是一套以紫色、紫红色泥岩夹灰绿色、灰黄色厚—巨厚层状砂岩为主的地层序列。整体为浅湖-三角洲前缘沉积。

【骨干点号】WHX04-2

【骨干点义】千佛崖组(J_2q)中部岩石组合与沉积相观察点

【骨干剖面】G348公路上和坪隧道北出口东侧小路边露头，展示千佛崖组黄灰色厚—巨厚层状粗—中—细—粉砂岩与紫红色粉砂质泥岩、泥岩。该露头底部为黄灰色粗—中—细砂岩，呈多个透镜状叠置，发育大型槽状交错层理、正粒序层理(图2-10-17A)，为三角洲前缘水下分流河道微相。其上为灰黄色中层状粉砂岩(图2-10-17B)，砂体呈平直板状，为三角洲前缘河口坝沉积。再向上为紫红色粉砂质泥岩(图2-10-17C)，属于浅湖泥微相。

图2-10-17　文化乡上和平隧道北出口千佛崖组中部岩石组合

L11 水田坝地质路线

七绝·香溪记忆
香溪婉转蕴诗缘，腾跃神龙啸玉渊。
九畹兰馨流水远，芳华独立济苍天。

1. 实习路线

秭归基地—香溪渡口—水田坝—秭归基地

2. 实习任务

（1）观察侏罗系各组岩石组合特征与地层层序。
（2）了解秭归盆地中南部构造-沉积特征。
（3）观察辫状河三角洲-湖泊沉积序列。
（4）了解早燕山运动发生的时间和标志。
（5）了解中上侏罗统红层代表的古气候特征。

3. 路线简介

水田坝路线（STB）为秭归盆地东南部侏罗系地层—沉积—构造路线。路线经秭归长江大桥和香溪河大桥过江北，沿 S363 转 S457 行进，穿越整个侏罗系（图 2-11-1）。以香溪渡口为起点，观察下侏罗统桐竹园组（未见底）；沿 S363 观测桐竹园组与中侏罗统千佛崖组分界（STB02）；于周家湾村东观察千佛崖组与中侏罗统沙溪庙组分界（STB03）；再于筲箕洼观察沙溪庙组与中侏罗统遂宁组分界（STB04）；过卡子湾桥转 S457，沿途均为遂宁组露头；最后在水田坝乡东北观察上侏罗统蓬莱镇组灰岩与碎屑岩（STB05-1）。返程沿 X210 观察遂宁组，至卡子湾桥转 S363 返回基地。

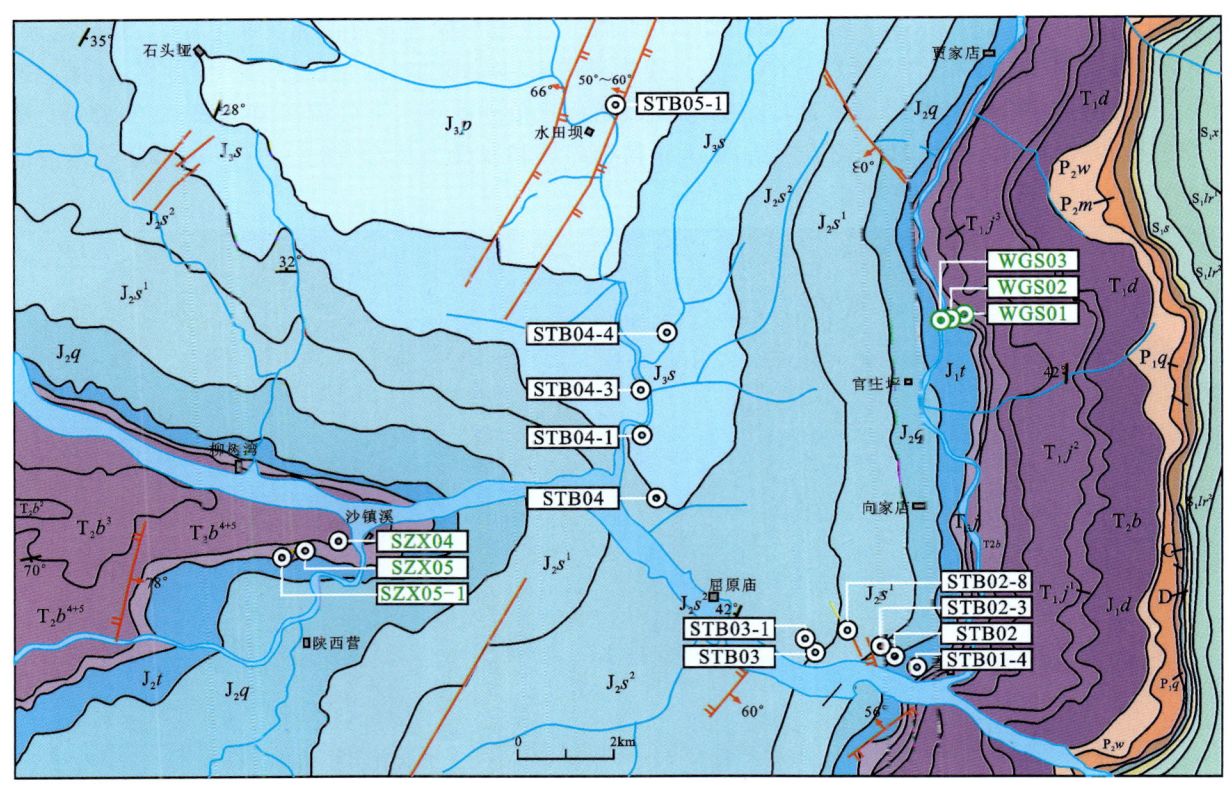

图 2-11-1　水田坝路线地质图与点位分布（据 1∶20 万巴东幅地质图，1984 修编。图例见附录 F07）

4. 路线地质

【骨干点号】STB01-4

【骨干点义】下侏罗统桐竹园组(J_1t)中部岩石组合观察点

【骨干剖面】路线起点香溪渡口长江畔出露的桐竹园组未见底，见大量植物化石（未展示）。转 S363 向西行，观察到桐竹园组露头较好（图 2-11-2）。桐竹园组中部为灰绿色—褐黄色—紫红色泥岩夹灰绿色中薄层状泥质粉砂岩和灰绿色厚层状粉砂岩，见大量的植物碎屑和双壳类化石（图 2-11-2A）。属滨浅湖亚相。

图 2-11-2　水田坝桐竹园组中部岩石组合与双壳化石

【骨干点号】STB02

【骨干点义】下侏罗统桐竹园组(J_1t)与中侏罗统千佛崖组(J_2q)分界点

【骨干剖面】楚家湾村南 S363 露头剖面（图 2-11-3）。点东为桐竹园组顶部灰绿色泥岩、粉砂质泥岩，见水平层理，属滨浅湖亚相（图 2-11-3A、B）；点西为千佛崖组底部的灰绿色巨厚层状细砂岩，砂体呈透镜状叠置，具大型槽状交错层理（图 2-11-3X、B），属辫状河三角洲前缘水下分流河道沉积；之上为中—薄层状灰绿色粉砂岩与灰绿色、紫红色泥岩互层，见大量植物碎屑和双壳类化石（图 2-11-3C），属三角洲前缘亚相水下分流河道微相-滨浅湖亚相。

图 2-11-3　水田坝桐竹园组中上部地层序列

【骨干点号】STB02-3

【骨干点义】中侏罗统千佛崖组（J_2q）下部岩性和沉积相观察点

【骨干剖面】小赵家山村南S363露头剖面（图2-11-4X），展示千佛崖组下部黄绿色巨厚层状含砾粗—中—细砂岩与紫红色泥岩。巨厚砂体由多个透镜状砂体叠置，见大型槽状交错层理（图2-11-4A）、正粒序层理，为辫状河三角洲前缘水下分流河道。

图2-11-4　水田坝千佛崖组下部地层序列

【骨干点号】STB02-8

【骨干点义】中侏罗统千佛崖组（J_2q）上部岩性和断层观察点

【骨干剖面】赵家山村南S363大转弯处露头（图2-11-5X），展示千佛崖组上部巨厚的紫色粉砂质泥岩夹少量黄灰色厚—薄层状细—粉砂岩。泥岩属于浅湖-前三角洲亚相沉积。砂体呈孤立的透镜状，底部具冲刷面，见槽状交错层理、正粒序层理，为小型辫状河三角洲前缘水下分流河道。右侧见小型正断层（图2-11-5A）。

图2-11-5　水田坝千佛崖组上部地层序列及小型正断层

【骨干点号】STB03

【骨干点义】千佛崖组(J_2q)与沙溪庙组(J_2s)分界点

【骨干剖面】周家湾村委会南东方向S363直转弯东露头，展示千佛崖组与沙溪庙组分界(图2-11-6X)。点东为千佛崖组顶部紫红色粉砂质泥岩；点西为沙溪庙组带紫红色调的黄灰色巨厚层状含泥砾粗—中—细砂岩。砂体呈透镜状叠置(图2-11-6A)，见大型槽状交错层理、正粒序递变层理、紫红色泥岩砾长轴顺层理展布(图2-11-6B)，为辫状河三角洲前缘水下分流河道。

图2-11-6 水田坝千佛崖组与沙溪庙组分界

【知识链接】沙溪庙组(J_2s)：(标准定义)岩性为黄灰色、紫灰色长石石英砂岩与紫红色、紫灰色泥(页)岩不等厚韵律互层，含双壳类、介形类、叶肢介、植物及脊椎动物化石。与下伏新田沟组或千佛崖组及上覆遂宁组底部砖红色岩屑长石砂岩均为整合接触。沙溪庙组主要分布于秭归盆地：下部为紫红色泥岩与黄灰色中—细粒长石石英砂岩互层，泥岩中夹灰黄色、灰紫色细砂岩、粉砂岩、含钙质结核，并以底部巨厚层状长石石英砂岩与下伏千佛崖组紫红色泥岩呈整合接触；上部为紫红色粉砂质泥岩与长石石英砂岩互层，单层厚度较大，组成由粗到细的韵律层。本组化石稀少，在下部和上部含介形类和孢粉组合，时代为中侏罗世晚期。在兴山平邑口次层型剖面厚1986m，秭归县泄滩厚2144m。(补充描述)本组巨厚—层厚状中—细粒砂岩中发育大型前积交错层理、槽状交错层理、底部常见紫红色泥砾；砂体多呈透镜状叠置。紫红色粉砂质泥岩发育水平层理。属辫状河三角洲前缘水下分流河道—前三角洲浅湖泥沉积。

【骨干点号】STB03-1

【骨干点义】沙溪庙组(J_2s)岩石组合观察点

【骨干剖面】周家湾村委会北北西方向S363直转弯西露头，展示沙溪庙组紫红色粉砂质泥岩夹巨厚层状黄灰色槽状交错层理细砂岩和中—薄层状黄灰色粉砂岩(图2-11-7)。

图2-11-7 水田坝沙溪庙组紫红色泥岩夹砂岩

【骨干点号】STB04

【骨干点义】中侏罗统沙溪庙组(J_2s)与上侏罗统遂宁组(J_3s)分界点

【骨干剖面】水田坝路线筲箕洼 S363 大转弯处露头,展示中侏罗统沙溪庙组与上侏罗统遂宁组分界点(图 2-11-8X)。点西为沙溪庙组紫红色泥岩夹厚层状粉砂岩(图 2-11-8A),以前三角洲-浅湖亚相为主;点东为遂宁组黄灰色巨厚层状含泥砾中—细砂岩夹薄紫红色泥岩(图 2-11-8B),砂岩属于辫状河三角洲前缘水下分流河道微相。二者为整合接触。

图 2-11-8 水田坝中侏罗统沙溪庙组与上侏罗统遂宁组分界

【知识链接】

1. 遂宁组(J_3s)

(标准定义)以红色、鲜紫色、砖红色泥(页)岩为主,夹同色岩屑长石砂岩、粉砂岩,含介形虫、轮廓叶肢介及双壳化石。与下伏沙溪庙组紫红色泥岩及上覆蓬莱镇组紫灰色长石石英砂岩均为整合接触。遂宁组在秭归盆地出露齐全,岩性以绿灰色、紫灰色细粒长石石英粉砂岩为主,夹紫红色、棕红色泥岩,以底部一层黄灰色厚层状中粒长石石英砂岩,与下伏沙溪庙组呈整合接触。厚度变化不大,秭归三溪口厚 655m,泄滩厚 572m,兴山平邑口厚 530m。根据本组砂岩粒度较细、泥岩颜色较鲜艳醒目的特征,与下伏沙溪庙组易于分开。本组未发现化石。本组沉积物粒度具由粗变细、厚度由厚减薄之趋势。本组虽然未发现可确定时代的化石,但根据岩性组合特征,结合产出层位,可与四川省遂宁组对比,时代暂置于晚侏罗世。(补充描述)本组属于辫状河三角洲前缘-前三角洲-浅湖亚相。中侏罗统沙溪庙组与上侏罗统遂宁组整合接触,与区域上中—晚侏罗世之交的旦燕山运动 I 幕不整合相对应。

2. 燕山运动

1926 年翁文灏提出燕山运动的概念,他指出燕山运动发生在北京西山九龙山组沉积之后,髫髻山组沉积之前,时代为晚侏罗世、白垩纪之前。自丁文江(1929)后,研究者基本将中国东部侏罗纪—白垩纪期间发生的构造运动命名为燕山运动或燕山旋回。何治亮等(2011)将中上扬子地区的燕山运动分为 4 幕,分别发生在中侏罗世晚期、晚侏罗世末—早白垩世初、早白垩世末和晚白垩世,认为燕山早期的构造运动(燕山 Ⅰ、Ⅱ 幕)表现为多向挤压、块体旋转、多向冲断走滑和复杂的联合关系等,而燕山晚期的构造运动(燕山 Ⅲ、Ⅳ 幕)则呈现"西挤东张"的构造格局。《中国区域地质志·湖北志》(2021)指出湖北省燕山运动包括 3 个构造运动幕:燕山运动 Ⅰ 幕发生于中、晚侏罗世之间,见于下扬子区。江汉盆地以西地区,侏罗系沉积序列完整,其间没有重要的角度不整合界面。燕山运动 Ⅱ 幕发生在白垩纪与侏罗纪之间,北部秦岭造山带隆升和向南的推覆作用在此时仍在继续进行(陆内挤压)。燕山运动Ⅲ幕发生在早、晚白垩世之间。江汉盆地上、下白垩统之间为连续沉积,盆地边缘上白垩统具超覆现象。该运动是导致省内箕状断陷盆地的形成和断坳盆地发展的主要构造运动。

考虑到侏罗纪和白垩纪构造体制的差异,以及传统构造运动旋回划分的习惯,本书认为燕山运动旋回时限为侏罗纪—白垩纪是不适当的,白垩纪的构造运动不应归属于燕山旋回,但考虑到应用习惯,本书仍将燕山运动旋回划分为侏罗纪的早燕山运动旋回与白垩纪的晚燕山运动旋回。

早燕山运动Ⅰ幕:发生于中、晚侏罗世之间。在鄂西地区侏罗系沉积序列完整,其间没有明显的角度不整合界面(图2-11-8)。

早燕山运动Ⅱ幕:发生在白垩纪与侏罗纪之间,下白垩统石门组不整合覆于前白垩系之上。由于北部秦岭造山带隆升和向南的推覆作用以及南东部江南造山带向北的推覆作用,扬子地区进入了陆内造山阶段,控制了白垩纪盆地的形成。

晚燕山运动Ⅰ幕:发生在早、晚白垩世之间,对应下白垩统五龙组与上白垩统罗镜滩组之间的不整合。盆地边缘区上白垩统具扩展超覆现象,上白垩统罗镜滩组、红花套组、跑马岗组普遍与前白垩系呈角度不整合接触。尽管许多学者认为鄂西上白垩统红盆属于伸展断陷盆地,但笔者通过对宜昌白垩系盆地的野外观察,认为上白垩统盆地并不属于伸展断陷盆地,而是挤压背景下的坳陷型盆地。因此在中扬子地区晚燕山运动Ⅰ幕表现为早白垩世挤压断陷与晚白垩世挤压坳陷的断坳转换(刘晓峰等,2021)。

晚燕山运动Ⅱ幕:发生在白垩纪与古近纪之交,在中扬子地区表现为古新统龚家冲组不整合覆于前古近系之上。晚燕山运动结束了白垩纪中扬子陆内挤压盆地的历史,转为古近纪伸展断陷盆地的发育。实习区白垩系及更老的地层中,多处可见小型伸展或走滑-伸展断层的存在,应该是古近纪区域伸展作用的结果。

【骨干点号】STB04-1

【骨干点义】遂宁组(J_3s)沉积构造观察点

【骨干剖面】卡子湾桥南桥头东凉台河南岸X210露头,展示上侏罗统遂宁组紫红色、灰绿色细—粉砂岩中发育的波痕与波纹交错层理(图2-11-9)。波痕出露面积大、层数多,属滨浅湖滩坝沉积。

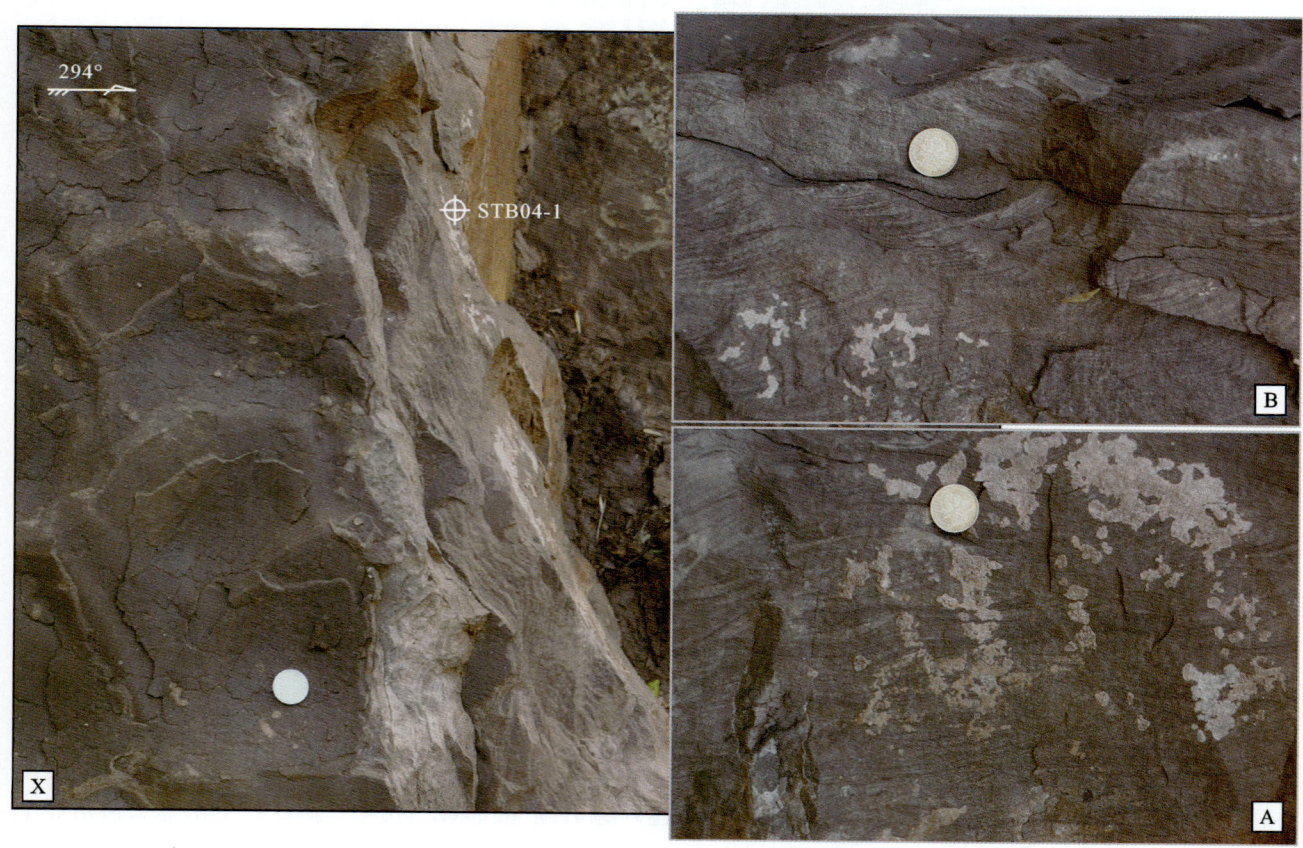

图2-11-9 水田坝遂宁组波痕与波纹交错层理

【骨干点号】STB04-3

【骨干点义】遂宁组（J_3s）逆冲-褶皱构造观察点

【骨干剖面】徐家湾村凉台河西岸 S457 露头，展示上侏罗统遂宁组存在的小型逆冲-褶皱构造（图2-11-10）。逆冲断层呈铲式，上盘发育宽缓的牵引背斜，可能形成于侏罗纪末的早燕山运动Ⅱ幕。

图 2-11-10　水田坝遂宁组逆冲-褶皱构造

【骨干点号】STB04-4

【骨干点义】遂宁组（J_3s）上部岩石组合与沉积相观察点

【骨干剖面】金家坝 X210 大转弯处三段露头，由南向北依次为 X1、X2、X3，展示上侏罗统遂宁组上部岩石组合（图2-11-11～图2-11-13）。遂宁组上部为绿灰色巨厚层状含泥砾粗—中—细—粉砂岩。砂体呈透镜状叠置，具有强烈的下切冲刷面。砂岩含大量的紫红色泥岩砾（图2-11-11B、图2-11-13B），具显著的正粒序层理、大型槽状交错层理（图2-11-11A、B，图2-11-12A、B）。此外，在绿灰色细—粉砂岩中尚可见生物潜穴（图2-11-13A）。

图 2-11-11　水田坝 X1 露头剖面遂宁组上部岩石组合

图 2-11-12　水田坝 X2 露头剖面遂宁组上部岩石组合

图 2-11-13　水田坝 X3 露头剖面遂宁组上部岩石组合

【骨干点号】STB05-1

【骨干点义】上侏罗统蓬莱镇组（J_3p）岩石组合与沉积相观察点

【骨干剖面】向家岭村南 X210 直转弯凉台河北岸露头，展示上侏罗统蓬莱镇组中部岩石组合（图 2-11-14）。沿途未见中侏罗统遂宁组与上侏罗统蓬莱镇组分界露头。蓬莱镇组露头下部为深灰色厚层状砾屑粗晶灰岩，滴酸剧烈起泡（图 2-11-14A）；之上为灰白色巨厚层状含砾粗—中砂岩，见大型槽状交错层理（图 2-11-14B）；再向上为带砖红色调的浅灰色细砾岩、含砾—泥砾粗—中砂岩，见大型槽状交错层理（图 2-11-14C、D）。砾屑粗晶灰岩属浅湖碳酸盐岩滩沉积，碎屑岩为辫状河三角洲前缘水下分流河道。该露头尚见一条逆冲断层（未展示），可能是早燕山运动Ⅱ幕的结果。

图 2-11-14 水田坝上侏罗统蓬莱镇组岩石组合

【知识链接】蓬莱镇组（J_3p）：（标准定义）该组以紫红色长石石英砂岩与紫红色泥（页）岩不等厚互层为主，夹黄绿色页岩及生物碎屑灰岩条带，含介形虫、叶肢介、轮藻及双壳类化石。与下伏遂宁组砖红色泥岩或砂岩呈整合接触，与上覆下白垩统苍溪组灰紫色岩屑长石石英砂岩为整合或平行不整合接触。本组只见于秭归盆地，未见顶，出露厚度 2115m。其下部为灰色、绿灰色中细粒长石石英砂岩夹紫红色泥岩，含较多植物茎干化石、碳质条带及黑色泥砾，少量紫红色泥砾。底部以中粒长石石英砂岩与下伏遂宁组顶部细粒石英砂岩分界，二者呈整合接触；上部为灰白色、绿灰色、紫灰色中—细粒长石石英砂岩夹紫红色泥岩及局部含砾的中粒石英砂岩，砾石为紫红色、灰黑色泥砾。本组含孢粉和介形虫化石，孢粉组合指示蓬莱镇组的时代为晚侏罗世。（补充描述）本组属于辫状河三角洲前缘亚相夹滨浅湖亚相，自下而上粒度变粗。

L12 高家堰地质路线

> 七言·长江贯通
> 青藏隆升陆东倾,江水夺袭过黄陵。
> 澎湃激流下切谷,青山壁立雾轻盈。

1. 实习路线

秭归基地—桥边镇—土城乡—高家堰—琵琶溪—红花套—秭归基地

2. 实习任务

(1)观察白垩系各组岩石组合特征和地层层序。
(2)了解扇三角洲-湖泊、冲积扇、辫状河、风成沙丘等沉积相特征。
(3)了解宜昌盆地边界断层、构造格架和充填序列。
(4)了解晚燕山运动发生的时间和标志。
(5)了解白垩纪古气候。

3. 路线简介

高家堰地质路线(GJY)针对宜昌白垩系盆地,以若干代表性地质点的观测为支撑(图2-12-1),查明宜昌白垩系盆地边界断层、构造-地层格架以及沉积充填序列,是白垩系盆地构造-沉积路线。路线起始于桥边镇(QBZ)下白垩统五龙组扇三角洲-湖泊沉积序列,然后在土城乡(TCX)观察五龙组和下/上白垩统分界;转至高家堰(GJY)观察下白垩统石门组以及盆地边界天阳坪逆冲断裂;再在琵琶溪(PPX)观察天阳坪逆冲断裂和上/下白垩统不整合界面;最后在红花套(HHT)观察上白垩统红花套组风成沙丘沉积以及红花套组与古近系不整合及上白垩统罗镜滩组与古生界的角度不整合。

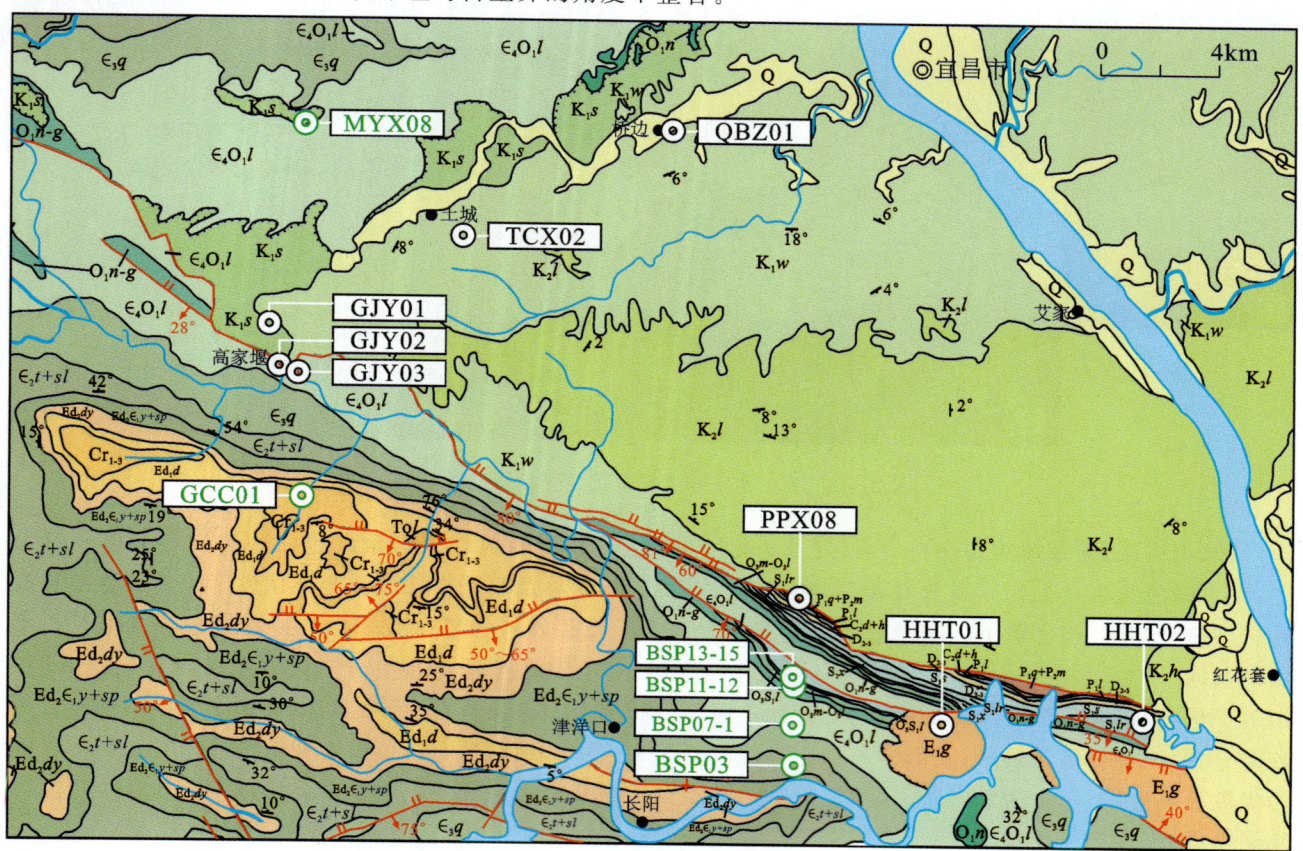

图2-12-1 高家堰路线地质图与点位分布(据1:25万宜昌西和建始东地质图,2005修编;图例见附录F07)

4. 路线地质

【骨干点号】QBZ01

【骨干点义】下白垩统五龙组（K_1w）岩石组合和沉积特征观察点

【骨干剖面】桥边镇中心卫生院写写路南侧路边露头，从西到东 X1、X2、X3 剖面联合展示五龙组沉积全貌（图 2-12-2）。五龙组呈现浅灰色—灰白色（风化褐红色）中厚层状含砾砂岩、砂岩以及薄—中层状粉—细砂岩与紫红色泥质粉砂岩和粉砂质泥岩互层。宏观上，厚度较大的砂体一般多呈底凸顶平的半透镜状，具有下切冲刷构造，为河道型砂体。很少的薄层状砂体底平直，顶常见小型波痕，延伸远，为河口坝型砂体。

图 2-12-2　桥边镇五龙组露头宏观特征

【知识链接】五龙组（K_1w）：（标准定义）五龙组指整合于石门砾岩之上，与上覆罗镜滩组砾岩递变过渡的一套以紫红色、棕红色为主体色调的中—厚层状砂岩，含以砾砂岩为主的岩石组合，间夹砾岩、泥质砂岩薄层或透镜体。宜昌市南津关—宜都红花套正层型剖面厚 1 866.86m。含丰富的孢粉化石和植物、恐龙化石。地质时代为早白垩世晚期。（补充描述）五龙组与上覆罗镜滩组砾岩不是递变过渡，二者界线截然，为冲刷-侵蚀的不整合接触。五龙组属于浅水扇三角洲-湖泊沉积相。

【骨干剖面】QBZ01A 展示垂直水流方向，扇三角洲前缘水下分流河道砂体（河道型砂体）几何形态通常呈底凸顶平的半透镜状（图 2-12-3）。底部向下切割冲刷先存的沉积物，形成冲刷面。冲刷面之上为砾质砂岩、含砾砂岩，属于河道底部滞留沉积。砾石包括石英岩、燧石、灰岩等外源砾和来自下部已沉积的褐红色粉砂质泥砾（内源砾）。砾石长轴沿层理定向展布；向上为大型槽状交错层理粗砂岩，有时呈块状层理、正粒序层理、平行层理。正粒序层理是河道型砂体的标志性层理，表现为由下而上砾石数量逐渐减少、粒径逐渐减小、砂岩粒度逐渐减小的规律。

图 2-12-3　桥边镇五龙组河道型砂体垂直水流方向沉积特征

【骨干剖面】QBZ01B 展示扇三角洲前缘水下分流河道型砂体常见的典型沉积构造（图 2-12-4）：底冲刷与滞留内源泥砾-外源砾（图 2-12-4A）、正粒序（图 2-12-4B）、槽状交错层理（图 2-12-4C）。

图 2-12-4　桥边镇五龙组河道型砂体的典型沉积构造

【骨干剖面】QBZ01C 展示平行或顺水流方向，水道型砂体内部常见大型前积交错层理（图 2-12-5）。前积交错层理顶部与层系面高角度直交或直截，底部与层系面低角度相切，由顶到底的纹层方向代表水流方向。野外可以系统测量前积交错纹层的产状，判别古水流方向。砂体上下为砖红色粉砂质泥岩，属于浅湖沉积。

图 2-12-5　桥边镇五龙组河道型砂体平行水流方向沉积特征

【骨干剖面】QBZ01D展示扇三角洲前缘河口坝砂体(河口坝型砂体)。粗粒三角洲或浅水三角洲以水下分流河道砂体占优势,通常河口坝砂体不发育,因此剖面仅见到薄层的河口坝砂体。与河道型砂体相比,河口坝砂体一般顶底面平直且与泥岩层理产状平行(图2-12-6)。底部无下切冲刷痕迹,顶部常发育较对称的小型波痕(图2-12-6B),剖面可见到小型波纹交错层理,反映砂体经历过波浪改造。厚层河口坝砂体呈现出粒度向上逐渐加粗的反粒序特征。河口坝型砂体通常延伸较远,砂岩粒度较细,可见到生物潜穴(图2-12-6A)。

图2-12-6　桥边镇五龙组河口坝型砂体沉积特征

【骨干点号】TCX02

【骨干点义】下白垩统五龙组(K_1w)\上白垩统罗镜滩组(K_2l)分界点

【骨干剖面】土城乡X050(赵土路)戴家湾村南东露头,展示下白垩统五龙组与上白垩统罗镜滩组分界(图2-12-7)。界面之下为五龙组砖红色中厚层状泥质细—粉砂岩夹少量薄层状或透镜状砾岩,属于扇三角洲前缘亚相;界面之上为罗镜滩组浅灰色—浅砖红色巨厚层状混杂堆积细砾岩夹少量薄层砂岩透镜体,为冲积扇-辫状河沉积。罗镜滩组对下部五龙组砂岩具有冲刷侵蚀(图2-12-7A),呈角度不整合接触。

图2-12-7　土城乡下白垩统五龙组与上白垩统罗镜滩组分界

【知识链接】罗镜滩组(K_2l):(标准定义)罗镜滩组指整合于五龙组砂岩之上,红花套组砂岩之下的一套灰红色、紫红色、灰色厚层—块状砾岩。上部夹砂砾岩及含砾砂岩透镜体。宜昌市南津关-宜都红花套白垩系正层型剖面厚1 037.6m。其他地区则以不整合超覆在前白垩纪地层之上。本组未发现化石,因其属于红盆沉积第二韵律旋回的起始岩石地层单位,故推断其时代为晚白垩世早期。(补充描述)罗镜滩组整体为冲积扇-辫状河沉积相,与五龙组的扇三角洲-湖湘沉积突变。此外,罗镜滩组沉积范围远远超越五龙组沉积范围,反映晚白垩世宜昌盆地的扩展。下白垩统五龙组与上白垩统罗镜滩组不整合代表晚燕山运动Ⅰ幕。

【骨干点号】GJY01

【骨干点义】下白垩统石门组(K_1s)岩石组合和沉积相观察点

【骨干剖面】(高家堰路线GJY)G241鸿运鞭炮厂西剖面。全景图展示造山带与白垩系盆地的盆-山体系全貌(图2-12-8)。出露地层为石门组,存在3种岩性组合:灰色、褐红色厚—巨厚层状混杂堆积的石灰岩质中—粗砾岩(图2-12-8A);褐红色粉砂质泥岩夹灰色、褐红色透镜状混杂堆积的石灰岩质中—粗砾岩(图2-12-8B);紫红色粉砂质泥岩夹混杂堆积的细砾岩透镜体(图2-12-8C)。属扇三角洲平原扇根泥石流-滨湖沉积。

【地质编图】编制3个观测点的沉积柱状图,反映扇根泥石流由近端向远端的沉积相变。

图2-12-8 高家堰石门组岩石组合与沉积相相变特征

【知识链接】

1. 石门组(K_1s)

(标准定义)石门组以紫色为主体色调的一套巨厚层—块状砾岩,底部可见一层厚度不等的角砾岩,以角度不整合覆于前白垩纪地层之上。顶部夹含砾砂岩透镜体,与上覆五龙组砂岩呈递变过渡。宜昌市南津关—宜都红花套层型剖面厚275.36m。本组化石稀少,曾获得孢粉化石。地质时代为早白垩世巴雷姆期—阿普特期。(补充描述)混杂堆积的巨厚层—块状砾岩中砾石成分单一,为生屑灰岩和白云岩,呈灰色、灰白色,填隙物为紫红色的砂泥岩。属山前磨拉石建造,冲积扇相或扇三角洲平原亚相泥石流和泛滥平原沉积。石门组与前白垩系之间的不整合代表早燕山运动Ⅱ幕(主幕)。

2. 黄陵隆起的隆升

(1)黄陵隆起的隆升时间。关于黄陵隆起或背斜隆升的时间虽有争议，但大多数学者基于低温热年代学的数据认为强烈隆升作用发生在晚侏罗世—早白垩世，年代为160～100Ma(张或丹，1986；沈传波等，2009；刘海军等，2009；徐大良等，2013；葛翔等，2016)，相当于发生在早燕山运动旋回的Ⅰ幕和Ⅱ幕，持续到晚燕山运动Ⅰ幕。野外地质调查表明，黄陵背斜西翼秭归盆地的侏罗系与古生界之间产状协调，变形一致，反映侏罗系沉积时黄陵隆起并未隆升。黄陵背斜南翼的白垩系明显向黄陵隆起超覆，并与古生界呈角度不整合接触。因此，笔者认为黄陵隆起的隆升作用应该是侏罗纪—白垩纪之交的早燕山运动Ⅱ幕运动的结果。

(2)黄陵隆起的隆升机制。虽然普遍认为黄陵隆起隆升作用的动力学背景是秦岭-大别造山带与雪峰造山带双向陆内挤压，但是似乎无法完美解释黄陵背斜长轴近南北向展布的事实。徐大良等(2013)提出晚侏罗世时期，受南、北两侧秦岭-大别造山带和雪峰陆内造山带双向挤压作用，可能在中扬子地区导生出近东西向的主压应力，从而形成北北东向的西陡东缓的黄陵背斜。Ji等(2014)总结出黄陵地体成因3种可能的构造模型：向西的推挤(图2-12-8A)；向东的挤压(图2-12-8B)；拉伸抬升(图2-12-8C)。无论向西还是向东的挤压模式都是为解释黄陵背斜长轴近南北走向。拉伸导致隆升模式的核心是基于背斜东、西两翼白垩纪的控盆断层是伸展断层。这显然与野外观测结果不符——隆起西侧的仙女山断裂(荒口坪段)是典型的逆冲断层(图2-12-9)，错断白垩系的正断层形成于古近纪。鉴于九曲脑露头黄陵复式花岗岩体西侧陡山沱组发育的褶皱及青林口黄陵复式花岗岩体与莲沱组高角度逆断层接触(图2-12-10)，笔者认为黄陵隆起的形成是在秦岭-大别造山带与雪峰造山带双向陆内挤压作用下，刚性的黄陵复式花岗岩体向上逃逸的结果，近南北向的轴向是对岩体自身形态的响应。

【辅助点号】XNS04

【辅助点义】仙女山断裂带观察点

【辅助剖面】(仙女山路线)S255荒口坪村南露头，展示仙女山断裂带(图2-12-9)。断裂上盘(点北北西)为吴家坪组浅灰色生物碎屑灰岩(图2-12-9X，A)，见蜓类、腕足类、腹足类、叶状藻等化石。断面见擦痕和阶步(图2-12-9B)，指示上盘斜向上逆冲。断裂下盘(点南南东)为石门组砖红色砾岩，靠近断裂面见断层泥(图2-12-9A)。

【地质编图】编制荒口坪村仙女山断裂带结构剖面图，并表现断层运动学特征。

图2-12-9　仙女山路线荒口坪村仙女山断裂

【辅助点号】QLK01

【辅助点义】青林口断裂带观察点

【辅助剖面】(青林口路线 QLK)芝茅公路青林口村露头(图 2-12-10),展示新元古界黄陵复式花岗岩体与新元古界拉伸系莲沱组高角度逆断层接触(图 2-12-10X、A)。青林口高角度逆断层结构：B1 为莲沱组紫红色中—厚层状细砂岩夹紫红色粉砂质泥岩,靠近断裂被向上牵引；B2 为蚀变石英砂岩构造透镜体(薄片照片三斗坪单元见图 2-12-10C)；B3 为紫红色片理化的断层泥夹蚀变石英砂岩构造透镜体；B4 为风化的黄陵复式花岗岩体灰色中粒英云闪长岩。

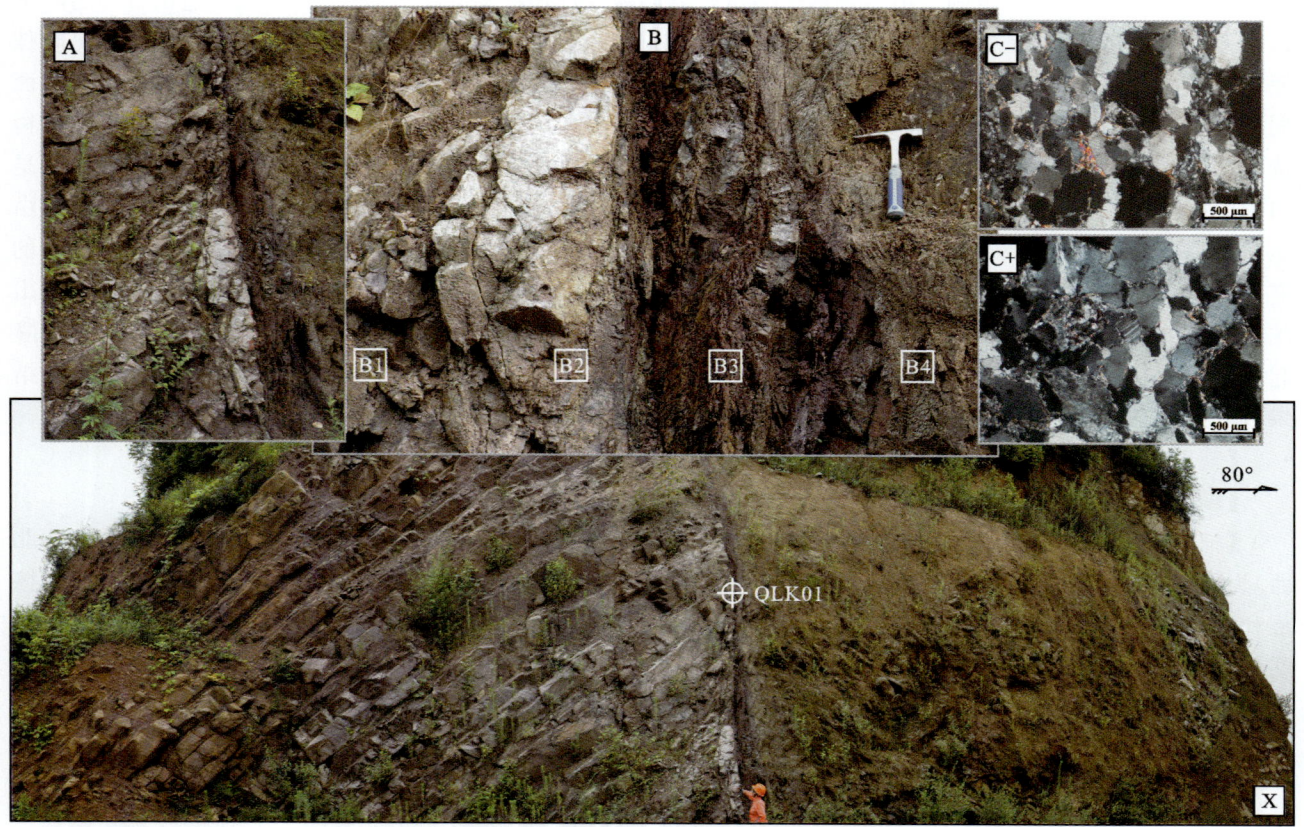

图 2-12-10　青林口路线青林口断裂结构特征

【骨干点号】GJY02

【骨干点义】天阳坪逆冲断层观察点

【骨干剖面】(高家堰路线 GJY)高家堰 G318 与 G241 交会处南西 240m。天阳坪逆冲断裂带在此处转弯,露头剖面平行断层走向(图 2-12-11)。界面之上为娄山关组灰白色(新鲜色为深灰色)白云岩,可见次级断层面(图 2-12-11A)；界面之下为下白垩统五龙组砖红色混杂堆积白云岩质角砾岩(图 2-12-11B)。寒武系—奥陶系娄山关组直接覆盖在白垩系五龙组之上,二者为逆断层接触。注意断层面呈波状起伏形态。

图 2-12-11　高家堰娄山关组与五龙组天阳坪逆断层接触

【骨干点号】GJY03

【骨干点义】下白垩统五龙组（K_1w）沉积特征与X共轭正断层观察点

【骨干剖面】高家堰G318与G241交会处南东220m露头（图2-12-12）。展示下白垩统五龙组发育灰色中—厚层状混杂堆积白云岩质砾岩（图2-12-12A），属于扇三角洲平原泥石流沉积；还可见透镜状砾石层（图2-12-12B），含许多燧石砾石，具底冲刷和正粒序，属于扇面辫状河道沉积；中—薄层状含砾砂岩构成透镜状砂体（图2-12-12C），属于扇三角洲平原辫状水道沉积。剖面小型X共轭正断层（F_1—F_4），均为非同沉积正断层，应该是新生代伸展断层。此外，该露头东侧可见娄山关组与五龙组之间的天阳坪逆冲断层（未展示）。

图2-12-12　高家堰五龙组沉积特征与小型X共轭正断层

【骨干点号】PPX08

【骨干点义】天阳坪逆冲断裂；罗镜滩组（K_2l）与五龙组（K_1w）和古生界不整合接触

【骨干剖面】长阳县琵琶溪采石场剖面（图2-12-13）。点上为上白垩统罗镜滩组紫红色、褐红色、褐灰色厚—巨厚层状砾岩（图2-12-13B），间夹棕红色砂岩透镜体，属于冲积扇-辫状河道复合沉积；点下北侧为下白垩统五龙组混杂堆积角砾岩（图2-12-13A），属于扇三角洲平原泥石流沉积；点下南侧为二叠系—石炭系（注意地层倒转）。五龙组与古生界之间为天阳坪逆冲断层。罗镜滩组不仅与五龙组呈不整合接触，还越过天阳坪逆冲断层，直接与古生界呈不整合接触，反映上白垩统宜昌盆地范围扩展，并且超越了天阳坪边界逆冲断层。

图2-12-13　琵琶溪天阳坪断层和罗镜滩组底部不整合

【骨干点号】HHT01

【骨干点义】上白垩统红花套组（K_2h）与古新统龚家冲组（E_1g）分界点

【骨干剖面】（红花套路线 HHT）G318 国道青松店露头。点下为红花套组色泽鲜艳的褐红色、棕红色厚—巨厚层状细粒石英砂岩。发育大型风成高角度前积交错层理（图 2-12-14），层系厚 4～5m，层系内部砂岩粒度均一。点上为古近系龚家冲组砾岩，为辫状河河道沉积。二者之间缺失上白垩统跑马岗组，且红花套组顶部存在被侵蚀的沟谷。因此红花套组与龚家冲组呈角度不整合接触，代表晚燕山运动Ⅱ幕。

图 2-12-14　青松店红花套组风成砂丘沉积及其与古近系不整合

【岩石薄片】红花套组细砂岩薄片照片（图 2-12-15），注意石英和长石颗粒具有红褐色氧化边。

图 2-12-15　青松店红花套组风成细砂岩薄片照片

【知识链接】

红花套组（K_2h）：(标准定义)指整合于罗镜滩组砾岩之上的一套以鲜艳的棕红色、砖红色为主体色调的厚层状砂岩地层，夹有泥质细砂岩及粉砂岩、泥岩（页岩）。与上覆跑马岗组杂色细砂岩、粉砂质泥岩、页岩呈递变过渡。宜昌市南津关—宜都红花套白垩系正层型剖面厚 773.23m。本组在创名的标准地区宜都—宜昌一带目前尚无化石报道。推断其时代为晚白垩世中期。(补充描述)见大型高角度前积交错层理，属于风成砂丘沉积；其他一些地区的红花套组属夹河流相沉积。

龚家冲组（E_1g）：雷奕振（1987）创建龚家冲组代表江汉盆地边缘古新世沉积物。(标准定义)整合于跑马岗组顶部棕红色泥质粉砂岩之上，伏于洋溪组之下，以棕红色厚层—块状角砾岩、砾岩或砂砾岩为底，中、上部以含钙质结核的褐红色、紫红色、咖啡色泥岩和粉砂岩为主，夹褐黄色、棕红色、灰白色砂岩及灰绿色泥岩，偶夹灰白色薄—中层泥灰岩透镜体。当阳龚家冲—枝江百雀寺正层型剖面厚 466.8m。本组化石丰富，含腹足类、介形类、轮藻及孢粉等。地质时代为古新世。(补充描述)在长江西南岸地区见古新统直接覆盖在古生界之上，呈明显的角度不整合。白垩系与古近系之间的不整合代表了晚燕山运动Ⅱ幕（主幕）。

【骨干点号】HHT02

【骨干点义】上白垩统罗镜滩组(K_2l)与志留系罗惹坪组(S_1lr)角度不整合

【骨干剖面】(红花套路线 HHT)G318 高家湾村东侧 200m。点上为罗镜滩组褐红色厚—巨厚层状砾岩（图 2-12-16A），夹棕红色粉砂岩透镜体（图 2-12-16B）；点下为志留系罗惹坪组灰绿色粉砂岩和粉砂质泥岩互层（图 2-12-16A），产状 185°∠66°。

图 2-12-16　红花套上白垩统罗镜滩组与志留系角度不整合

【地质编图】将之前各独立观测点的信息，整合在盆地构造-沉积格架剖面图上。宜昌白垩系盆地是由天阳坪逆冲断裂带控制的陆内挤压盆地。下白垩统盆地为同造山期的挤压断陷，充填有石门组(K_1s)与五龙组(K_1w)扇三角洲-湖泊沉积体系（图 2-12-17）；上白垩统盆地为后造山期的挤压坳陷（刘晓峰等，2021），自下而上充填有罗镜滩组(K_2l)冲积扇-辫状河河道沉积、红花套组(K_2h)风成沙丘与辫状河沉积以及跑马岗组(K_2p)咸化湖泊沉积。

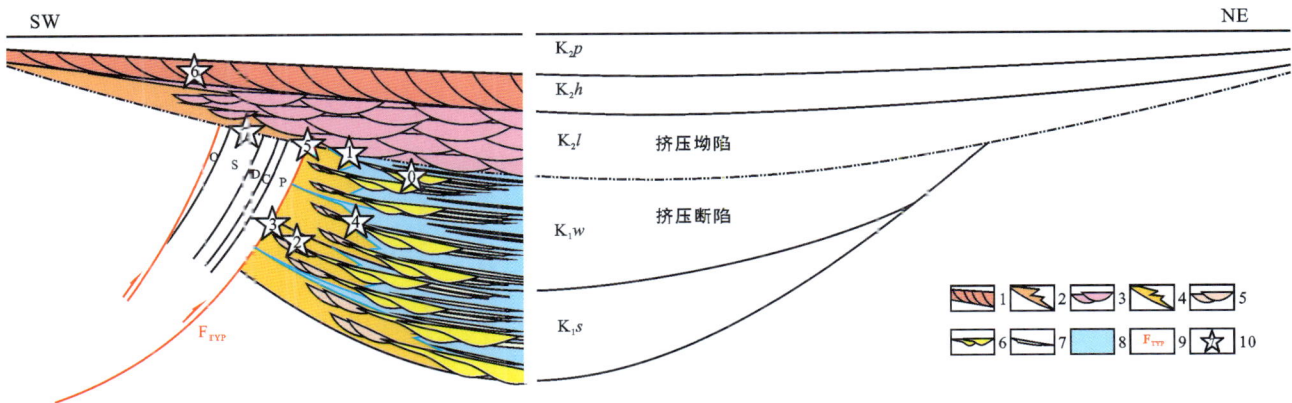

1.风成沙丘；2.冲积扇；3.辫状河；4.扇三角洲平原泥石流；5.扇三角洲平原辫状分支河道；6.扇三角洲前缘水下分流河道；7.扇三角洲前缘河口坝；8.前扇三角洲-浅湖泥；9.天阳坪断裂；10.露头点位置（五角星内的数字：0-QBZ01；1-TCX2；2-GJY01；3-GJY02；4-GJY03；5-PPX08；6-HHT01；7-HHT02）。

图 2-12-17　宜昌白垩系盆地挤压断坳结构与沉积充填模式图

第三篇 秭归地质演化实习

S01 秭归实习区构造演化

> 七言·地质心
> 阅尽岩层书万卷,沧海桑田几时休?
> 跋山涉水终无悔,我为地球写春秋!

【实习任务】
(1)了解主要的构造运动时代与特征,区别造山运动与成盆运动的差异。
(2)了解传统构造旋回划分,总结每个构造旋回的构造幕性质。
(3)了解超大陆旋回的划分,建立超大陆旋回与构造运动的联系。
(4)结合路线地质实习成果,划分实习区构造演化阶段,总结各阶段构造特征。

【实习内容】
1.构造运动的实习内容
(1)确定每个构造运动时间,划分构造运动的幕次。
(2)区别造山运动与成盆运动的差异。
(3)概括每个构造运动的表现,厘定构造运动的性质。
2.构造旋回的实习内容
(1)了解传统构造旋回的划分依据。
(2)了解超大陆旋回的划分依据。
(3)分析传统构造旋回与超大陆旋回的联系。
(4)总结实习区超大陆旋回的地质响应。

【知识链接】
1.构造运动

构造运动是由地球内动力引起岩石圈地质体变形和变位的机械运动,也称为地壳运动。按照地壳运动方向可分为垂直运动("升降运动""造陆运动"——沿地球半径方向)、水平运动("造山运动"——沿地球切线方向)。水平运动和垂直运动是相互联系、相互影响的,或者说,构造运动既有垂直分量也有水平分量。尽管构造运动的概念包含升降运动,但长期以来人们习惯于强调上升运动,包括造陆运动和造山运动,而忽视了地壳的沉降运动。有时将上升运动与沉降运动混淆。一般而言,上升运动表现为地壳隆升,海平面下降,沉积中断,遭受剥蚀;沉降运动表现为海平面上升,沉积作用连续。本书采用造陆和造山运动代表上升运动,成盆运动代表沉降运动(表3-1-1)。

构造运动的主要标志是不整合。造山运动和成盆运动通常为同一不整合界面,界面之下代表造山运动的结束,界面之上代表成盆运动的开始。显然,同一不整合界面上、下的构造运动是截然相反的。成盆运动概念的提出就是为了强调这种差异性。本书将造山运动标注在界面之下,将成盆运动标注在界面之上。另外,对成盆运动本书暂时只强调碳酸盐台地的淹没不整合事件或运动。

2.传统的构造旋回(造山旋回)

传统的构造旋回一般指造山旋回,是指一段地质时间内,活动带(地槽区域或沉降带)通过前造山幕、造山幕和后造山幕而演变成稳定的造山带或褶皱带。每一旋回都无例外地经历了强烈拗陷、褶皱回返和山脉的最终形成等发展过程。可见一个构造旋回包含了两个阶段,成盆阶段(前造山幕或强烈拗陷阶段)和造山阶段(造山幕和后造山幕或褶皱回返及山脉形成)。从海平面升降角度看,一个构造旋回表现为海平上升半旋回(对应退积半旋回)和海平面下降半旋回(对应进积半旋回)。一个构造旋回往往是多次构造运动的结果,每一次的构造运动为一个构造运动幕或造山幕。从构造旋回的概念可以看出,一般造山旋回包含造山开始幕和造山结束幕(主幕)。构造旋回和造山运动幕均是以区域性的构造不整合来划分的,且以不整合面为代表的构造幕在时间上具有全球性的对比意义。

表 3-1-1 秭归实习区构造运动与构造旋回划分表

国际年代地层单元				GSSP	绝对年龄/Ma	秭归实习区岩石地层单元	秭归岩浆岩	成盆运动 造山运动	构造演化[1]	构造演化[2]	构造旋回	超大陆旋回	
宇	界	系	统	阶									半旋回	旋回
显生宇	新生界	第四系	全新统	梅加拉亚阶		0.004				陆内断陷-坳陷演化阶段	现代板块形成和陆内演化阶段	新构造旋回	未来超大陆聚合半旋回	未来超大陆旋回
				诺斯格瑞比阶		0.008								
				格陵兰阶		0.012								
			更新统	上阶		0.129								
				千叶阶		0.774								
				卡拉布里雅阶		1.800								
				杰拉阶		2.580		喜马拉雅运动Ⅱ幕						
		新近系	上新统	皮亚琴察阶		3.600						喜马拉雅旋回		
				赞克勒阶		5.333								
			中新统	墨西拿阶		7.246	掇刀石组$N_{1-2}d$							
				托尔托纳阶		11.63								
				塞拉瓦莱阶		13.82								
				兰盖阶		15.98								
				波尔多阶		20.45								
				阿基坦阶		23.04		喜马拉雅运动Ⅰ幕						
		古近系	渐新统	夏特阶		27.30								
				吕珀尔阶		33.90								
			始新统	普利亚本阶		37.71	牌楼口组E_2p							
				巴顿阶		41.03								
				卢泰特阶		48.07	洋溪组E_2y							
				伊普里斯阶		56.00								
			古新统	坦尼特阶		59.24	龚家冲组E_1g							
				塞兰特阶		61.66								
				丹麦阶		66.00		晚燕山运动Ⅱ幕						
	中生界	白垩系	上白垩统	马斯特里赫特阶		72.20	跑马岗组K_2p			陆内盆山演化阶段				
				坎潘阶		83.60								
				圣通阶		85.70	红花套组K_2h						晚燕山旋回		
				康尼亚克阶		89.80								
				土伦阶		93.90	罗镜滩组K_2l								
				塞诺曼阶		100.5		晚燕山运动Ⅰ幕						
			下白垩统	阿尔布阶		113.2	五龙组K_1w								
				阿普特阶		121.4								
				巴雷姆阶		125.8	石门组K_1s								
				欧特里夫阶		132.6								
				瓦兰今阶		137.1								
				贝里阿斯阶		143.1		早燕山运动Ⅱ幕					潘吉亚超大陆裂解半旋回	潘吉亚超大陆旋回
		侏罗系	上侏罗统	提塘阶		149.2	蓬莱镇组J_3p							
				钦莫利阶		154.8								
				牛津阶		161.5	遂宁组J_3s								
			中侏罗统	卡洛夫阶		165.3	沙溪庙组J_2s	早燕山运动Ⅰ幕		前陆盆地演化-活动陆缘叠加				
				巴通阶		168.2								
				巴柔阶		170.9	千佛崖组J_2q								
				阿林阶		174.7								
			下侏罗统	托阿尔阶		184.2	桐竹园组J_1t					早燕山旋回		
				普林斯巴阶		192.9								
				辛涅缪尔阶		199.5								
				赫塘阶		201.4		印支运动Ⅱ幕						
		三叠系	上三叠统	瑞替阶		205.7	九里岗组T_3j							
				诺利阶		227.3						印支旋回		
				卡尼阶		237.0								
			中三叠统	拉丁阶		241.5	巴东组T_2b	印支运动Ⅰ幕		洋陆转换-统一大陆形成演化阶段	扬子地台晚期盖层形成			
				安尼阶		246.7								
			下三叠统	奥伦尼克阶		249.9	嘉陵江组T_1j								
				印度阶		251.9	大冶组T_1d	大隆运动						
	古生界	二叠系	乐平统	长兴阶		254.1	吴家坪组P_3w	孤峰运动			超大陆形成和发展	海西旋回	潘吉亚超大陆聚合半旋回	
				吴家坪阶		259.5	龙潭组P_3l	东吴运动						
			瓜德鲁普统	卡匹敦阶		264.3	茅口组P_2m							
				沃德阶		266.9								
				罗德阶		274.4								
			乌拉尔统	空谷阶		283.3	栖霞组P_1q							
				亚丁斯克阶		290.1	梁山组P_1l								
				萨克马尔阶		293.5								
				阿瑟尔阶		298.9								

续表 3-1-1

国际年代地层单元				GSSP	绝对年龄/Ma	秭归实习区岩石地层单元	秭归岩浆岩	成玉运动 / 造山运动	构造演化[1]	构造演化[2]	构造旋回	超大陆旋回	
宇	界	系	统	阶									半旋回	旋回
显生宇	古生界	石炭系	宾夕法尼亚亚系 上宾夕法尼亚统	格舍尔阶		298.9	黄龙组C_2h		云南运动	扬子地台晚期盖层形成	超大陆形成和发展	海西旋回	潘吉亚超大陆聚合半旋回	潘吉亚超大陆旋回
				卡西莫夫阶		303.7								
			中宾夕法尼亚亚统	莫斯科阶		307.0								
			下宾夕法尼亚亚统	巴什基尔阶		315.2								
						323.4	大埔组C_1d							
			密西西比亚系 上密西西比亚统	谢尔普霍夫阶		330.3			淮南运动					
			中密西西比亚统	维宪阶		346.7								
			下密西西比亚统	杜内阶		358.9								
		泥盆系	上泥盆统	法门阶		372.2	写经寺组D_3x		柳江运动Ⅱ幕					
				弗拉阶		382.3	黄家磴组D_3h							
			中泥盆统	吉维特阶		387.9	云台观组D_2y							
				艾菲尔阶		393.5								
			下泥盆统	埃姆斯阶		410.6			柳江运动Ⅰ幕					
				布拉格阶		413.0								
				洛赫考夫阶		419.0								
		志留系	普里道利统	待建阶		422.7			广西运动Ⅱ幕					
			罗德洛统	卢德福特阶		425.0								
				高斯特阶		426.7								
			温洛克统	侯墨阶		430.6								
				申伍德阶		432.9								
			兰多维列统	特列奇阶		438.6	纱帽组S_1s		广西运动Ⅰ幕					
				埃隆阶		440.5	罗惹坪组S_1lr 新滩组S_1x							
				鲁丹阶		443.1	龙马溪组O_3S_1l		宜昌运动Ⅱ幕	洋陆转换-统一大陆形成演化阶段	扬子地台早期盖层形成	加里东旋回	罗迪尼亚超大陆裂解半旋回	罗迪尼亚超大陆旋回
		奥陶系	上奥陶统	赫南特阶		445.2	五峰组O_3w		宜昌运动Ⅰ幕					
				凯迪阶		452.8	临湘组O_3l 宝塔组O_3b	辉绿岩脉类						
				桑比阶		458.2	庙坡组O_3m							
			中奥陶统	达瑞威尔阶		469.4	牯牛潭组O_2g							
				大坪阶		471.3	大湾组$O_{1-2}d$							
			下奥陶统	弗洛阶		477.1	红花园组O_1h							
				特马豆克阶		486.9	分乡组O_1f 南津关组O_1n		南津关运动					
		寒武系	芙蓉统	第十阶		491.0	娄山关组ϵ_4O_1l							
				江山阶		494.2								
				排碧阶		497.0								
			苗岭统	古丈阶		500.5	覃家庙组ϵ_3q							
				鼓山阶		504.5								
				乌溜阶		506.5								
			第二统	第四阶		514.5	石龙洞组ϵ_2sl 天河板组ϵ_2t 石牌组ϵ_2sp							
				第三阶		521.0	水井沱组ϵ_2s	凝灰岩类	秭归运动Ⅱ幕					
			纽芬兰统	第二阶		529.0	岩家河组$Ed_2\epsilon_1y$		秭归运动Ⅰ幕					
				幸运阶		538.8								
元古宇	新元古界	埃迪卡拉系	上埃迪卡拉统				灯影组Ed_4dy	凝灰岩类	桐湾运动Ⅱ幕			震旦旋回		
			下埃迪卡拉统			580	陡山沱组Ed_1d		桐湾运动Ⅰ幕					
		成冰系	上成冰统			635	南沱组Cr_3n		南沱运动Ⅱ幕			南华旋回		
			中成冰统			650	大塘坡组Cr_2d		南沱运动Ⅰ幕					
			下成冰统			660	古城组Cr_1g							
		拉伸系				720 780	莲沱组$To l$	$Pt_3HL\gamma$	澄江运动 黄陵运动	扬子地台基底形成阶段	扬子统一地台基底形成	晋宁旋回	罗迪尼亚超大陆聚合半旋回	哥伦比亚超大陆旋回
	中元古界	狭带系				1000	神农架群 矿石山组Pt_3k		晋宁运动Ⅱ幕					
						1200	大窝坑组Pt_3dw	Pt_2Xv						
		延展系					石槽河组Pt_2s	$Pt_2D\Sigma$						
							羊圈河组Pt_2y					地台形成		
		盖层系				1400			晋宁运动Ⅰ幕					
	古元古界	固结系				1600								
		造山系				1800	庙湾岩组Pt_1m		吕梁/白竹运动	初始地壳形成阶段	原地台形成	吕梁旋回		
		层侵系				2050	崆岭群 小以村岩组							
		成铁系				2300	Pt_1x							
太古宇	新太古界					2500 2800			阜平/水月寺运动		结陆晶块基底	阜平旋回		超大陆凯诺兰旋回
	中太古界					3200	古村坪岩组 $Ar_{2-3}g$	$Ar_{2-3}HLTTG$	迁西运动		增生 陆核形成 壳早期成陆	迁西旋回		
	古太古界					3600								
	始太古界					4031								
冥古宇						4567								

3. 超大陆旋回的划分

每个超大陆旋回包括单个克拉通陆壳的增生,不同克拉通陆块的拼合、碰撞形成新的超大陆,以及超大陆的裂解与离散的 2 个阶段(沈保丰等,2022)。尽管普遍认识到,一个超大陆旋回包含了超大陆聚合半旋回和超大陆裂解半旋回,但关于超大陆旋回划分依然有两种观点:一种观点认为一个超大陆旋回包含前一个超大陆的裂解半旋回和后一个超大陆的聚合半旋回;另一种观点认为一个超大陆旋回应该包含该大陆的聚合半旋回和裂解半旋回。前者在实际划分中以两个超大陆聚合的造山运动不整合面为标准;后者需要识别出某一个超大陆开始聚合的时间点或相对应的不整合,或者要识别出该超大陆裂解结束的时间点或相对应的不整合。本书采用的是仅包含一个超大陆的超大陆旋回(表 3-1-1"超大陆旋回"栏)。

超大陆旋回与海平面升降旋回具有一致性。超大陆聚合会导致全球海平面的下降,而超大陆的裂解会导致全球海平面的上升(Nance et al.,2013)。

4. 构造演化阶段的划分

表 3-1-1 提供了两类构造演化阶段划分方案。构造演化[1]据《中国区域地质志·湖北志》(2021),构造演化[2]据杨巍然等(2012)。参考这两个方案,结合秭归实习区构造作用的实际情况,划分秭归实习区构造演化阶段,并总结各构造演化阶段的地质特征。

S02 秭归实习区沉积演化

> 不整合——看似地史缺失了一段记忆，
> 实则缺失本身也是一种记录；
> 每个不整合的背后都有一个惊心动魄的故事。

【实习任务】
(1)了解各地层单元沉积相类型与特征，总结沉积相识别标志。
(2)了解沉积相演化规律，思考沉积演化的控制因素。
(3)了解特殊沉积相类型(生物礁、风暴岩、富有机质页岩)的分布时代。
(4)了解各地层单元沉积相发育的盆地类型。

【实习内容】
(1)根据露头地质路线观测结果总结各地层单元沉积相类型与特征。
(2)划分沉积相演化阶段，总结各阶段沉积相的异同。
(3)确立沉积演化各阶段的沉积盆地类型。
(4)查明沉积矿产的形成规律。

【知识链接】

1. 元古代沉积作用

古元古代扬子区进入稳定地块演化时期，表现为陆核增生，形成的一套孔兹岩系(小以村岩组)原岩，代表稳定的浅水陆棚沉积(表3-2-1)。庙湾岩组原岩以玄武岩为主，夹浅水陆棚沉积。伴随着1.8Ga哥伦比亚超大陆的聚合，海相沉积发生中—深变质作用。孔兹岩系原岩变质为含石墨富铝的片岩、片麻岩夹大理岩和石英岩的区域变质岩组合，玄武岩变质为斜长角闪岩。

中元古代时期，伴随着1.8Ga哥伦比亚超大陆的裂解，发育裂谷盆地，沉积了神农架群一套滨浅海碎屑岩-碳酸盐岩组合(1.4~1.0Ga)，后期几乎未变质。

2. 拉伸纪—志留纪沉积作用

1.0Ga罗迪尼亚超大陆聚合，随后裂解，扬子区从拉伸纪开始进入被动大陆边缘盆地，沉积了莲沱组辫状河三角洲(表3-2-1)。成冰纪进入冰河世纪。古城组冰碛岩属于底碛相和融碛相夹冰湖沉积。间冰期大塘坡组在峡东地区依然发育少量陆相冰碛岩以及冰滨浅海页岩夹含锰灰岩沉积，而在长阳地区则发育深水陆棚相的含锰矿碳质页岩和菱锰矿沉积。南沱组冰碛岩主要为融碛相到冰滨浅海沉积。

埃迪卡拉纪陡山沱组陡一段盖帽白云岩覆盖在冰碛岩之上，为缓坡型碳酸盐台地内-中斜坡相，拉开了扬子碳酸盐台地漫长沉积历史的序幕。陡二段海进增强，形成了深水混积陆棚的含磷的白云岩-富有机质页岩组合。陡三段为缓坡型碳酸盐台地内斜坡潮坪相。陡四段海进突然增强，形成陆棚边缘深海滞留盆地相的富有机质页岩夹白云岩透镜体。灯影组一段为陡坡型局限-开阔台地相，灯二段为台地边缘斜坡相—深水碳酸盐陆棚相，灯三段和灯四段为局限台地相。

扬子地块埃迪卡拉系—寒武系纽芬兰统岩家河组为深水混积陆棚相。第二统水井沱组水一段和水二段为深水混积陆棚相富有机质页岩，水三段属于台地前缘斜坡相-台地边缘浅滩相。石牌组为滨海潮坪相潮间带-潮下带碎屑岩沉积。天河板组属于开阔台地-台地边缘浅滩相和古杯礁相。石龙洞组为局限台地相。苗岭统覃家庙组属于局限台地相-台地边缘浅滩相-潮坪相交替沉积。芙蓉统娄山关组为开阔台地相-台缘叠层石礁夹局限台地潮坪相沉积。

下奥陶统南津关组南一段属开阔台地边缘礁滩相夹浅水陆棚相，南二段属开阔台地台缘浅滩相，南三段属开阔台地-局限台地相。分乡组属浅水陆棚相夹台缘浅滩相。红花园组为开阔台地相-台地内部生物礁相。下奥陶统大湾组一段为碳酸盐台地边缘浅滩相与浅水陆棚相，中奥陶统大二段为碳酸盐开阔台地相，大三段为碳酸盐台地浅滩相-浅水陆棚相。牯牛潭组为碳酸盐台地边缘浅滩相。上奥陶统庙坡组属浅水混积陆棚相。宝塔组属开阔台地相-局限台地-台缘浅滩相沉积。临湘组属局限台地相。五峰组为深海滞留盆地相。

表 3-2-1 秭归实习区沉积相一览表

国际年代地层单元				GSSP	绝对年龄/Ma	秭归实习区岩石地层单元	秭归实习区沉积相	秭归实习区事件沉积	相	相区	盆地
宇	界	系	统	阶							
显生宇	新生界	第四系	全新统	梅加拉亚阶		pre. / 0.004 / 0.008 / 0.012						
				诺斯格瑞比阶							
				格陵兰阶							
			更新统	上阶		0.129						
				千叶阶		0.774						
				卡拉布里雅阶		1.800						
				杰拉阶		2.580						
		新近系	上新统	皮亚琴察阶		3.600	掇刀石组 $N_{1-2}d$	冲积扇相-辫状河相-滨浅湖相		冲积扇-河流相	大陆相区	弧后伸展盆地（坳陷）
				赞克勒阶		5.333						
			中新统	墨西拿阶		7.246						
				托尔托纳阶		11.63						
				塞拉瓦莱阶		13.82						
				兰盖阶		15.98						
				波尔多阶		20.45						
				阿基坦阶		23.04						
		古近系	渐新统	夏特阶		27.30						
				吕珀尔阶		33.90						
			始新统	普利亚本阶		37.71	牌楼口组 E_2p	辫状河三角洲相-浅湖相		三角洲湖泊相	大陆相区	弧后伸展盆地（断陷）
				巴顿阶		41.03						
				卢泰特阶		48.07	洋溪组 E_2y	浅湖相				
				伊普里斯阶		56.00						
			古新统	坦尼特阶		59.24	龚家冲组 E_1g	冲积扇相-辫状河相-滨浅湖相		河流相 冲积扇相		
				塞兰特阶		61.66						
				丹麦阶		66.00						
	中生界	白垩系	上白垩统	马斯特里赫特阶		72.20	跑马岗组 K_2p	干旱盐湖相		盐湖相	大陆相区	陆内挤压盆地（坳陷）
				坎潘阶		83.60						
				圣通阶		85.70	红花套组 K_2h	沙漠相风成沙丘-辫状河相	沙漠沉积	沙漠相		
				康尼亚克阶		89.80						
				土伦阶		93.90	罗镜滩组 K_2l	冲积扇相-辫状河相		冲积扇河流相		
				塞诺曼阶		100.5						
			下白垩统	阿尔布阶		113.2	五龙组 K_1w	扇三角洲相平原亚相-前缘亚相-浅湖亚相		湖泊三角洲冲积扇	大陆相区	陆内挤压盆地（坳陷）
				阿普特阶		121.4						
				巴雷姆阶		125.8	石门组 K_1s	冲积扇相-扇三角洲相平原亚相				
				欧特里夫阶		132.6						
				瓦兰今阶		137.1						
				贝里阿斯阶		143.1						
		侏罗系	上侏罗统	提塘阶		149.2	蓬莱镇组 J_3p	辫状河三角洲前缘亚相-浅湖亚相		三角洲湖泊相	大陆相区	周缘前陆盆地
				钦莫利阶		154.8						
				牛津阶		161.5	遂宁组 J_3s	辫状河三角洲前缘亚相-浅湖亚相				
			中侏罗统	卡洛夫阶		165.3	沙溪庙组 J_2s	辫状河三角洲前缘亚相-浅湖亚相				
				巴通阶		168.2						
				巴柔阶		170.9	千佛崖组 J_2q	辫状河三角洲前缘亚相-浅湖亚相				
				阿林阶		174.7						
			下侏罗统	托阿尔阶		184.2	桐竹园组 J_1t	辫状河相-泛滥平原相-滨浅湖-三角洲相		河流相		
				普林斯巴阶		192.9						
				辛涅缪尔阶		199.5						
				赫塘阶		201.4						
		三叠系	上三叠统	瑞替阶		205.7	九里岗组 T_3j	滨岸沼泽相		陆源碎屑滨海相	海洋相区	被动陆缘盆地
				诺利阶		227.3						
				卡尼阶		237.0						
			中三叠统	拉丁阶		241.5	巴东组 T_2b	滨海潮坪相潮间带-潮下带				
				安尼阶		246.7						
			下三叠统	奥伦尼克阶		249.9	嘉陵江组 T_1j	局限-开阔台地相		碳酸盐台地相		
				印度阶		251.9	大冶组 T_1d	大三段台地边缘浅滩相；大四段开阔台地相 / 大一段浅水陆棚相-大二段开阔台地相				
古生界		二叠系	乐平统	长兴阶		254.1	吴家坪组 P_3w	开阔台地相-台地边缘海绵礁相	海绵礁	碳酸盐台地相		
				吴家坪阶		259.5	龙潭组 P_3l	滨岸沼泽相				
			瓜德鲁普统	卡匹敦阶		264.3	茅口组 P_2m	开阔台地相		碳酸盐台地相		
				沃德阶		266.9						
				罗德阶		274.4						
			乌拉尔统	空谷阶		283.3	栖霞组 P_1q	浅水混积陆棚相-开阔台地相				
				亚丁斯克阶		290.1	梁山组 P_1l	滨岸沼泽相-前滨相		滨岸碎屑相		
				萨克马尔阶		293.5						
				阿瑟尔阶		298.9						

续表 3-2-1

国际年代地层单元				GSSP	绝对年龄/Ma	秭归实习区岩石地层单元	秭归实习区沉积相	秭归实习区事件沉积	相	相区	盆地
宇	界	系	统	阶							
显生宇	古生界	石炭系	宾夕法尼亚亚系 上宾夕法尼亚亚统	格舍尔阶		298.9	黄龙组C_2h	开阔台地相		碳酸盐台地相	海洋相区	被动陆缘盆地
				卡西莫夫阶		303.7						
			中宾夕法尼亚亚统	莫斯科阶		307.0						
			下宾夕法尼亚亚统	巴什基尔阶		315.2	大埔组C_1d	局限台地相				
			密西西比亚系 上密西西比亚统	谢尔普霍夫阶		323.4						
			中密西西比亚统	维宪阶		330.3						
			下密西西比亚统	杜内阶		346.7						
		泥盆系	上泥盆统	法门阶		358.9	写经寺组D_3x	下部滨海相远滨混合沉积、上部滨岸沼泽相		陆源碎屑滨海相	海洋相区	被动陆缘盆地
				弗拉阶		372.2	黄家磴组D_3h	滨海临滨相				
			中泥盆统	吉维特阶		382.3	云台观组D_2y	滨海前滨相				
				艾菲尔阶		387.9						
			下泥盆统	埃姆斯阶		393.3						
				布拉格阶		410.6						
				洛赫考夫阶		413.0						
		志留系	普里道利统	待建阶		419.6						
			罗德洛统	卢德福特阶		422.7						
				高斯特阶		425.0						
			温洛克统	侯墨阶		426.7						
				申伍德阶		430.6						
			兰多维列统	特列奇阶		432.9	纱帽组S_1s	滨海潮坪相潮下带-潮间带		陆源碎屑滨海相	前陆盆地	
						438.6	罗惹坪组S_1lr	滨海潮坪相潮间带-潮下带夹生物礁滩相				
				埃隆阶		440.5	新滩组S_1x	潮控浅水陆棚相-潮坪相				
				鲁丹阶		443.1	龙马溪组O_3S_1l	深海滞留盆地相-深水陆棚相	淹没事件 黑色页岩	深海盆地		
		奥陶系	上奥陶统	赫南特阶		445.2	五峰组O_3w	深海滞留盆地相				
				凯迪阶		452.8	临湘组O_3l 宝塔组O_3b	局限台地相 开阔台地-台缘滩相-浅水碳酸盐陆棚		碳酸盐台地相 台缘相	海洋相区	被动大陆边缘盆地
				桑比阶		458.2	庙坡组O_3m	浅水混积陆棚相				
			中奥陶统	达瑞威尔阶		469.4	牯牛潭组O_2g	碳酸盐台地边缘浅滩相			浅水混积陆棚	
				大坪阶		471.3	大湾组$O_{1-2}d$	大二段碳酸盐台缘浅滩相与浅水混积陆棚相 大一段碳酸盐台地台缘浅滩相与浅水混积陆棚				
			下奥陶统	弗洛阶		477.1	红花园组O_1h	开阔台地相-台地内部生物礁相	枝状石礁			
				挎马豆克阶		486.9	分乡组O_1f 南津关O_1n	浅水混积相台地滩坪相 南二段台地边缘斜坡相-台走边坡滩相	风暴沉积			
		寒武系	芙蓉统	第十阶		491.0	娄山关组ϵ_4O_1l	娄三段局限-开阔台地相				
				江山阶		494.2		娄二段局限台地相	叠层石礁风暴			
				排碧阶		497.0		娄一段开阔台地相-台缘叠层石礁				
			苗岭统	古丈阶		500.5	覃家庙组ϵ_3q	局限台地相-台地边缘浅滩相-潮坪相交替		碳酸盐台地相 台缘相		
				鼓山阶		504.5						
				马溜阶		506.5	石龙洞组ϵ_2sl 天河板组ϵ_2t 石牌组ϵ_2sp	局限台地相 开阔台地-台地边缘浅滩和古杯礁 滨海碎屑岩潮坪相潮间带-潮下带	古杯礁			
			第二统	第四阶		514.5						
				第三阶		521.0	水井沱组ϵ_2s	水一段和水二段深水混积陆棚相;水三段台地斜坡相-台走边坡浅滩相	淹没事件 黑色页岩 风暴事件	深水混积陆棚相		
			纽芬兰统	第二阶		529.0	岩家河组$Ed_2\epsilon_1y$	深水混积陆棚相				
				幸运阶		538.8			风暴沉积	碳酸盐台地相 陆棚相		
新元古界		埃迪卡拉系	上埃迪卡拉统				灯影组Ed_2dy	灯四段局限台地相 灯三段局限碳酸盐陆棚相 灯二段台内碳酸盐陆棚相 灯一段局限-开阔台地相	黑色页岩	盆地相	海洋相区	被动大陆边缘盆地
			下埃迪卡拉统			580	陡山沱组Ed_1d	陡四段深水陆棚边缘滞留盆地相 陡三段缓坡型台地中斜坡相 陡二段缓坡型台地内斜坡相 陡一段缓坡型台地内斜坡-中斜坡相	震旦事件 风暴沉积			
		成冰系	上成冰统			635	南沱组Cr_3n	冰川沉积底碛亚相-融碛亚相过渡到冰滨海浅亚相	冰川沉积	滨海相 融碛相		
			中成冰统			650	大塘坡组Cr_2d	间冰期滨海-深水陆棚沉积		潮坪相	海陆过渡相区	
			下成冰统			660	古城组Cr_1g	冰川沉积底碛亚相-融碛亚相夹冰湖亚相	冰川沉积	滨海相 融碛相		
		拉伸系				720	莲沱组$To l$	辫状河三角洲浦平原-前缘亚相		三角洲		
						780						
						1000	神农架群Pt_3 矿石山组Pt_3k	碎屑岩滨海相-碳酸盐台缘礁滩相		滨海相 台地相-台缘相	海洋相区	被动大陆边缘盆地
中元古界		狭带系				1200	大窝坑组Pt_3d	碎屑岩浅海相-碳酸盐台缘礁滩相	叠层石礁			
		延展系					石槽河组Pt_3Sh	碳酸盐开阔台地相-边缘礁滩相-台地斜坡相		潟湖相 台缘相-台缘斜坡相		
						1400	羊圈河组Pt_2y	浅海相陆源碎屑岩-火山岩建造		浅水陆棚		
		盖层系				1600						
古元古界		固结系				1800	庙湾岩组Pt_1m	变沉积岩原岩为稳定的混积陆棚相		混积陆棚相	海洋相区	被动大陆边缘盆地
		造山系				2050	崆岭群$Ar_{2-3}Pt_1$ 小以村岩组Pt_1x	变沉积岩原岩为稳定的混积陆棚相		混积陆棚相		
		层侵系				2300						
		成铁系				2500						
太古宇	新太古界					2800	古村坪岩组$Ar_{2-3}g$					
	中太古界					3200						
	古太古界					3600						
	始太古界					4031						
冥古宇						4567						

上奥陶统—兰多维列统龙马溪组属于深海滞留盆地相-深水陆棚相,新滩组属于潮控浅水陆棚相,罗惹坪组属于滨海潮坪相潮下带-潮控浅水陆棚相夹生物礁滩相,纱帽组为滨海潮坪相潮下带-潮间带沉积。扬子区缺失温洛克统、罗德洛统和普里道利统沉积。这是广西运动(加里东运动)的结果,华夏地块与扬子地块拼合成华南板块,由南东向北西逐渐抬升。

3. 泥盆纪—中三叠世沉积作用

早泥盆世延续了广西运动的抬升,缺失下泥盆统(表3-2-1)。中泥盆统云台观组为滨海前滨沉积,之上黄家磴组为滨海临滨沉积,写经寺组下部为滨海远滨碎屑岩夹碳酸盐岩混合沉积,上部则为滨岸沼泽相。黄家磴组和写经寺组均产有著名的"宁乡式"铁矿。

早石炭世区域抬升,缺失下石炭统沉积。上石炭统为大埔组和黄龙组,属于局限台地-开阔台地相。之后区域抬升,缺失下二叠统下部沉积,下二叠统上部梁山组含煤岩系属于滨海沼泽环境,之上为栖霞组浅水混积陆棚相-开阔台地相,再上为茅口组开阔台地相。受东吴运动的影响,区域抬升,扬子区形成了中上二叠统不整合。上二叠统龙潭组含煤岩系属于滨海沼泽沉积。上二叠统吴家坪组为开阔台地相-台地边缘礁滩相沉积。之后海水加深淹没了碳酸盐台地,沉积了大冶组一段浅水陆棚相,大二段为开阔台地相,大三段为台地边缘斜坡相。大四段为开阔台地相。之上嘉陵江组为局限-开阔台地相。中三叠统巴东组属于滨海潮坪相潮间带-潮下带碎屑岩为主的沉积。

4. 晚三叠世至新近纪沉积作用

中晚三叠世之交的印支运动使华北与扬子全面拼合,二者之间的秦岭-大别隆起成山,而襄阳-广济断裂以南形成周缘前陆盆地。上三叠统九里岗组为滨岸沼泽相含煤岩系沉积(表3-2-1)。晚三叠世末期海水完全退出,扬子地块自此进入了陆相沉积。下侏罗统桐竹园组属于辫状河相-泛滥平原相-沼泽化滨浅湖相含煤碎屑岩系-三角洲沉积。中侏罗统千佛崖组和沙溪庙组为辫状河三角洲前缘-浅湖沉积的红色碎屑岩系。受早燕山运动的影响,上侏罗统遂宁组和蓬莱镇组虽仍为辫状河三角洲前缘-浅湖沉积,但沉积物粒度变粗。侏罗纪末期遭受抬升剥蚀。

白垩纪发育陆内挤压盆地,下白垩统石门组为冲积扇相-扇三角洲相,五龙组为扇三角洲相平原亚相-前缘亚相-浅湖亚相。受晚燕山运动的影响,于早—晚白垩世之交陆内挤压盆地发生了断拗转换,进入挤压坳陷阶段。上白垩统罗镜滩组为冲积扇-辫状河沉积,红花套组发育风成沙丘相-辫状河相沉积,跑马岗组属于干旱盐湖相沉积,之后盆地遭受抬升剥蚀。

古近纪发育以江汉盆地为主体的伸张断陷。秭归实习区仅在江汉盆地边缘可见新生界。古新统龚家冲组发育冲积扇相-辫状河相-滨浅湖相沉积。洋溪组为浅湖相,牌楼口组为辫状河三角洲相-浅湖相。之后区域抬升,导致渐新统缺失,盆地进入断拗转换。新近纪进入伸展坳陷阶段,掇刀石组为冲积扇相-辫状河相-滨浅湖相。

S03 秭归实习区成矿作用

> 野外地质调查不仅锻造我们的体魄，
> 更会锻炼我们的思维——
> 增强我们的空间感、距离感、比例感、艺术感。

【实习任务】
(1) 了解实习区主要的矿产资源类型与特征。
(2) 查明成矿控制因素，总结成矿规律。
(3) 了解构造和沉积演化对成矿的控制作用。

【实习内容】
(1) 统计各地质单元赋存矿产类型。
(2) 总结成矿作用演化规律。
(3) 分析成矿作用与构造作用和沉积作用的关系。

【知识链接】

构造活动与成矿作用有着非常密切的关系。不同时期、不同区域构造背景下，有特定的矿产资源。构造活动对成矿作用的影响主要表现在两个方面：一方面，在一定的构造背景下形成特殊的沉积地层，这些地层中往往赋存相应的矿产资源；不同构造-沉积环境下形成的地层有着特定的赋矿专属性，如湖北省内震旦系陡山沱组、灯影组中含有磷、锰、铅锌等矿产。另一方面，在区域大的构造背景下，局部的构造活动事件（岩浆事件、热液事件、变形变质事件等）使元素在某些位置富集而形成特定的矿床。如鄂东南地区大量的中生代与岩浆活动有关的矽卡岩金、银、铜、铅锌矿床(《中国区域地质志·湖北志》，2021)。

1. 构造作用与沉积成矿作用

区域构造活动控制沉积盆地的形成与演化过程，甚至可以影响盆地周围物源的变化，因此不同时代、不同构造背景、不同古地理环境下形成不同的沉积地层，而不同的地层单元中含矿性也存在差别，从而在不同的背景下能形成不同的沉积型矿床。并且，富含某种矿物质的地层在同期或者后期构造的影响下，可以使这种矿物质在一些构造部位局部富集成矿，而形成对应层控型矿床(《中国区域地质志·湖北志》，2021)。

(1) 元古代沉积成矿作用。

扬子区古元古代之前的建造主要为一套变质结晶岩系，目前尚未发现与之相关的矿产资源。古元古代扬子区进入稳定地块演化时期，表现为陆核的垂向增生形成一套表壳岩系。其主要沉积物组合为苏必利尔型铁建造(BIF)、孔兹岩建造。在后期构造作用叠加的影响下，局部形成条带状磁铁矿矿床。黄陵地区以宜昌店子河铁矿区为代表，矿体赋存于古元古界黄凉河岩组(相当于小以村岩组)。

中元古代时期，扬子区与成矿作用相关的地层为神农架群，构造背景具有夭折裂谷的特点，上部为矿石山组滨浅海碎屑岩-碳酸盐岩组合。铁矿体主要赋存于矿石山组下部含铁砂砾岩和砂泥质板岩内。矿石主要为赤铁矿，其次为菱铁矿、磁铁矿(表3-3-1)。

(2) 拉伸纪—志留纪沉积成矿作用。

扬子区从拉伸纪开始进入被动大陆边缘盆地，沉积了莲沱组。之上为成冰系古城组、大塘坡组、南沱组。其中，大塘坡组局部发育黑色碳质页岩、含锰页岩和菱锰矿层，富集成大塘坡型锰矿，代表性矿床为长阳古城锰矿。埃迪卡拉纪时期发育陡山沱组和灯影组滨浅海碳酸盐岩-碎屑岩沉积。陡山沱组二段是湖北省重要的含磷地层，具有宜昌磷矿、兴神保磷矿和荆襄磷矿三大聚磷区。陡二段也是世界上最古老的页岩气产层。同时，陡山沱组四段中还含有银钒矿、铅锌矿等，代表性矿床有兴山白果园银钒矿床、冰洞山铅锌矿床。灯影组也是磷、铅锌矿的重要含矿层位，代表性矿床有南漳邓家崖磷矿、长阳何家坪铅锌矿。

扬子地块早古生代含矿地层为埃迪卡拉系—寒武系纽芬兰统岩家河组和第二统水井沱组及中奥陶统牯牛潭组，分别含有磷矿、锰矿。寒武系水井沱组和奥陶系—志留系五峰组—龙马溪组也是扬子区有利的页岩气产层。

表 3-3-1 秭归实习区主要矿产类型

国际年代地层单元				GSSP	绝对年龄/Ma	秭归实习区岩石地层单元	秭归岩浆岩	矿产类型	成盆运动 / 造山运动	构造旋回	超大陆旋回	
宇	界	系	统	阶								半旋回	旋回
显生宇	新生界	第四系	全新统	梅加拉亚阶		pre.					新构造旋回	未来超大陆聚合半旋回	未来超大陆旋回
				诺斯格瑞比阶		0.004							
				格陵兰阶		0.008							
			更新统	上阶		0.012							
				千叶阶		0.129							
				卡拉布里雅阶		0.774							
				杰拉阶		1.800				喜马拉雅运动Ⅱ幕	喜马拉雅旋回		
			上新统	皮亚琴察阶		2.580							
				赞克勒阶		3.600							
		新近系	中新统	墨西拿阶		5.333	掇刀石组$N_{1-2}d$						
				托尔托纳阶		7.246							
				塞拉瓦莱阶		11.63							
				兰盖阶		13.82							
				波尔多阶		15.97							
				阿基坦阶		20.44				喜马拉雅运动Ⅰ幕			
		古近系	渐新统	夏特阶		23.03							
				吕珀尔阶		27.82							
			始新统	普利亚本阶		33.90	牌楼口组E_2p						
				巴顿阶		37.71							
				卢泰特阶		41.20	洋溪组E_2y						
				伊普里斯阶		47.80							
			古新统	坦尼特阶		56							
				塞兰特阶		59.20	龚家冲组E_1g						
				丹麦阶		61.60							
	中生界	白垩系	上白垩统	马斯特里赫特阶		66				晚燕山运动Ⅱ幕	晚燕山旋回	潘吉亚超大陆裂解半旋回	潘吉亚超大陆旋回
				坎潘阶		72.10	跑马岗组K_2p						
				圣通阶		83.60	红花套组K_2h		细砂岩矿				
				康尼亚克阶		86.30							
				土伦阶		89.80	罗镜滩组K_2l						
				塞诺曼阶		93.90							
			下白垩统	阿尔布阶		100.5	五龙组K_1w			晚燕山运动Ⅰ幕			
				阿普特阶		113							
				巴雷姆阶		121.4	石门组K_1s						
				欧特里夫阶		125.8							
				瓦兰今阶		132.6							
				贝里阿斯阶		139.8							
		侏罗系	上侏罗统	提塘阶		145	蓬莱镇组J_3p			早燕山运动Ⅱ幕	早燕山旋回		
				钦莫利阶		149.2							
				牛津阶		154.8	遂宁组J_3s						
			中侏罗统	卡洛夫阶		161.5				早燕山运动Ⅰ幕			
				巴通阶		165.3	沙溪庙组J_2s						
				巴柔阶		168.2							
				阿林阶		170.9	千佛崖组J_2q						
			下侏罗统	托阿尔阶		174.7							
				普林斯巴阶		184.2	桐竹园组J_1t						
				辛涅缪尔阶		192.9			煤				
				赫塘阶		199.5							
		三叠系	上三叠统	瑞替阶		201.4				印支运动Ⅱ幕	印支旋回		
				诺利阶		208.5	九里岗组T_3j		煤				
				卡尼阶		227							
			中三叠统	拉丁阶		237	巴东组T_2b			印支运动Ⅰ幕			
				安尼阶		242							
			下三叠统	奥伦尼克阶		247.2	嘉陵江组T_1j		沉积型铜矿化				
				印度阶		251.2	大冶组T_1d			大隆运动			
	古生界	二叠系	乐平统	长兴阶		251.9	吴家坪组P_3w			孤峰运动	海西旋回	潘吉亚超大陆聚合半旋回	
				吴家坪阶		254.1	龙潭组P_3l		煤-铝土矿-锂矿				
			瓜德鲁普统	卡匹敦阶		259.5				东吴运动			
				沃德阶		264.3	茅口组P_2m		石灰岩				
				罗德阶		266.9							
			乌拉尔统	空谷阶		273.0	栖霞组P_1q		石灰岩				
				亚丁斯克阶		283.5	梁山组P_1l		煤-铝土矿-锂矿				
				萨克马尔阶		290.1							
				阿瑟尔阶		293.5							
						298.9							

续表 3-3-1

国际年代地层单元				绝对年龄/Ma	秭归实习区岩石地层单元	秭归岩浆岩	矿产类型	成盆运动 / 造山运动	构造旋回	超大陆旋回 半旋回	旋回
宇	界	系	统	阶								

宇	界	系	统	阶	Ma	岩石地层	岩浆岩	矿产	运动	构造旋回	半旋回	超大陆旋回
显生宇	古生界	石炭系	宾夕法尼亚亚系 上宾夕法尼亚亚统	格舍尔阶	298.9	黄龙组 C_2h		石灰岩	云南运动	海西旋回	潘吉亚超大陆聚合半旋回	潘吉亚超大陆旋回
				卡西莫夫阶	303.7							
			中宾夕法尼亚亚统	莫斯科阶	307.0							
			早宾夕法尼亚亚统 下宾夕法尼亚亚统	巴什基尔阶	315.2	大埔组 C_1d						
			密西西比亚系 上密西西比亚统	谢尔普霍夫阶	323.2				淮南运动			
			中密西西比亚统	维宪阶	330.9							
			下密西西比亚统	杜内阶	346.7							
		泥盆系	上泥盆统	法门阶	358.9	写经寺组 D_3x		鲕状赤铁矿	柳江运动Ⅱ幕			
				弗拉阶	372.2	黄家磴组 D_3h		鲕状赤铁矿				
			中泥盆统	吉维特阶	382.7	云台观组 D_2y		硅石矿、观赏石				
				艾菲尔阶	387.7				柳江运动Ⅰ幕			
			下泥盆统	埃姆斯阶	393.3							
				布拉格阶	407.6							
				洛赫考夫阶	410.8							
		志留系	普里道利统	待建阶	419.2				广西运动Ⅱ幕	加里东旋回	罗迪尼亚超大陆裂解半旋回	罗迪尼亚超大陆旋回
			罗德洛统	卢德福特阶	423.0							
				高斯特阶	425.6							
			温洛克统	侯墨阶	427.4							
				申伍德阶	430.5							
			兰多维列统	特列奇阶	433.4	纱帽组 S_2s			广西运动Ⅰ幕			
				埃隆阶	438.5	罗惹坪组 S_1lr 新滩组 S_1x						
				鲁丹阶	440.8	龙马溪组 O_3S_1l			宜昌运动Ⅱ幕			
		奥陶系	上奥陶统	赫南特阶	443.8	五峰组 O_3w		五峰—龙马溪组页岩气	宜昌运动Ⅰ幕			
				凯迪阶	445.2	临湘组 O_3l						
				桑比阶	453.0	宝塔组 O_3b		含角石生物碎屑灰岩				
			中奥陶统	达瑞威尔阶	458.4	庙坡组 O_3m						
				大坪阶	467.3	牯牛潭组 O_2g						
			下奥陶统	弗洛阶	470.0	大湾组 $O_{1-2}d$		含瓶筐石生物碎屑灰岩				
				特马豆克阶	477.7	红花园组 O_1h 分乡组 O_1f 南津关组 O_1n		生物碎屑灰岩	南津关运动			
		寒武系	芙蓉统	第十阶	485.4	娄山关组 ϵ_4O_1l						
				江山阶	489.5							
				排碧阶	494							
			苗岭统	古丈阶	497	覃家庙组 ϵ_3q						
				鼓山阶	500.5							
				乌溜阶	504.5							
			第二统	第四阶	509	石龙洞组 ϵ_2sl 天河板组 ϵ_2t 石牌组 ϵ_2sp 水井沱组		水—段页岩气/银钒矿	秭归运动Ⅱ幕			
				第三阶	514							
			纽芬兰统	第二阶	521	岩家河组 $E_1\epsilon_1y$		含硅磷质结核				
				幸运阶	529			含硅磷质结核	秭归运动Ⅰ幕			
元古宇	新元古界	埃迪卡拉系	上埃迪卡拉统		538.8	灯影组 E_1dy		灯二段白云岩 灯二段石灰岩	桐湾运动Ⅱ幕	震旦旋回		
			下埃迪卡拉统		580	陡山沱组 $3d_1d$		陡四段黑色页岩银钒矿 陡二段页岩/磷矿	桐湾运动Ⅰ幕			
		成冰系	上成冰统		635	南沱组 Cr_2n			南沱运动Ⅱ幕	南华旋回		
			中成冰统		650	大塘坡组 Cr_2d		菱锰矿	南沱运动Ⅰ幕			
			下成冰统		660	古城组 Cr_1g						
		拉伸系			720	莲沱组 $To l$	$Pt_3H\gamma$	石英脉型金矿	澄江运动 黄陵运动			
	中元古界	狭带系			780 1000	神农架群 矿石山组 Pt_2s	$Pt_2X\nu$	沉积型铁矿	晋宁运动Ⅱ幕	晋宁旋回	罗迪尼亚超大陆聚合半旋回	
		延展系			1200	大窝坑组 Pt_2dw 石槽河组 Pt_2s 羊圈河组 Pt_2y	$Pt_2D\Sigma$	橄榄岩/蛇纹石化铁矿			哥伦比亚超大陆裂解半旋回	
		盖层系			1400 1600				晋宁运动Ⅰ幕			哥伦比亚超大陆旋回
	古元古界	固结系			1800	庙湾岩组 Pt_1m	基性火山岩		吕梁/白竹运动	旋吕回梁	哥伦比亚超大陆聚合半旋回	
		造山系			2050	崆岭群 小以村岩组 Pt_1x		热液型铜矿化				
		层侵系			2300							
		成铁系			2500							超大陆
太古宇	新太古界				2800				阜平/水月寺运动	旋阜回平		
	中太古界				3200	古村坪岩组 $Ar_{2-3}g$	$Ar_{2-3}H_bTTG$		迁西运动	旋迁回西	超大陆凯诺兰旋回	
	古太古界				3600							
	始太古界				4000							
冥古宇					4567							

（3）泥盆纪—中三叠世沉积成矿作用。泥盆纪—中三叠世扬子区表现为稳定陆缘沉积,部分地层富含铁、铅锌、铝土矿、煤、膏、盐等矿产资源。泥盆系为主要的含铁建造,鄂东南云台观组、鄂西南黄家磴组、写经寺组中含有丰富的铁矿资源。以沉积型赤铁矿为主,为著名的"宁乡式"铁矿。二叠系是湖北省内重要的含煤地层,受滨海沼泽相环境控制,发育二叠系阳新统梁山组（梁山煤系）和二叠系乐平统龙潭组（龙潭煤系）两个含煤岩系,分布广泛且较为稳定,常有铁、黄铁矿及各类黏土矿床、锂矿相伴。

（4）晚三叠世—新生代构造活动与沉积成矿作用的关系。

晚三叠世—早侏罗世为湖北省内另一个重要成煤期,以香溪群为代表。上三叠统九里岗组赋存滨岸沼泽相煤。下侏罗统桐竹园组为陆相辫状河泛滥平原和沼泽化湖泊相煤。主要分布在荆当盆地、利川盆地和秭归盆地中。

新生代以大型江汉伸展断陷含油气盆地发育,除了产丰富的油气外,尚产出以盐、卤水、石膏、芒硝、钙芒硝并伴生碘、溴、硼矿的综合性大型、超大型矿床。

2. 构造作用与内生成矿作用

不同时期、不同区域地质背景下的构造活动可以引发不同性质的火山-沉积事件、岩浆侵位事件。在这个过程中,可能发生与之伴生的内生成矿作用,形成大量火山成因型矿床、岩浆型矿床、接触交代型矿床等。另外,大规模的区域构造运动也可能形成一定范围的褶皱、伸展构造、逆冲推覆构造、韧性剪切带、走滑断层。这些构造形迹与内生成矿作用也有着密切的关系,或作为导矿构造成为成矿流体运移的通道,或成为成矿元素富集的容矿场所,有的改造早期含矿火山-沉积建造,使成矿元素进一步富集成矿,还有的作为控矿构造控制着整个矿床的产出状态（《中国区域地质志·湖北志》,2021）。

（1）元古界内生成矿作用。古元古代庙湾岩组见热液型铜矿化。中元古代大坪超基性侵入体赋存橄榄岩矿床,如为宜昌镁橄榄岩矿床。此外,中细粒纯橄岩及巨晶纯橄岩内赋存小型铬铁矿矿床。

（2）新元古界内生成矿作用。新元古代黄陵复式花岗岩体是扬子地台的重要金矿成矿区之一。现已发现金矿床（点）76个,含金矿脉近300条（向萌等,2021）,属中低温热液含金硫化物石英脉型金矿床。成矿类型以石英脉型为主,次为蚀变岩型和构造碎裂岩型,三者常同时产出。

S04 秭归实习区地质事件

> 我们是站在地球的一个点上——秭归，
> 看到的却是整个星球的前世今生。

【实习任务】

(1) 了解岩石圈、水圈、生物圈、大气圈演化中的重大地质事件。

(2) 了解岩石圈、水圈、生物圈、大气圈演化中的重大地质事件的相互关系。

(3) 理解重大地质事件对人类生存与发展的启迪意义。

【实习内容】

(1) 生物圈演化中的重大事件：①地球早期生物事件；②生物大爆发事件；③生物集群灭绝事件。

(2) 大气圈演化中的重大事件：①气候变冷（冰期或冰室气候）和变暖（温室）事件；②增氧（大氧化）事件与缺氧事件。

(3) 水圈演化中的重大事件（全球海平面变化）。

(4) 岩石圈演化中的重大事件：①超大陆聚合与裂解；②火山喷发事件（大火成岩省事件）；③重大成矿事件。

(5) 地外演化中的重大事件（小行星碰撞事件）。

【知识链接】

1. 地球早期生物事件

(1) 生命的出现。最早的生命存在的间接证据是格陵兰西部伊苏阿距今 38 亿年前太古宙沉积中的条带状含铁建造，通过对化学化石的研究发现了碳氢化合物。在澳大利亚西部古太古代皮尔巴拉超群瓦拉乌纳群（Warrawoona Group）的硅质结核中，含化石岩石距今 35 亿～34 亿年。它是一类保存了有机质壁结构的原核生物化石，大小只有几微米到几十毫米，主要是一些丝状、似菌落放射集合体，以及单细胞球状体，可能代表了最早的菌藻类生物体。最新研究表明，地球上出现最早的生命记录（化石）大约 38 亿年或更早（表 3-4-1），是由最原始的叠层石微生物形成的（Nutman et al.，2016；Tashiro et al.，2017）。叠层石代表最原始的生命形式，是地球初级生产力的开始，一切生命和营养有机质的开始，从太古宙早期一直延续到现代（张志飞等，2021）。

(2) 真核生物的出现。地球上最早的真核生物化石证据来自北澳大利亚距今 27 亿～25 亿年的沉积岩中，它是以生物标记物——甾烷形式从岩石中分离出来的。最早保持了形态学方面证据的可能是产自加拿大冈弗林特组（Gunflint Formation）燧石层的有芽状或萌发成管状的球形微生物，其同位素年龄大约为距今 19 亿年。中国天津蓟县串岭沟组中元古代微植物化石是早期真核生物的可靠证据，距今 18 亿～17 亿年。

(3) 后生动物的出现。最早的后生动物的可靠化石记录是从最早期的埃迪卡拉动物群开始的，距今约 6 亿～5.6 亿年。也有认为早在距今 10 亿～8 亿年以前就已存在（肖传桃，2017）。

(4) 小壳化石的出现。小壳化石的出现是确定显生宙底界的重要标志，大量带壳后生动物的出现时间为显生宙的开始，即 538.8Ma。小壳动物的出现是后生动物演化史中又一里程碑式的生物演化事件。它开创了生物造岩、水圈、大气圈、生物圈和岩石圈中 O_2 与 CO_2 等的循环的新纪元（肖传桃，2017）。

2. 水圈-大气圈演化中的重大事件

(1) 增氧事件（大氧化事件）：地质和地球化学证据显示地球早期大气是无氧的，氧气的首次大量积聚发生在约 2.45Ga 或 2.43～2.06Ga，称为古元古代大氧化事件（GOE）。此次增氧事件被认为是来自于进行产氧光合作用的原核细菌（蓝细菌）的产氧贡献。在 GOE 之后，大气增氧至少还经历了 0.80～0.54Ga 的新元古代氧化事件（NOE）和 0.46～0.26Ga 的古生代氧化事件（POE），在二叠纪晚期（0.26Ga），地球大气氧含量达到地史最高值（约 30%）。NOE 和 POE 分别对应于真核藻类和陆生植物的快速辐射（张水昌等，2022）。旷红伟等（2019）总结出第一次氧突增过程发生在 2.4～2.3Ga，氧气含量突然升高了 106 倍以上，达到现在浓度的 0.1%～1%；第二次发生在 0.75～0.58Ga，氧气含量达到了现代大气的水平。张水昌等（2022）提出 1.59～1.36Ga 记录的高大气氧含量代表了一段持续长达 2.3 亿年的全球性氧化时期，即中元古

表 3-4-1 秭归实习区重大地质事件

国际年代地层单元				GSSP	绝对年龄/Ma	秭归实习区岩石地层单元	生物事件	动物	植物	变暖	冰期	缺氧	增氧	海平面变化	超大陆旋回 半旋回	旋回
宇	界	系	统	阶												
显生宇	新生界	第四系	全新统	梅加拉亚阶	pre.			人类时代	现代植物时代		冰期				未来超大陆聚合半旋回	未来超大陆旋回
				诺斯格瑞比阶	0.004											
				格陵兰阶	0.008											
			更新统	上阶	0.012											
				千叶阶	0.129											
				卡拉布里雅阶	0.774											
				杰拉阶	1.800											
		新近系	上新统	皮亚琴察阶	2.580											
				赞克勒阶	3.600											
			中新统	墨西拿阶	5.333	掇刀石组 $N_{1-2}d$		哺乳动物时代	被子植物时代							
				托尔托纳阶	7.246											
				塞拉瓦莱阶	11.63											
				兰盖阶	13.82											
				波尔多阶	15.98											
				阿基坦阶	20.45											
		古近系	渐新统	夏特阶	23.04											
				吕珀尔阶	27.30											
			始新统	普利亚本阶	33.90	牌楼口组 E_2p										
				巴顿阶	37.71											
				卢泰特阶	41.03	洋溪组 E_2y										
				伊普里斯阶	48.07											
			古新统	坦尼特阶	56.00					变暖						
				塞兰特阶	59.24	粪家冲组 E_1g										
				丹麦阶	61.66											
	中生界	白垩系	上白垩统	马斯特里赫特阶	66.00		← K\E大灭绝 (66Ma)									
				坎潘阶	72.20	跑马岗组 K_2p										
				圣通阶	83.60	红花套组 K_2h										
				康尼亚克阶	85.70											
				土伦阶	89.80	罗镜滩组 K_2l										
				塞诺曼阶	93.90											
			下白垩统	阿尔布阶	100.5	五龙组 K_1w									潘吉亚超大陆裂解半旋回	潘吉亚超大陆旋回
				阿普特阶	113.2											
				巴雷姆阶	121.4	石门组 K_1s										
				欧特里夫阶	125.8											
				瓦兰今阶	132.6											
				贝里阿斯阶	137.1											
		侏罗系	上侏罗统	提塘阶	143.1	蓬莱镇组 J_3p										
				钦莫利阶	149.2											
				牛津阶	154.8	遂宁组 J_3s										
			中侏罗统	卡洛夫阶	161.5			爬行动物时代								
				巴通阶	165.3	沙溪庙组 J_2s										
				巴柔阶	168.2											
				阿林阶	170.9	千佛崖组 J_2q			裸子植物时代							
			下侏罗统	托阿尔阶	174.7											
				普林斯巴阶	184.2											
				辛涅缪尔阶	192.9	桐竹园组 J_1t	← 香溪植物群									
				赫塘阶	199.5							$-O_2$				
		三叠系	上三叠统	瑞替阶	201.4		← T\J大灭绝 (200Ma)									
				诺利阶	205.7	九里岗组 T_3j										
				卡尼阶	227.3											
			中三叠统	拉丁阶	237.0											
				安尼阶	241.5	巴东组 T_2b										
			下三叠统	奥伦尼克阶	246.7	嘉陵江组 T_1j				变暖						
				印度阶	249.9	大冶组 T_1d	← P\T大灭绝 (251Ma)									
	古生界	二叠系	乐平统	长兴阶	251.9	吴家坪组 P_3w						$-O_2$			潘吉亚超大陆聚合半旋回	
				吴家坪阶	254.1											
			瓜德鲁普统	卡匹敦阶	259.5	龙潭组 P_2l		两栖动物时代	孢子植物时代							
				沃德阶	264.3	茅口组 P_2m										
				罗德阶	266.9											
			乌拉尔统	空谷阶	274.4	栖霞组 P_1q					冰期					
				亚丁斯克阶	283.3	梁山组 P_1l										
				萨克马尔阶	290.1											
				阿瑟尔阶	293.5							$-O_2$				
					298.9											

续表 3-4-1

国际年代地层单元				GSSP	绝对年龄/Ma	秭归实习区岩石地层单元	生物事件	动物	植物	变暖	冰期	缺氧 增氧	海平面变化	超大陆旋回半旋回	旋回
宇	界	系	统	阶											
显生宇	古生界	石炭系	上宾夕法尼亚统	格舍尔阶		298.9	黄龙组 C_2h		两栖动物时代	孢子植物时代		冰期			潘吉亚超大陆聚合半旋回	潘吉亚超大陆旋回
				卡西莫夫阶		303.7										
			中宾夕法尼亚统	莫斯科阶		307.0										
			下宾夕法尼亚统	巴什基尔阶		315.2	大埔组 C_1d									
			上密西西比统	谢尔普霍夫阶		323.4										
			中密西西比统	维宪阶		330.9			D\C大灭绝(358Ma)				$-O_2$				
			下密西西比统	杜内阶		346.7										
		泥盆系	上泥盆统	法门阶		358.9	写经寺组 D_3x	F\F大灭绝(375Ma)								
				弗拉阶		372.2	黄家磴组 D_2h									
			中泥盆统	吉维特阶		382.3	云台观组 D_2y		鱼类时代							
				艾菲尔阶		387.9										
			下泥盆统	埃姆斯阶		393.5										
				布拉格阶		410.0										
				洛赫考夫阶		413.6										
		志留系	普里道利统	待建阶		419.6										
			罗德洛统	卢德福特阶		422.7										
				高斯特阶		425.0										
			温洛克统	侯墨阶		426.7										
				申伍德阶		430.6										
			兰多维列统	特列奇阶		432.9	纱帽组 S_1s									
				埃隆阶		438.6	罗惹坪组 S_1lr									
				鲁丹阶		440.5	新滩组 S_1x									
						443.1	龙马溪组 O_3S_1l	O\S大灭绝(444Ma)				冰期	$-O_2$		罗迪尼亚超大陆裂解半旋回	罗迪尼亚超大陆旋回
		奥陶系	上奥陶统	赫南特阶		445.2	五峰组 O_3w									
				凯迪阶		452.8	临湘组 O_3l									
				桑比阶		458.2	宝塔组 O_3b									
			中奥陶统	达瑞威尔阶		469.4	庙坡组 O_3m									
				大坪阶		471.3	牯牛潭组 O_2g									
			下奥陶统	弗洛阶		477.1	大湾组 $O_{1-2}d$									
				特马豆克阶		486.9	红花园组 O_1h									
							分乡组 O_1f									
							南津关组 O_1n									
		寒武系	芙蓉统	第十阶		491.0	娄山关组 ϵ_4O_1l	叠层石礁	海生无脊椎动物时代							
				江山阶		494.2										
				排碧阶		497.0										
			苗岭统	古丈阶		500.5	覃家庙组 ϵ_3q									
				鼓山阶		504.5										
				乌溜阶		506.5										
			第二统	第四阶		514.5	石龙洞组 ϵ_2sl	古杯生物礁								
				第三阶		521.0	天河板组 ϵ_2s	清江生物群寒武纪大爆发								
							石牌组 ϵ_2sp									
							水井沱组 ϵ_2s									
			纽芬兰统	第二阶		529.0	岩家河组 $Ed_2\epsilon_1y$									
				幸运阶		538.8		岩家河生物群小壳化石首现(538Ma)								
元古宇	新元古界	埃迪卡拉系	上埃迪卡拉统				灯影组 Ed_2dy	石板滩生物群(551~543Ma)		高级蓝藻						
			下埃迪卡拉统			580		庙河生物群					$+O_2$			
						635	陡山沱组 Ed_1d	瓮安生物群后生动物辐射(635~551Ma)								
		成冰系	上成冰统			650	南沱组 Cr_3n					冰期				
			中成冰统			660	大塘坡组 Cr_2d	宋洛生物群								
			下成冰统			720	古城组 Cr_1g									
		拉伸系				780	莲沱组 To_1l	藻类化石								
	中元古界	狭带系				1000	矿石山组 Pt_3k		低等无脊椎动物							
						1200	神农架群 大窝坑组 Pt_3d			海生藻类						
		延展系					石槽河组 Pt_3s				变暖				罗迪尼亚聚合半旋回	哥伦比亚超大陆旋回
						1400	羊圈河组 Pt_3y									
		盖层系				1600							O_2		哥伦比亚裂解半旋回	
	古元古界	固结系				1800	庙湾岩组 Pt_1m								哥伦比亚聚合半旋回	
		造山系				2050	崆岭群 小以村岩组 Pt_1x									
		层侵系				2300										
		成铁系				2500		真核生物出现(2.7~2.5Ga)	原核生物(细菌蓝藻)							超大凯诺兰旋回
太古宇	新太古界					2800	古村坪岩组 Ar_2Pt_1K									
	中太古界					3200	古村坪岩组 Ar_2g									
	古太古界					3600		原核生物出现(3.8Ga叠层石)								
	始太古界					4031										
冥古宇						4567										

代增氧事件(MOE)。含氧大气是地球宜居环境的关键要素,认识其演化过程是认识地球宜居环境的形成,以及探讨地球与生命演化过程的关键(赵显烨等,2023)。

(2)气候变冷(冰期事件):地史时期3次著名的全球性或跨区域性的冰期事件分别发育于成冰纪、晚石炭世—早二叠世和第四纪。

(3)气候变暖:全球气候变暖是由于温室效应不断积累,地气系统吸收与发射的能量不平衡,能量不断在地气系统累积,从而导致温度上升,造成全球气候变暖。全球变暖会使全球降水量重新分配、冰川和冻土消融、海平面上升等,不仅危害自然生态系统的平衡,还影响人类健康,甚至威胁人类的生存。地球演化历史中至少出现过3次极端高温事件:第一次发生在距今14亿~13亿年,第二次发生在距今2.52亿~2.47亿年,第三次高温事件是发生于古新世—始新世的极热事件(PETM)。

(4)大洋缺氧事件(Oceanic Anoxic Events,OAEs):即大洋底层水多次处于贫氧乃至缺氧状态,造成富有机质黑色页岩在各大洋盆地广泛分布(Schlanger et al.,1976;Jenkyns,1980),使水体中溶解氧含量不能满足生物化学的需求,出现氧供不应求,导致缺氧环境。Tyson等(1991)依据底水含氧量将氧化还原程度划分为:氧化(oxic,$O_2>2mL/L$)、贫氧(suboxic,$2mL/L>O_2>0.2mL/L$)、缺氧(anoxic,$O_2<0.2mL/L$)、硫化静海(euinoxic,$O_2=0$)。

地史中大规模缺氧事件主要发生在寒武纪初期、奥陶纪—志留纪之交、晚泥盆世弗拉期—法门期之交、晚石炭世—早二叠世之交、二叠纪—三叠纪之交和三叠纪—侏罗纪之交(黄永建等,2008)。对大洋缺氧事件的研究,有助于加深人们对古海洋、古气候、古地理、生物复苏机制和板块构造关系的认识。同时,它对了解地球系统变化及其他圈层对生物圈的影响以及金属成矿、生烃环境的评价也具有十分重要的意义(陈兰等,2007)。

导致大洋缺氧事件的可能原因:①高生物生产力。海洋中生物生产力极高,生物大量繁殖和大批死亡。这些生物遗骸在海底沉积,大大消耗了海底水中溶解的有限浓度的氧,造成严重缺氧的还原环境。②大规模的海侵事件造成海平面上升。有人认为海侵可能是由地壳的构造运动引起的,有人却认为是由冰川消融引起的。大规模全球性的海侵和大洋缺氧事件,造成有机质的大量埋藏。③火山喷发。全球性大洋缺氧事件发生之初,往往伴随剧烈的火山喷发,使地球深部的大量还原性气体进入大气圈,从而破坏了原先建立的大气圈-水圈-生物圈之间的平衡关系。④上升洋流的活动。当全球海平面处于上升阶段时,底层洋流活跃,在沿岸带形成上升流,使表层生产力进一步增强,底层水含氧量减少。在这种背景下,氧化作用缓慢,生物死亡沉积后容易保存(陈兰等,2007)。

3. 岩石圈演化中的重大事件

(1)超大陆聚合与裂解事件、重大成矿事件等参考前文。

(2)大火成岩省(Large Igneous Provinces,LIPs)包括大陆溢流玄武岩、火山被动陆缘、大洋高原、海岭、海山群和洋盆溢流玄武岩(Coffin et al.,1994)。近20年来,LIP一直是国内外学者研究的热点,研究内容涉及到LIP的形成与地幔柱之间的联系,以及与成矿作用、大陆增生、大陆裂解和生物灭绝的关系(王德滋等,2005)。它们在很大程度上与来自深部的地幔柱活动有关,是地幔柱岩浆活动的直接产物。中国有峨眉山大火成岩省和塔里木大火成岩省。

主要参考文献

白瑾,戴凤岩,颜耀阳,1997. 中条山前寒武纪地壳演化[J]. 地学前缘(Z2):285-286+288-293.

边立曾,黄志诚,1988. 核形石的分类及生态研究[J]. 古生物学报(5):544-552+666-670.

蔡全升,陈孝红,周鹏,等,2020. 峡东地区震旦纪最早期风暴沉积记录及其地质意义[J]. 沉积学报,38(1):182-195.

曹金鑫,陈吉艳,汪龙波,2022. 扬子区寒武系底部含磷岩系沉积特征对比与成矿规律[J]. 地质与资源,31(1):47-58+27.

常丽华,曹林,高福红,2009. 火成岩鉴定手册[M]. 北京:地质出版社.

陈安国,周珣若,郑济林,1993. 中酸性侵入岩包体的类型、鉴别、研究实例及其地质意义[J]. 河北地质学院学报(4):345-356.

陈超,苑金玲,郭盼,等,2020. 扬子陆块~2.0Ga 的区域变质事件对南北黄陵古元古代差异演化的启示[J]. 中国地质,47(4):899-913.

陈公信,金经炜,1996. 全国地层多重划分对比研究(42):湖北省岩石地层[M]. 武汉:中国地质大学出版社.

陈建书,代雅然,唐烽,等,2020. 扬子地块周缘中元古代末—新元古代主要构造运动梳理与探讨[J]. 地质论评,66(3):533-554.

陈兰,夏敏全,万云,等,2007. 黑色页岩与大洋缺氧事件研究进展[J]. 重庆科技学院学报(自然科学版),9(4):1-4+8.

陈曼云,金巍,郑常青,2009. 变质岩鉴定手册[M]. 北京:地质出版社.

陈孟莪,肖宗正,1991. 峡东区上震旦统陡山沱组发现宏体化石[J]. 地质科学(4):317-324+407-412.

陈平,1984. 湖北宜昌计家坡下寒武统底部小壳化石的发现及其意义[C]. 地层古生物论文集(第十三辑). 地质矿产部宜昌地质矿产研究所,18:49-64.

陈孝红,危凯,张保民,等,2018. 湖北宜昌寒武系水井沱组页岩气藏主控地质因素和富集模式[J]. 中国地质,45(2):207-226.

陈旭,戎嘉余,周志毅,等,2001. 上扬子区奥陶纪—志留纪之交的黔中隆起和宜昌上升[J]. 科学通报(12):1052-1056.

陈旭,袁训来,2013. 地层学与古生物学研究生华南野外实习指南[M]. 合肥:中国科学技术大学出版社.

陈旭,张元动,樊隽轩,等,2012. 广西运动的进程:来自生物相和岩相带的证据[J]. 中国科学(地球科学),42(11):1617-1626.

陈志明,陈其英,1987. 扬子地台早寒武世梅树村早期的古地理及其磷块岩展布特征[J]. 地质科学,(3):246-257.

丁莲芳,李勇,陈会鑫,1992. 湖北宜昌震旦系—寒武系界线地层 Micrhystridium regulare 化石的发现及其地层意义[J]. 微体古生物学报(3):303-309+345.

董进,张世红,GANQING JIANG,等,2009. 华南宜昌陡山沱组四段碳酸盐结核形成环境研究及其烃源岩评价意义[J]. 中国科学(D辑:地球科学),39(3):317-326.

杜远生,1989. 弗拉斯-法门期之间的生物绝灭事件[J]. 地质科技情报(4):63-68.

范宏喜,2005. 今日链子崖[N]. 中国国土资源报,8月8日,第003版.

房立民,1991. 变质岩区 1:5 万区域地质填图方法指南[M]. 武汉:中国地质大学出版社.

冯东,陈多福,刘芊,2006. 新元古代晚期盖帽碳酸盐岩的成因与"雪球地球"的终结机制[J]. 沉积学报(2):235-241.

冯庆来,江海水,李益龙,等,2024. 三峡地区地质学实习指导手册(第二版)[M]. 武汉:中国地质大学出版社.

冯少南,许寿永,林甲兴,等,1984. 长江三峡地区生物地层学(晚古生代分册)[M]. 北京:地质出版社.

冯少南,张仁杰,1999. 秭归周坪地区云台观组植物化石的发现及意义[J]. 华南地质与矿产(3):35-43.

付晓飞,方德庆,吕延防,等,2005.从断裂带内部结构出发评价断层垂向封闭性的方法[J].地球科学(3):328-336.

付勇,郭川.2021.南华盆地新元古代成冰纪成锰作用及其成矿背景[J].地质论评,67(4):973-991.

付勇,徐志刚,裴浩翔,等.2014.中国锰矿成矿规律初探[J].地质学报,88(12):2192-2207.

甘凯,吴昌志,杨涛,等,2021.鲕状铁建造的特征与形成机制:以鄂西泥盆系火烧坪铁矿床为例[J].地质学报,95(8):2493-2508.

高山,YUMIN QIN,凌文黎,等,2001.崆岭高级变质地体单颗粒锆石SHRIMP U-Pb年代学研究:扬子克拉通>3.2Ga陆壳物质的发现[J].中国科学(D辑:地球科学)(1):27-35.

高山,张本仁,1990.扬子地台北部太古宙TTG片麻岩的发现及其意义[J].地球科学(6):675-679.

高维,张传恒,2009.长江三峡黄陵花岗岩与莲沱组凝灰岩的锆石SHRIMP U-Pb年龄及其构造地层意义[J].地质通报,28(1):45-50.

葛翔,沈传波,梅廉夫,2016.低温热年代对黄陵隆起中新生代古地形的约束[J].大地构造与成矿学,40(4):654-662.

葛治州,戎嘉余,杨学长,等,1977.西南地区志留系十条剖面资料[J].地层古生物,9:92-111.

耿元生,旷红伟,杜利林,等,2019.从哥伦比亚超大陆裂解事件论古/中元古代的界限[J].岩石学报,35(8):2299-2324.

耿元生,沈其韩,杜利林,等,2016.区域变质作用与中国大陆地壳的形成与演化[J].岩石学报,32(9):2579-2608.

龚银,郑斐,周舟,等,2023.宜昌地区二叠系梁山组与龙潭组富锂黏土岩特征与对比研究[J].资源环境与工程,37(5):521-529.

龚志愚,张汉金,李忠林,等,2014.秭归盆地沉积作用及发展演化[J].资源环境与工程,28(S1):35-39.

郭进京,张国伟,陆松年,等,1999.中国新元古代大陆拼合与Rodinia超大陆[J].高校地质学报(2):29-37.

郭俊锋,李勇,舒德干,2010.湖北三峡地区纽芬兰统岩家河组的宏体藻类化石[J].古生物学报,49(3):336-342.

郭俊锋,强亚琴,宋祖晨,等,2017.寒武纪早期岩家河生物群:研究进展和展望[J].古生物学报,56(4):461-475.

郝杰,翟明国,2004.罗迪尼亚超大陆与晋宁运动和震旦系[J].地质科学(1):139-152.

何斌,徐义刚,王雅玫,等,2005.东吴运动性质的厘定及其时空演变规律[J].地球科学(1):89-96.

何超枫,张春光,王秋良,等,2017.仙女山-九畹溪断裂带断层泥石英微形貌特征及其年代学意义[J].大地测量与地球动力学,37(4):355-360.

何治亮,汪新伟,李双建,等,2011.中上扬子地区燕山运动及其对油气保存的影响[J].石油实验地质,33(1):1-11.

胡艳华,孙卫东,丁兴,等,2009.奥陶纪—志留纪边界附近火山活动记录:来华南周缘钾质斑脱岩的信息[J].岩石学报,25(12):3298-3308.

胡艳华,周继彬,宋彪,等,2008.中国湖北宜昌王家湾剖面奥陶系顶部斑脱岩SHRIMP锆石U-Pb定年[J].中国科学(D辑:地球科学),38(1):72-77.

湖北地质调查院,2021.中国区域地质志·湖北志[M].北京:地质出版社.

湖北省地质局三峡地层研究组,1978.峡东地区震旦纪至二叠纪地层古生物[M].北京:地质出版社.

黄汲清,1980.对四川盆地和鄂尔多斯台坳找油找气的初步意见[J].石油与天然气地质(1):18-25.

黄永建,王成善,顾健,2008.白垩纪大洋缺氧事件:研究进展与未来展望[J].地质学报,82(1):21-30.

季泽龙,刘晓峰,2023.峡东地区成冰系南沱组新认识[J].地质学报,97(6):1753-1765.

姜继圣,1986.黄陵变质地区的同位素地质年代及地壳演化[J].吉林大学学报(地球科学版)(3):1-11.

姜在兴,2003.沉积学[M].北京:石油工业出版社.

景先庆,杨振宇,仝亚博,等,2018.三峡地区新元古代莲沱组底部凝灰岩锆石SHRIMP U-Pb年代学及其地质意义[J].吉林大学学报(地球科学版)(1):165-180.

旷红伟,柳永清,耿元生,等,2019.中国中新元古代重要沉积地质事件及其意义[J].古地理学报,21(1):1-30.

雷奕振,关绍曾,张清如,等,1987.长江三峡地区生物地层学(白垩纪—第三纪分册)[M].北京:地质出版社.

李怀坤,张传林,相振群,等,2013.扬子克拉通神农架群锆石和斜锆石 U-Pb 年代学及其构造意义[J].岩石学报,29(2):673-697.

李朋武,高锐,管烨,等,2009.古亚洲洋和古特提斯洋的闭合时代:论二叠纪末生物灭绝事件的构造起因[J].吉林大学学报(地球科学版),39(3):521-527.

李四光,1924.峡东地质及长江之历史[J].中国地质学会志,3(3-4):350-391.

李献华,1998.华南晋宁期造山运动:地质年代学和地球化学制约[J].地球物理学报(S1):184-194.

李献华,李武显,何斌,2012.华南陆块的形成与 Rodinia 超大陆聚合-裂解:观察、解释与检验[J].矿物岩石地球化学通报,31(6):543-559.

李献华,李正祥,葛文春,等,2001.华南新元古代花岗岩的锆石 U-Pb 年龄及其构造意义[J].矿物岩石地球化学通报,20(4):271-273.

李益龙,周汉文,李献华,等,2007.黄陵花岗岩基英云闪长岩的黑云母和角闪石 $^{40}Ar-^{39}Ar$ 年龄及其冷却曲线[J].岩石学报,23(5):1067-1074.

李莹,王向东,祠科毅,等.2021.中国石炭纪岩石地层划分和对比[J].地层学杂志,45(3):303-318.

李治兴,秦明宽,刘鑫扬,等,2022.黑色岩系多元素富集层特征、成因和研究意义[J].世界核地质科学,39(1):14-26.

梁狄刚,郭彤楼,边立曾,等,2009.中国南方海相生烃成藏研究的若干新进展(三):南方四套区域性海相烃源岩的沉积相及发育的控制因素[J].海相油气地质,14(2):1-19.

梁新权,周云,蒋英,等,2013.二叠纪东吴运动的沉积响应差异:亲自扬子和华夏板块吴家坪组或龙潭组碎屑锆石 LA-ICPMS U-Pb 年龄研究[J].岩石学报,29(10):3592-3606.

凌文黎,程建萍,2000.Rodinia 研究意义、重建方案与华南晋宁期构造运动[J].地质科技情报(3):7-11.

凌文黎,高山,程建萍,等,2006.扬子陆核与陆缘新元古代岩浆事件对比及其构造意义:来自黄陵和汉南侵入杂岩 ELA-ICPMS 锆石 U-Pb 同位素年代学的约束[J].岩石学报,22(2):387-396.

凌云,马志鑫,杨弘忠,等,2016.重庆秀山南华纪大塘坡期沉积相分析与锰矿成矿[J].地质科技情报,35(6):150-156.

刘宝珺,许效松,罗安屏,等,1987.中国扬子地台西缘寒武纪风暴事件与磷矿沉积[J].沉积学报(3):28-39+186.

刘秉理,朱忠德,李相明,2005.瓶筐类化石几个疑难问题的讨论[J].古生物学报,42(2):267-282.

刘海军,许长海,周祖翼,等,2009.黄陵隆起形成(165~100Ma)的碎屑岩磷灰石裂变径迹热年代学约束[J].自然科学进展,19(12):1326-1332.

刘鸿允,1991.中国晚前寒武纪构造、古地理与沉积演化[J].地质科学(4):309-316.

刘鸿允,沙庆安,1963.长江峡东区震旦系新见[J].地质科学(4):177-187.

刘少峰,王平,胡明卿,等,2010.中、上扬子北部盆-山系统演化与动力学机制[J].地学前缘,17(3):14-26.

刘圣德,阳传金,李方会,等,2015.湘西-鄂西成矿带黄陵背斜金矿成因及赋矿特征[J].资源环境与工程(2):150-154.

刘晓峰,沈传波,王家豪,2021.中扬子地块宜昌斜坡白垩系陆内挤压盆地的断-坳结构[J].地球科学,46(5):1677-1691.

刘晓阳,王杰,余金杰,等,2015.中南部非洲的地质构造演化与矿产分布规律[J].地质找矿论丛,30(S1):1-12.

鲁新便,胡文革,汪彦,等,2015.塔河地区碳酸盐岩断溶体油藏特征与开发实践[J].石油与天然气地质,36(3):347-355.

陆松年,1998.新元古时期 Rodinia 超大陆研究进展述评[J].地质论评(5):489-495.

陆松年,2001.从罗迪尼亚到冈瓦纳超大陆:对新元古代超大陆研究几个问题的思考[J].地学前缘(4):441-448.

陆松年,李怀坤,陈志宏,等,2004.新元古时期中国古大陆与罗迪尼亚超大陆的关系[J].地学前缘(2):

515-523.

陆松年,杨春亮,李怀坤,等,2002.华北古大陆与哥伦比亚超大陆[J].地学前缘,9(4):225-233.

马大铨,杜绍华,肖志发,2002.黄陵花岗岩基的成因[J].岩石矿物学杂志,21(2):151-161.

马大铨,李志昌,肖志发,1997.鄂西崆岭杂岩的组成、时代及地质演化[J].地球学报(3):10-18.

马国干,李华芹,薛啸峰,1980.峡东地区震旦系同位素年龄及我国震旦系地质年表的讨论[J].中国地质科学院院报,宜昌地质矿产研究所分刊,1(1):39-55.

梅冥相.中上扬子印支运动的地层学效应及晚三叠世沉积盆地格局[J].地学前缘,17(4):99-110.

牟宗玉,张凡,刘银,2019.湖北省宜昌市夷陵区大岭子垭磷矿地质特征及找矿意义[J].资源环境与工程,33(2):170-174.

穆恩之,1954.论五峰页岩[J].古生物学报,2(2):153-170.

牛丙超,2013.中国南方下寒武统黑色岩系及其地质研究意义[J].云南地质,32(4):484-487.

彭善池,2014.全球标准层型剖面和点位("金钉子")和中国的"金钉子"研究[J].地学前缘,21(2):8-26.

彭松柏,李昌年,KUSKY TIMOTHY M,等,2010.鄂西黄陵背斜南部元古宙庙湾蛇绿岩的发现及其构造意义[J].地质通报,29(1):8-20.

彭松柏,张先进,边秋娟,等,2014.秭归产学研基地野外实践教学教程:基础地质分册[M].武汉:中国地质大学出版社.

彭中勤,李志宏,孟繁松,等,2010.湖北宜昌地区晚泥盆世黄家磴组植物化石新材料及其意义[J].地质通报,29(7):980-987.

祁生胜,王秉璋,王瑾,等,2001.晋宁运动在东昆仑东段的表现及其意义[J].青海地质(S1):17-21.

钱逸,陈孟莪,陈忆元,1979.峡东地区下寒武统黄鳝洞组的古动物化石[J].古生物学报(3):207-232+327-330.

秦元奎,姚敬劬,2014.鄂西泥盆纪沉积铁矿含矿建造分析[J].资源环境与工程,28(2):132-137.

邱啸飞,陈伟雄,徐大良,等,2022.扬子陆核崆岭杂岩太古宙地壳演化[J].华南地质,38(1):56-66.

邱啸飞,杨红梅,张利国,等,2015.扬子陆块庙湾蛇绿岩中橄榄岩的同位素年代学及其构造意义[J].地球科学(中国地质大学学报),40(7):1121-1128.

任纪舜,1984.印支运动及其在中国大地构造演化中的意义[J].中国地质科学院院报(9):31-42.

戎嘉余,1984.上扬子区晚奥陶世海退的生态地层证据与冰川活动影响[J].地层学杂志(1):19-29.

戎嘉余,陈旭,1990.中国志留系研究之今昔[J].古生物学报(4):385-401.

戎嘉余,詹仁斌,1999.华南奥陶、志留纪腕足动物群的更替兼论奥陶纪末冰川活动的影响[J].现代地质(4):390-394.

沙庆安,刘鸿允,张树森,等,1963.长江峡东区的南沱组冰碛岩[J].地质科学(3):139-148.

申博恒,沈树忠,侯章帅,等,2021.中国二叠纪岩石地层划分和对比[J].地层学杂志,45(3):319-339.

沈保丰,杨春亮,翟安民,等,2002.初论华南陆块东南缘在罗迪尼亚(Rodinia)超大陆旋回时的成矿作用[J].矿床地质(S1):61-62.

沈传波,梅廉夫,刘昭茜,等,2009.黄陵隆起中—新生代隆升作用的裂变径迹证据[J].矿物岩石,29(2):54-60.

沈树忠,张华,张以春,等,2019.中国二叠纪综合地层和时间框架[J].中国科学(地球科学),49(1):160-193.

史富强,朱祥坤,闫斌,等,2016.湖南湘潭锰矿的地球化学特征及成矿机制[J].岩石矿物学杂志,35(3):443-456.

斯小华,刘林,夏循茂,2021.鄂西沉积型赤铁矿含矿沉积盆地与成矿作用分析[J].西北地质,54(1):147-157.

苏文博,何龙清,王永标,等,2002.华南奥陶-志留系五峰组及龙马溪组底部斑脱岩与高分辨综合地层[J].中国科学(地球科学)(3):207-219.

苏文博,李志明,史晓颖,等,2006.华南五峰组—龙马溪组与华北下马岭组的钾质斑脱岩及黑色岩系:两个地史转折期板块构造运动的沉积响应[J].地学前缘(6):82-95.

苏欣栋,1987.湖北黄陵背斜核部原生金矿类型及其地质特征[J].黄金(5):11-16+2.

孙云铸,1943.就中国古生代地层论地史时代划分之原则[J].中国地质学会志,23(1-2):41.

索书田,1983.重力滑动构造[J].地球科学(3):11-22+145-147.

谭满堂,鲁志雄,张嫣,2009.鄂西地区南华系大塘坡期锰矿成因浅析:以长阳古城锰矿为例[J].资源环境与工程,23(2):108-113.

谭永杰,邱瑞照,肖庆辉,等,2014.中国及邻区印支运动特征及其意义[J].中国煤炭地质,26(8):8-14+33.

唐天福,张俊明,蒋先健,1978.湘、鄂西部晚震旦世地层与古生物的发现及其意义[J].地层学杂志(1):32-47.

田辉,李怀坤,刘欢,等,2018.扬子克拉通北缘神农架群碳、氧同位素特征及其对古环境和沉积时代的制约[J].地质学报,92(12):2508-2533.

童金南,徐冉,袁晏明,2013.北京周口店地区岩石地层及沉积序列和沉积环境恢复[J].地球科学与环境学报,35(1):15-23.

涂鹏飞,吴学文,2011.三峡库区链子崖危岩体变形破坏机理研究[J].路基工程(1):38-40+44.

汪发武,谭周地,1991.新滩滑坡形成机制与滑动特征[J].长江科学院院报(3):28-34.

汪啸风,STOUGE,陈孝红,等,2005.全球下奥陶统—中奥陶统界线层型候选剖面:宜昌黄花场剖面研究新进展[J].地层学杂志,29(S1):467-489.

汪啸风,陈孝红,张仁杰,等,2002.长江三峡地区珍贵地质遗迹保护和太古宙—中生代多重地层划分与海平面升降变化[M].北京:地质出版社.

汪啸风,倪世钊,曾庆銮,等,1987.长江三峡生物地层学(早古生代分册)[M].北京:地质出版社.

汪啸风,姚华舟,2019.中国扬子海盆:世界上罕见寒武纪生命大爆发和辐射进化的化石库[J].华中师范大学学报(自然科学版),53(6):821-833.

汪啸风,曾庆銮,周天梅,等,1986.再论奥陶系与志留系界线的划分与对比[J].中国地质科学院院报(1):157-164+172-175.

汪洋,李勇,张志飞,2010.峡东水井沱组顶部微体骨骼化石初探[J].古生物学报(4):13.

汪泽成,刘和甫,熊宝贤,等,2001.从前陆盆地充填地层分析盆山耦合关系[J].地球科学,26(1):33-39.

汪正江,王剑,江新胜,等,2015.华南扬子地区新元古代地层划分对比研究新进展[J].地质论评,61(1):1-22.

王成刚,向文帅,李福林,等,2022.东北非地层区划及其地层格架与对比[J].地质通报,41(1):99-118.

王成源,陈立德,王怿,等,2010. *Pterospathodus eopennatus*(牙形刺)带的确认与志留系纱帽组的时代及相关地层的对比[J].古生物学报,49(1):10-28.

王德滋,周金城,2005.大火成岩省研究新进展[J].高校地质学报,11(1):1-8.

王家豪,王华,刘晓峰,等,2020.含油气盆地野外露头和岩心沉积相解释[M].武汉:中国地质大学出版社.

王剑,2000.华南新元古代裂谷盆地演化:兼论与Rodinia解体的关系[M].北京:地质出版社.

王聚杰,曾普胜,麻菁,等,2015.黑色岩系及相关矿产:以扬子地台为例[J].地质与勘探,51(4):677-689.

王尚庆,1996.回顾新滩滑坡预报[J].中国地质灾害与防治学报(S1):11-19+26.

王怿,樊隽轩,张元动,等,2011.湖北恩施太阳河奥陶纪—志留纪之交沉积间断的研究[J].地层学杂志,35(4):361-367.

王怿,戎嘉余,詹仁斌,等,2013.鄂西南奥陶系—志留系交界地层研究兼论宜昌上升[J].地层学杂志,37(3):264-274.

武赛军,魏国齐,汤威,等,2016.四川盆地桐湾运动及其油气地质意义[J].天然气地球科学,27(1):60-70.

夏金梧,2020.三峡工程水库诱发地震研究概况[J].水利水电快报,41(1):28-35.

夏元友,朱瑞赓,1996.新滩滑坡滑动机理及稳定性评价研究[J].中国地质灾害与防治学报(3):49-54.

向萌,胡胜华,聂开红,等,2021.鄂西黄陵背斜核部金矿地球化学特征及成因探讨[J].资源环境与工程,35(6):787-793+874.

肖传桃,2017.古生物学与地史学概论(第二版)[M].北京:石油工业出版社.

谢家荣,1941.云南矿产概论[J].地质论评,6(1):1-42.

熊成云,韦昌山,金光富,等,1998.鄂西黄陵背斜核部中段金矿基本特征及成矿规律[J].华南地质与矿产(1):32-40.

熊国庆,王剑,李园园,等,2017.大巴山西段上奥陶统—下志留统五峰组—龙马溪组斑脱岩锆石 U-Pb 年龄及其地质意义[J].沉积与特提斯地质,37(2):46-58.

徐备,2001.Rodinia 超大陆构造演化研究的新进展和主要目标[J].地质科技情报(1):15-19.

徐大良,刘浩,魏运许,等,2016.扬子北缘神农架地区郑家垭组碎屑锆石年代学及其构造意义[J].地质学报,90(10):2648-2660.

徐大良,彭练红,刘浩,等,2013.黄陵背斜中新生代多期次隆升的构造-沉积响应[J].华南地质与矿产,29(2):90-99.

徐光洪,徐安武,1988.论长江三峡东部地区奥陶系红花园组和宝塔组—临湘组中下部头足类的生态与环境[J].地质论评(2):97-104+193-194.

徐琼,江拓,侯林春,等,2021.扬子陆块三峡地区莲沱组砂岩中碎屑锆石 U-Pb 年龄、Hf 同位素组成及其地质意义[J].地球科学(4):1217-1230.

徐亚军,杜远生,2018.从板缘碰撞到陆内造山:华南东南缘早古生代造山作用演化[J].地球科学,43(2):333-353.

徐云鹏,张方明,1993.湖北宜昌镁橄榄岩矿床地质特征及其成因探讨[J].湖北地质(2):20-31+97.

颜佳新,2004.华南地区二叠纪栖霞组碳酸盐岩成因研究及其地质意义[J].沉积学报(4):579-587.

杨金香,2007.黄陵地区孔兹岩系岩石学特征及变质作用探讨[J].资源环境与工程,21(3):226-231.

杨敬之,穆恩之,1954.鄂西长阳宜都一带奥陶纪地层[J].古生物学报(1):59-82.

杨仁超,樊爱萍,韩作振,等,2011.核形石研究现状与展望[J].地球科学进展,26(5):465-474.

杨巍然,王杰,梁晓,2012.亚洲大地构造基本特征和演化规律[J].地学前缘,19(5):1-17.

杨颖,马昌前,王世明,2019.宜昌上奥陶统钾质斑脱岩锆石 U-Pb 年龄、Lu-Hf 同位素特征及其源区示踪意义[J].地质学报,93(12):3183-3196.

叶连俊,陈其英,赵东旭,等,1989.中国磷块岩[M].北京:科学出版社.

叶正伟,2000.长江新滩滑坡的历史分析、趋势预测与启示[J].灾害学(3):31-35.

殷鸿福,宋海军,2013.古、中生代之交生物大灭绝与泛大陆聚合[J].中国科学(地球科学),43:1539-1552.

殷鸿福,张克信,1998.中央造山带的演化及其特点[J].地球科学,23(5):437-442.

殷宗军,朱茂炎,2008.贵州埃迪卡拉纪瓮安生物群化石含量的统计分析[J].古生物学报,47(4):11.

尹赞勋,徐道一,浦庆余,1965.中国地壳运动名称资料汇编[J].地质论评(S1):20-81+83.

余林青,王义明,1989.宜昌莲沱震旦系陡山沱组含磷钙质风暴岩沉积特征[J].湖北地质(2):27-40.

喻建新,冯庆来,王永标,等,2016.三峡地区地质学实习指导手册(第一版)[M].武汉:中国地质大学出版社.

曾庆銮,倪世钊,徐光洪,等,1983.长江三峡东部地区奥陶系划分与对比[J].中国地质科学院宜昌地质矿产研究所所刊(6):1-19.

张或丹,1986.黄陵背斜的形成和构造发展初析[J].江汉石油学院学报(1):33-44.

张俊明,袁克兴,1994.湖北宜昌王家坪下寒武统天河板组古杯礁丘及其成岩作用[J].地质科学(3):236-245.

张明正,彭松柏,张利,等,2016.秭归地区震旦系陡山沱组碳酸盐岩结核成因新认识及其地质意义[J].地球科学,41(12):1977-1994.

张旗,翟明国,2012.太古宙 TTG 岩石是什么含义?[J].岩石学报,28(11):3446-3456.

张少兵,2008.扬子陆核古老地壳及其深熔产物花岗岩的地球化学研究[D].合肥:中国科学技术大学,1-206.

张水昌,王华建,王晓梅,等,2022.中元古代增氧事件[J].中国科学(地球科学),52(1):26-52.

张文堂,1962.全国地层会议学术报告汇编,中国的奥陶系[M].北京:科学出版社.

张先进,彭松柏,李华亮,等,2013.峡东地区的"三峡奇石":沉积结核[J].地质论评,59(4):627-636.

张亚冠,杜远生,陈国勇,等,2019.富磷矿三阶段动态成矿模式:黔中开阳式高品位磷矿成矿机制[J].古地理学报,21(2):351-368.

张扬,田少亭,吴一凡,等,2012.桐湾运动形成古风化壳对华南上震旦统储层的控制作用:以南山坪古油藏灯影组储层为例[J].石油地质与工程,26(6):29-31+63.

张义平,陈宣华,张进,等,2019. 印支运动在鄂尔多斯盆地和四川盆地启动时间的讨论:来自生长地层的证据[J]. 中国地质,46(5):1021–1038.

张予杰,安显银,刘石磊,等,2020. 黔东北地区大塘坡组早期含锰沉积充填、岩相古地理与锰矿的关系[J]. 中国地质,47(3):607–626.

张元动,詹仁斌,袁文伟,等,2021. 中国奥陶纪岩石地层划分和对比[J]. 地层学杂志,45(3):250–270.

张志飞,刘璠,梁悦,等,2021. 寒武纪生命大爆发与地球生态系统起源演化[J]. 西北大学学报(自然科学版),51(6):1065–1106.

赵灿,陈孝红,李旭兵,等,2013. 峡东地区埃迪卡拉系灯影组风暴岩的发现及其环境意义[J]. 地质学报,87(12):1901–1912.

赵宏军,陈秀法,何学洲,等,2018. 全球铁矿床主要成因类型特征与重要分布区带研究[J]. 中国地质,45(5):890–919.

赵显烨,王伟,关成国,等,2023. 古元古代早中期大氧化事件及碳循环扰动[J]. 地球科学进展,38(8):838–851.

赵小明,安志辉,邱啸飞,等,2022. 扬子克拉通北缘神农架—崆岭地区中—新元古代地层厘定:兼论"神农架群底界"[J]. 华南地质,38(1):46–55.

赵小明,刘圣德,张权绪,等,2011. 鄂西长阳南华系地球化学特征的气候指示意义及地层对比[J]. 地质学报,85(4):576–585.

赵一鸣,毕承思,2000. 宁乡式沉积铁矿床的时空分布和演化[J]. 矿床地质,(4):350–362.

赵志强,凌云,李核良,等,2019. 重庆秀山小茶园大塘坡组含锰岩系地球化学特征及地质意义[J]. 矿物岩石地球化学通报,38(2):330–341.

赵自强,邢裕盛,丁启秀,等,1988. 湖北震旦系[M]. 武汉:中国地质大学出版社.

赵自强,邢裕盛,马国干,等,1985. 长江三峡地区生物地层学(震旦纪分册)[M]. 北京:地质出版社.

郑洪波,魏晓椿,王平,等,2017. 长江的前世今生[J]. 中国科学(地球科学),47(4):385–393.

郑维钊,刘观亮,汪雄武,1991. 黄陵背斜北部崆岭群的太古宙信息[C]. 中国地质科学院宜昌地质矿产研究所所刊(16):97–106.

周传明,2016. 扬子区新元古代前震旦纪地层对比[J]. 地层学杂志,40(2):120–135.

周江羽,丁振举,胡守志,等,2018. 周口店野外地质教学指导书[M]. 武汉:中国地质大学出版社.

周明忠,罗泰,黄智龙,等,2007. 钾质斑脱岩的研究进展[J]. 矿物学报,27(3/4):351–359.

周琦,杜远生,覃英,2013. 古天然气渗漏沉积型锰矿床成矿系统与成矿模式:以黔湘渝毗邻区南华纪"大塘坡式"锰矿为例[J]. 矿床地质,32(3):457–466.

朱济成,1995. 旅游地质学[J]. 北京地质,(2):31–33.

朱茂炎,赵方臣,殷宗军,等,2019. 中国的寒武纪大爆发研究:进展与展望[J]. 中国科学(地球科学),49(10):1455–1490.

朱伟鹏,2023. 中国南方典型宁乡式铁矿沉积特征与成矿机制分析[J]. 沉积与特提斯地质,43(1):87–100.

朱筱敏,2008. 沉积岩石学(第四版)[M]. 北京:石油工业出版社.

朱忠德,王培荣,刘秉理,等,1995. 湖北宜昌下奥陶统生物礁中的油苗研究[J]. 江汉石油学院学报,17(2):21–25.

ALTANER S P, HOWER J, WHITNEY G, et al., 1984. Model for K-bentonite formation: Evidence from zoned K-bentonites in the disturbed belt, Montana[J]. Geology, 12(7):412–415.

BARBARIN B, 2005. Mafic magmatic enclaves and mafic rocks associated with some granitoids of the central Sierra Nevada batholith, California: nature, origin, and relations with the hosts[J]. Lithos, 80(1/4):155–177.

BARBARIN, B, 1988. Field evidence for successive mixing and mingling between the piolard diorite and the saint-julien-la-vêtre monzogranite (nord-forez, massif central, france)[J]. Canadian Journal of Earth Sciences, 25(1):49–59.

BECKER R T, GRADSTEIN F M, HAMMER O, 2012. The devonian period. In: Gradstein F M, Ogg J

G, Schmitz M D, Ogg G M, eds. The Geologic Time Scale 2012, 2. Amsterdam: Elsevier, 559-601.

BRENCHLEY P J, PICKERILL R K, STROMBERG S G, 1993. The role of wave reworking on the architecture of storm sandstone facies, Bell Island Group(Lower Ordovician), eastern Newfoundland[J]. Sedimentology, 40 (3):359-383.

BROUSSOLLE A, 2024. Do geological records correlate with the supercontinent cycle? [J]. Gondwana Research, 134:21-29.

CALARGE L M, MEUNIER A, FORMOSO M L L, 2003. A bentonite bed in the Acegua (RS, Brazil) and Melo (Uruguay) areas: a highly crystallized montmoril-lonite [J]. Journal of South American Earth Sciences, 16:187-198.

CANFIELD D E, POULTON S W, NARBONNE G M, 2007. Late-Neoproterozoic Deep-Ocean Oxygenation and the Rise of Animal Life[J]. Science, 315(5808):92-95.

CHEN ZHE, ZHOU CHUAN-MING, XIAO SHU-HAI, et al., 2014. New Ediacara fossils preserved in marine limestone and their ecological implications[J]. Scientific Reports, 4:4108.

CHEN ZHE, ZHOU CHUAN-MING, YUAN XUN-LAI, et al., 2019. Death march of a segmented and trilobate bilaterian elucidates early animal evolution[J]. Nature, 573:412-415.

CHILDS C, MANZOCCHI T, WALSH J J, et al., 2009. A geometric model of fault zone and fault rock thickness variations [J]. Journal of Structural Geology, 31(2):117-127.

CHOI J H, EDWARDS P, KO K, et al., 2016. Definition and classification of fault damage zones: A review and a new methodological approach[J]. Earth-Science Reviews, 152:70-87.

CLOUD P E, 1948. Some problems and patterns of evolution exemplified by fossil invertebrates[J]. Evolution, 2:322-350.

COHEN K M, FINNEY S C, GIBBARD P L, et al., 2023. The ICS International Chronostratigraphic Chart[J]. Episodes, 36:199-204.

CONDIE K C, 2002. The supercontinent cycle: Are there two patterns of cyclicity? [J]. Journal of African Earth Sciences, 35(2):179-183.

CONDIE K C. 2005. TTGs and adakites: Are they both slab melts? [J]. Lithos, 80(1-4):33-44.

CONDON D, ZHU M, BOWRING S, et al., 2005. U-Pb Ages from the Neoproterozoic Doushantuo Formation, China[J]. Science, 308(5718):95-98.

CROSS T F, WILLIAMS A J, NEWELL A R M, 1988. A deep-sea sediment transport storm[J]. Nature, 331:518-521.

DAHANAYAKE, K, 1978. Sequential position and environmental significance of different types of oncoids[J]. Sedimentary Geology, 20:301-316.

DALZIEL I W D, 1997. Neoproterozoic-Paleozoic geography and tectonics: review, hypothesis, environmental speculation[J]. Geol. Soc. Am. Bull., 109(1):16-42.

DAO-HUI PI, SHAO-YONG JIANG, 2016. U-Pb dating of zircons from tuff layer, sandstone and tillite samples in the uppermost Liantuo Formation and the lowermost Nantuo Formation in Three Gorges area, South China [J]. Chemie der Erde-Geochemistry, 76 :103-109.

DIDIER J, BARBARIN B, 1991. Enclaves and granite petrology [M]. Elsevier: Amsterdam, 1-625.

DONGJING FU, GUANGHUI TONG, TAO DAI, et al., 2019. The Qingjiang biota—A Burgess Shale-type fossil Lagerstätte from the early Cambrian of South China[J]. Science, 363(6433):1338-1342.

ERWIN D H, 1994. The Permo-Triassic extinction [J]. Nature, 367(6460):231-236.

GAO S, YANG J, ZHOU L, et al., 2011. Age and growth of the Archean Kongling terrain, South China, with emphasis on 3.3 Ga granitoid gneisses[J]. American Journal of Science, 311(2):153-182.

GAO, S QIU, Y M, LING, W L, et al., 2001. Single zircon U-Pb dating of the Kongling high-grade metamorphic terrain: evidence for N 3.2Ga old continental crust in the Yangtze craton[J]. Science in China Series D, 44:326-335.

GRADSTEIN F M,OGG J G,SMITH A G,et al.,2004. A new geologic time scale,with special reference to Precambrian and Neogene[J]. Episodes,27(2):83-100.

GUO JING LIANG,GAO SHAN,WU YUAN BAO,et al.,2014. 3.45Ga granitic gneisses from the Yangtze Craton,South China:Implications for Early Archean crustal growth[J]. Precambrian Research,242:82-95.

GUO JING LIANG,WU YUAN BAO,GAO SHAN,et al.,2015. Episodic Paleoarchean-Paleoproterozoic (3.3~2.0Ga) granitoid magmatism in Yangtze Craton,South China:Implications for late Archean tectonics[J]. Precambrian Research,270:246-266.

GUO JUNFENG,LI YONG,HAN JIAN,et al.,2008. Fossil Association from the Lower Cambrian Yanjiahe Formation in the Yangtze Gorges Area,Hubei,South China[J]. Acta Geological Sinica,82(6):1124-1132.

HARLAND W B,1964. Critical evidence for a great infra-Cambrian glaciation[J]. Geologische Rundschau,54:45-61.

HARPER D A T,HAMMARLUND E U,RASMUSSEN C M,2014. End Ordovician extinctions:A coincidence of causes[J]. Gondwana Res.,25:1294-1307.

HARRISON T M,2009. The Hadean Crust:Evidence from>4Ga Zircons[J]. Annu. Rev. Earth Planet. Sci.,37:479-505.

HIATT E E,PUFAHL P K,EDWARDS C T,2015. Sedimentary phosphate and associated fossil bacteria in a Paleoproterozoic tidal flat in the 1.85Ga Michigamme Formation,Michigan,USA[J]. Sedimentary Geology,319:24-39.

HOFFMAN P F,1988. United plates of America,the birth of a craton[J]. Ann. Rev. Earth Planet. Sci.,16:543-603.

HOFFMAN P F,1991. Did the breakout of Laurentia turn Gondwanaland inside-out?[J]. Science,252:1406-1412.

HOFFMAN P F,KAUFMAN A J,HALVERSON G P,et al.,1998. A Neoproterozoic Snowball Earth[J]. Science,281(5381):1342-1346.

JENKYNS H C,1980. Cretaceous anoxic events:from continents to oceans[J]. Journal of Geological Society of London,137:171-188.

JI WENBIN,LIN WEI,FAURE M,et al.,2014. Origin and tectonic signi?cance of the Huangling massif within the Yangtze craton,South China[J]. Journal of Asian Earth Sciences,86:59-75.

JONES B,MANNING D A C,1994. Comparison of geochemical indices used for the interpretation of palaeoredox conditions in ancient mudstones[J]. Chemical Geology,111(1):111-129.

KELLING G,MULLLN P R,1975. Graded limestones and limestone quartzite couplets:possible storm-sediments [J]. Pleistocene of Massachusets,Petrology,38:971-984.

KIRSCHVINK J L,1992. Late Proterozoic low-latitude global glaciation:the Snowball Earth[C]. In:Schopf J W,Klein C(Eds.),The Proterozoic Biosphere[M]. Cambridge University Press.

KOCAK K,ZEDEF V,KANSUN G,2011. Magma mixing/mingling in the Eocene Horoz (Nigde) granitoids,central southern Turkey:Evidence from mafic microgranular enclaves[J]. Mineralogy and Petrology,103(1/4):149-167.

LAN Z W,HUYSKENS M H,LU K,et al.,2020. Toward refining the onset age of Sturtian glaciation in South China[J]. Precambrian Research,338:105555.

LI XIANHUA,1999. U-Pb zircon ages of granites from the southern margin of the Yangtze Blocks:Timing of Neoproterozoic Jinning orogeny in SE China and implications for Rodinia assembly[J]. Precambrian Research,97:43-57.

LI ZHENGXIANG,LI XIANHUA,KINNY P D,1999. The breakup of Rodinia:Did it start with a plume beneath south China[J]. Earth Planet. Sci. Lett.,173:171-181.

LI ZHENGXIANG, ZHANG LINGHUA, 1995. South China Rodinia: Part of the missing link between Australia - East Antarctica and Laurentia[J]. Geology, 23: 407-410.

MA ZHIXIN, LIU XITING, YU WENCHAO, et al., 2019. Redox conditions and manganese metallogenesis in the Cryogenian Nanhua Basin: Insight from the basal Datangpo Formation of South China[J]. Palaeogeography, Palaeoclimatology, Palaeoecology, 529: 39-52.

MACDONALD F A, SCHMITZ M D, CROWLEY J L, et al., 2010. Calibrating the Cryogenian[J]. Science, 327(5970): 1241-1243.

MCMENAMIN M A S, MCMENAMIN D L S, 1990. The Emergence of animal: The Cambrian breakthrough[M]. New York: Columbia University Press.

MEERT J G, 2012. What's in a name? The Columbia (Paleopangaea/Nuna) supercontinent[J]. Gondwana Research, 21: 987-993.

MEHNERT K R, 1968. Migmatites and the origin of granitic Rocks[M]. Elsevier Co., Amsterdam.

MISH B F, 1942. The Sinian strata in the eastern - central Yunnan Province[J]. Bull. Geol. Soc. China, 16: 1-12.

MOORES E W, 1991. South west U. S. - East Antarctic (SWEAT) connection: a hypothesis[J]. Geology, 19: 425-428.

MOYEN, J F, 2012. Short - term episodicity of Archaean plate tectonics[J]. Geology, 40: 451-454.

MYROW P M, SOUTHARD J B, 1996. Tempestite deposition[J]. Journal of Sedimentary Research, 66: 875-887.

NANCE R D, MURPHY J B, 2013. Origins of the supercontinent cycle[J]. Geoence Frontiers(4): 439-448.

NANCE R D, MURPHY J B, SANTOSH M, 2014. The supercontinent cycle: A retrospective essay[J]. Gondwana Research, 25(1): 4-29.

NUTMAN A P, BENNETT V C, FRIEND C R L, et al., 2016. Rapid emergence of life shown by discovery of 3700 - million - year - old microbial structures[J]. Nature, 537(7621): 535-538.

PAPINEAU D, 2010. Global biogeochemical changes at both ends of the proterozoic: insights from phosphorites[J]. Astrobiology, 10(2): 165-181.

PENG M, WU Y B, GAO S, et al., 2012. Geochemistry, zircon U - Pb age and Hf isotope compositions of Paleoproterozoic aluminous A - type granites from the Kongling terrain, Yangtze Block: Constraintson petrogenesis and geologic implications[J]. Gondwana Research, 22(1): 140-151.

PENG M, WU Y B, WANG J, et al., 2009. Paleoproterozoic mafic dyke from Kongling terrain in the Yangtze Craton and its implication[J]. Chinese Science Bulletin, 54(6): 1098-1104.

PENGJU LIU, XIANHUA LI, SHOUMING CHEN, et al., 2015. New SIMS U - Pb zircon age and its constraint on the beginning of the Nantuo glaciation[J]. Sci. Bull., 60(10): 958-963.

PUFAHL P K, HIATT E E, 2012. Oxygenation of the earth's atmosphere - ocean system: A review of physical and chemical sedimentologic responses[J]. Marine and Petroleum Geology, 32(1): 1-20.

QIU X F, LING W L, LIU X M, et al., 2011. Recognition of Grenvillian volcanic suite in the Shennongjia region and its tectonic significance for the South China Craton[J]. Precambrian Research, 191(3): 101-119.

QIU Y M, GAO S, MCNAUGHTON N J, et al., 2000. First evidence of N 3.2Ga continental crust in the Yangtze craton of south China and its implications for Archean crustal evolution and Phanerozoic tectonics[J]. Geology, 28: 11-14.

ROGERS J J W, SANTOSH M, 2002. Configuration of Columbia, a Mesoproterozoic Supercontinent[J]. Gondwana Research, 5(1): 5-22.

ROONEY A D, STRAUSS J V, BRANDON A D, et al., 2015. A Cryogenian chronology: Two long - lasting synchronous Neoproterozoic glaciations[J]. Geology, 43: 459-462.

SAVRDA C E, NANSON L L, 2003. Chnology of fair weather and storm deposits in an Upper Cretaceous estuary Eutaw Formation, western Georgia[J]. Palaeogeography, Palaeoclimatology, Palaeoecology,

202(1/2):67-84.

SCHLANGER S O, JENKYNS H C, 1976. Cretaceous oceanic anoxic events: cause and consequence[J]. Geologie en Mijnbown, 55:179-184.

SHEEHAN P M, 2001. The Late Ordovician mass extinction[J]. Annu. Rev. Earth Planet Sci., 29:331-364.

SHU D, 2008. Cambrian explosion. Birth of tree of animals[J]. Gondwana Research, 14:219-240.

SIBSON R H, 1977. Fault rocks and fault mechanisms[J]. Journal of the Geological Society, 133(3):191-213.

SONG H, WIGNALL P B, TONG J, et al., 2013. Two discrete pulses to the Permian-Triassic extinction[J]. Nature Geosci., 6:52-56.

SONGBAI PENG, KUSKY T M, JIANG X F, et al., 2012. Geology, geochemistry, and geochronology of the Miaowan ophiolite, Yangtze craton: Implications for South China's amalgamation history with the Rodinian supercontinent[J]. Gondwana Research, 21:577-594.

STOW D A V, 2005. Sedimentary Rocks in the Field: A Colour Guide[M]. Academic Press, an imprint of Elsevier Inc.

STRECKEISEN A, 1976. To each plutonic rock its proper name[J]. Earth Science Reviews, 12:1-33.

TASHIRO T, ISHIDA A, HORI M, et al., toll. Early trace of life from 3.95Ga sedimentary rocks in Labrador, Canada[J]. Nature, 549(7673):516-518.

TYSON R V, PEARSON T H, 1991. Modern and ancient continental shelf anoxia[C]. Geological Society Special Publication, 58:1-26.

VAN KRANENDONK M J, 2012. A chronostratigraphic division of the Precambrian: Possibilities and challenges [C]. In: Gradstein F M, Ogg J G, Schmitz M D, Ogg G M(eds.). The Geological Time Scale 2012, Amsterdam: Elsevier, 299-392.

WANG G X, ZHAN R B, PERCIVAL I G, 2019. The end-Ordovician mass extinction: A single-pulse event? [J]. Earth Sci. Rev., 192:15-33.

WANG W, CAWOOD P A, ZHOU M F, et al., 2016. Paleoproterozoic magmatic and metamorphic events link Yangtze to northwest Laurentia in the Nuna supercontinent[J]. Earth and Planetary Science Letters, 433:269-279.

WANG XIAO FENG, STOUGE S, ERDTMANN B D, et al., 2005. A proposed GSSP for the base of the Middle Ordovician Series: the Huanghuachang section, Yichang, China[J]. Episodes, 28(2):105-117.

WEI YUNXU, PENG SONGBAI, JIANG XINGFU, et al., 2012. SHRIMP Zircon U-Pb Ages and Geochemical Characteristics of the Neoproterozoic Granitoids in the Huangling Anticline and Its Tectonic Setting[J]. Journal of Earth Science, 23(5):659-676.

WIGNALL P B, TWITCHETT R J, 1996. Oceanic Anoxia and the End Permian Mass Extinction[J]. Science, 272 (5265):1155-1158.

WILLIS B, BLACKWELDER E, SARGENT R H, 1907. Stratigraphy of the middle Yangtzi province[J]. Reaserch in China, 1(1):256-280.

WU Y B, GAO S, GONG H J, et al., 2009. Zircon U-Pb age, trace element and Hf isotope composition of Kongling terrane in the Yangtze Craton: refining the timing of Palaeoproterozoic high-grade metamorphism [J]. Journal of Metamorphic Geology, 27:461-477.

XIE S, PANCOST R D, YIN H, et al., 2005. Two episodes of microbial change coupled with Permo/Triassic faunal mass extinction[J]. Nature, 434:494-497.

XIONG Q, ZHENG J P, YU C M, et al., 2009. Zircon U-Pb age and Hf isotope of Quanyishang A-type granite in Yichang: Signification for the Yangtze continental cratonization in Paleoproterozoic[J]. Chinese Science Bulletin, 54(3):436-446.

YIN C, LIN S, DAVIS D W, et al., 2013. 2.1～1.85Ga tectonic events in the Yangtze Block, South China: Petrological and geochronological evidence from the Kongling Complex and implications for the reconstruction of supercontinent Columbia[J]. Lithos,182:200-210.

YU WENCHAO,ALGEO T J,DU YUANSHENG,et al.,2016. Genesis of Cryogenian Datangpo manganese deposit:Hydrothermal influence and episodic post-glacial ventilation of Nanhua Basin,South China[J]. Palaeogeography,Palaeoclimatology,Palaeoecology,459:321-337.

ZHANG L J,MA C Q,WANG L X,et al.,2011. Discovery of Paleoproterozoic rapakivi granite on the northern margin of the Yangtze block and its geological significance[J]. Chinese Science Bulletin,56(3):306-318.

ZHANG S B,ZHENG Y F,WU Y B,et al.,2006. Zircon isotope evidence for ≥3.5Ga continental crust in the Yangtze craton of China[J]. Precambrian Research,146:16-34.

ZHANG SHAO BING,ZHENG YONG FEI,ZHAO ZI FU,et al.,2008. Neoproterozoic anatexis of Archean lithosphere:Geochemical evidence from felsic to mafic intrusions at Xiaofeng in the Yangtze Gorge,South China[J]. Precambrian Research,163(3-4):210-238.

ZHANG SHIHONG,GANQING JIANG,HAN YIGUI,2008. The age of the Nantuo Formation and Nantuo glaciation in South China[J]. Terra. Nova.,20:289-294.

ZHAO G,CAWOOD P A,WILDE S A,et al.,2002. Review of global 2.1~1.8Ga orogens:implications for a pre-Rodinia supercontinent[J]. Earth Science Reviews,59:125-162.

ZHOU CHUAN MING,YUAN XUN LAI,XIAO SHU HAI,et al.,2019. Ediacaran integrative stratigraphy and timescale of China[J]. Science China Earth Sciences,62:7-24.

ZHOU G Y,WU Y B,WANG H,et al.,2017. Petrogenesis of the Huashanguan A-type granite complex and its implications for the early evolution of the Yangtze Block[J]. Precambrian Research,292:57-74.

# 附 录

F01 野外岩石分类方案

1.1 沉积岩分类方案

1. 碎屑岩分类

理解碎屑岩的分类首先要了解碎屑颗粒粒径的分级,通常采用2的几何级数制分级(附表1-1)。此外,在沉积岩描述中常采用单层厚度分级(附表1-2)。

附表1-1 沉积岩颗粒粒度2的几何级数制分级简表

粒级	泥级	粉砂级	砂级			砾级			
	泥	粉砂	细砂	中砂	粗砂	细砾	中砾	粗砾	巨砾
粒径/mm	<0.0039	0.0039~0.0625	0.0625~0.25	0.25~0.5	0.5~2	2~4	4~64	64~256	>256

注:据Stow,2005。

附表1-2 沉积岩单层厚度分级简表

层级	纹层(状)		层(状)				
	极薄纹层	薄纹层	极薄层	薄层	中层	厚层	巨厚层
层厚/cm	<0.1	0.1~1	1~3	3~10	10~30	30~100	>100

注:据Stow,2005;早期文献常用"块状"来描述"巨厚层状",但"块状"易与沉积构造中的"块状构造"混淆,故不再使用"块状"。

1)砾岩分类

砾岩包含砾石(角砾)和砾间填隙物(杂基和胶结物),杂基通常为各粒级的砂和泥的混合沉积,偶见单一组分;根据碎屑岩砾石颗粒-杂基的含量和变化,产生不同的与砾相关的碎屑岩类型(附表1-3)。例如,砾岩(砾石>90%)-含粗砂砾岩(砾石90%~75%)-粗砂质砾岩(砾石75%~50%)-砾质粗砂岩(砾石50%~25%)-含砾粗砂岩(砾石25%~10%)-粗砂岩(砾石<10%)。之后,可按照砾石粒级再细分岩石类型,如砖红色泥砂质粗角砾岩(泥石流成因)。此表也适用于冰碛岩的分类。

附表1-3 粗碎屑岩的砾-杂基二端元结构分类方案

岩石类型	(纯)杂基岩	含砾杂基岩	砾质杂基岩	杂基质砾岩	含杂基砾岩	(纯)砾岩
杂基含量	>90%	90%~75%	75%~50%	50%~25%	25%~10%	<10%

2)砂岩分类

(1)砂岩颗粒粒度分类:当颗粒粒度单一时,可按照颗粒粒度分级,划分出粉砂岩、细砂岩、中砂岩、粗砂岩;存在砾、砂、泥颗粒混合沉积时,按照单颗粒含量的10%、25%、50%、75%、90%来分类(附表1-3)。例如,泥质粉砂岩(粉砂级颗粒含量75%~50%,泥级颗粒含量50%~25%);再如含砾粗砂岩(粗砂级颗粒含量90%~75%,砾级颗粒含量25%~10%)。

(2)采用砂岩四组分三端元分类体系。四组分包含杂基(M)、石英(Q)、长石(F)、岩屑(R)。当杂基含量小于15%为净砂岩(砂岩),反映牵引流成因;当杂基含量15%~50%时为杂砂岩,反映重力流成因。从储层沉积学研究结果来看,基质含量大于15%的砂岩分选性差,砂岩的孔隙度和渗透率显著变差,一般难以储集油气(朱筱敏,2008)。

再采用石英(Q)-长石(F)-岩屑(R)三端元对砂岩进行成分分类(附图1-1)。石英指单晶石英颗粒,不包含燧石和多晶石英;长石指钾长石和斜长石;岩屑指三大岩类的碎屑,包括燧石等硅质岩屑(朱筱敏,2008)。

石英大于90%为石英(杂)砂岩;石英75%~90%,长石或岩屑为10%~25%,若长石多(F>R),则为长石石英(杂)砂岩(次长石砂岩);若岩屑多(F<R),为岩屑石英(杂)砂岩(次岩屑砂岩);长石或岩屑大于25%,长石大于岩屑(F>R),且大于长石和岩屑总量的50%[F/(F+R)>50%],可定本名为长石(杂)砂岩;相反定为岩屑(杂)砂岩;在长石砂岩中,若长石是岩屑的3倍以上[F/(F+R)>75%],则为长石(杂)砂岩,若小于3倍[50%<F/(F+R)<75%]则为岩屑长石(杂)砂岩;岩屑砂岩细分亦然。

(3)砂岩命名时可加粒级、结构、胶结物、特殊矿物、化石等,例如含海绿石石英细砂岩。

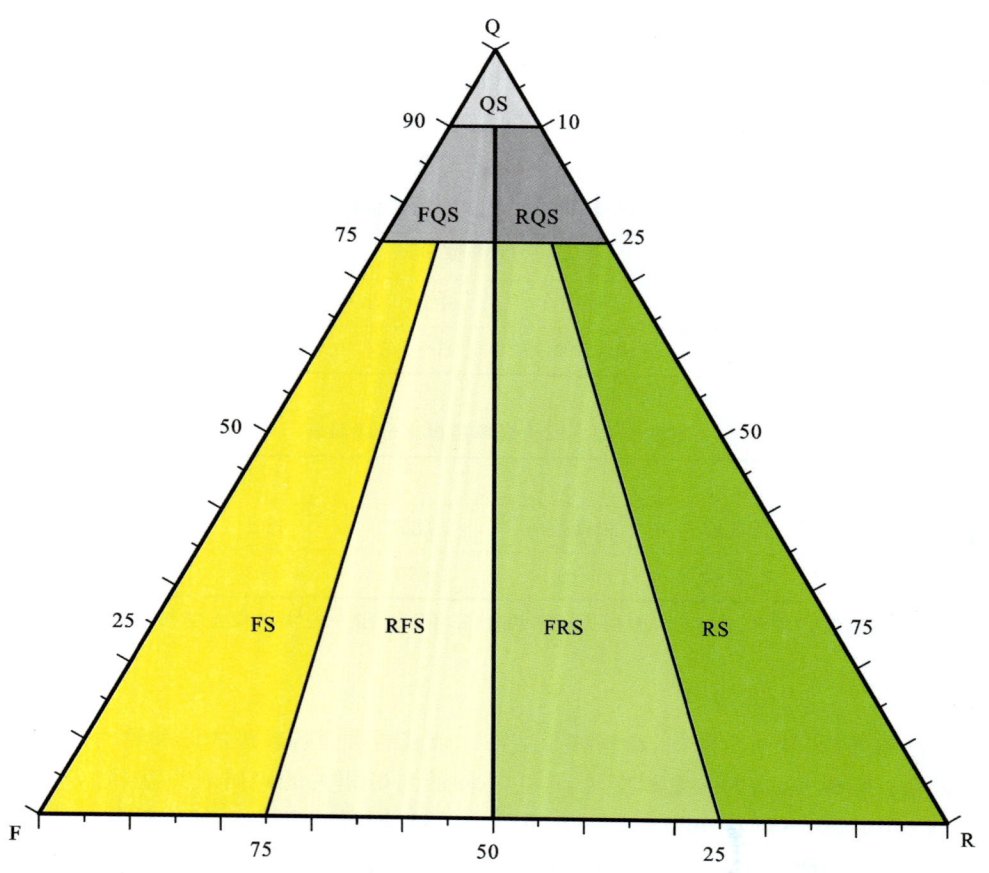

杂基含量 M<15%为净砂岩(砂岩),杂基含量 15%<M<50%为杂砂岩;QS.石英(杂)砂岩;FQS.长石石英(杂)砂岩;RQS.岩屑石英(杂)砂岩;FS.长石(杂)砂岩;RFS.岩屑长石(杂)砂岩;FRS.长石岩屑(杂)砂岩;RS.岩屑(杂)砂岩。

附图1-1 砂岩三端元分类方案(据Folk,1968;GB/T17412.2—1998)

3)泥岩或页岩或细粒混积岩的三端元分类方案

(1)相关术语。泥岩强调碎屑颗粒的粒径小于0.003 9mm。黏土岩强调黏土矿物含量大于50%。页岩则强调页理发育,其颗粒粒径往往与泥岩相当。在以往的使用中,页岩并不一定指碎屑岩,例如硅质页岩属于硅质岩,钙质页岩属于碳酸盐岩。作为陆源碎屑沉积的泥岩或页岩常与内源的碳酸盐岩和硅质岩混合沉积,又被称为细粒混积岩。

(2)混积岩组分。泥岩或页岩往往由细粒的基质(一般粒径小于0.003 9mm)和粉砂-砂级颗粒组成。泥岩中黏土矿物(CAL)主要反映陆源输入(部分来自火山)。石英包括陆源的碎屑石英和内生石英(生物和化学成因),长石主要来自陆源。内生的硅质矿物(Q)主要包括蛋白石、玉髓和石英。由于蛋白石和玉髓脱水重结晶,而最终转变为微晶-细晶石英,因此在古老的硅质岩中一般常见隐晶-微晶-细晶的石英。碳酸盐矿物(CAR)主要包括方解石、白云石、菱铁矿等,主要为内源的生物、化学成因(部分为成岩成因)。此外,还包含黄铁矿、磷灰石、海绿石等。

(3)混积岩三端元分类方案。一般采用石英(Q)-黏土矿物(CAL)-碳酸盐岩矿物(CAR)为三端元组分进行泥岩或页岩的分类(附图1-2)。

首先,根据端元组分大于50%,将泥岩或页岩分别划分为富黏土泥岩类(黏土岩类)、富硅质泥岩类(硅质岩类或硅质碎屑岩类)、富碳酸盐泥岩类(碳酸盐岩类)和混合泥岩类(三端元组分均小于50%)四大类。

需要注意,富硅质泥岩类比较特殊。在深水滞留盆地,硅质主要为生物和化学成因的内生石英,如硅质海绵骨针、硅质放射虫、化学沉积的硅质透镜体或纹层等,此富硅质泥岩类实际属于硅质岩;而在浅水开放环境,硅质矿物则以陆源碎屑石英为主,生物和化学成因硅质矿物极少,此富硅质泥岩类实际属于硅质碎屑岩。

其次,根据端元组分含量级别的 10%、25%、50%、75%、90% 划分岩石具体类别。凡含量大于 50% 的,即用它定岩石的基本名称,以"×岩"表示之,其中凡含量大于 90% 的以"(纯)×岩"表示之;凡含量 50%~25% 的,用它定岩石基本名称的主要形容词,以"×质"表示之;凡含量 25%~10%(或 5%)的,用它定岩石基本名称的次要形容词,以"含×"表示之;凡含量小于 10%(或小于 5%)的,一般不反映在岩石名称中。

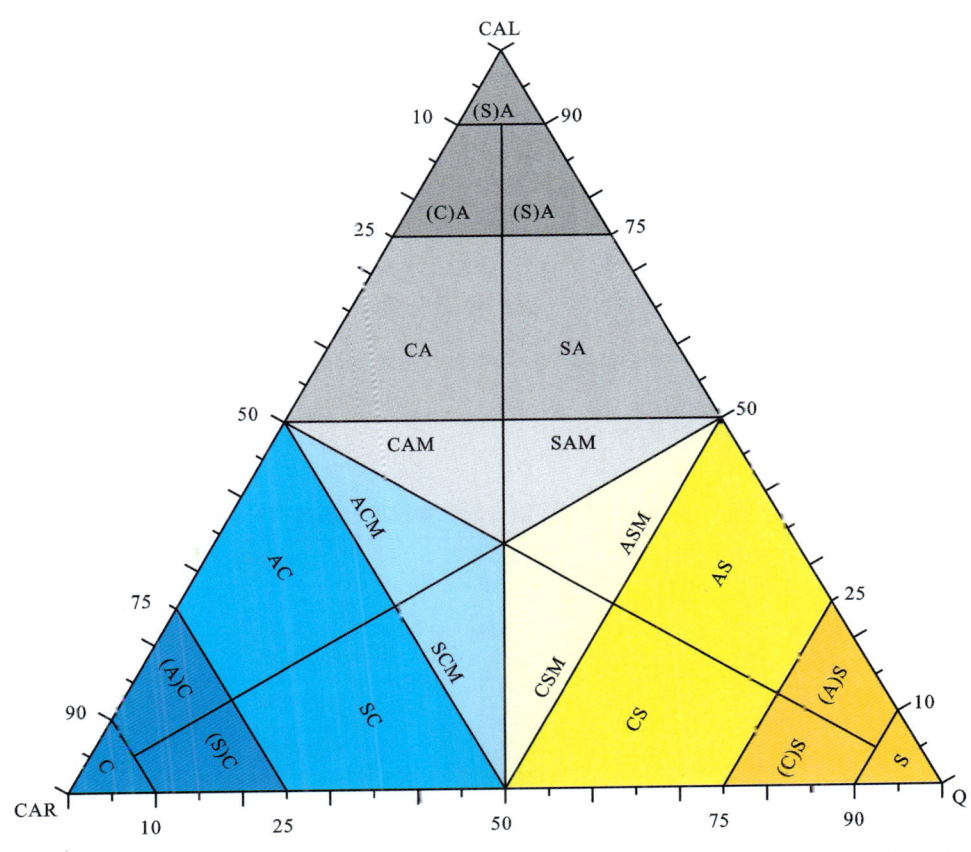

Q. 硅质矿物(石英、玉髓、蛋白石);CAL. 黏土矿物;CAR. 碳酸盐矿物;硅质泥岩大类:S.(纯)硅质泥岩或硅质岩;(A)S. 含黏土硅质泥岩或硅质岩;AS. 黏土质硅质泥岩或硅质岩;(C)S. 含碳酸盐质硅质泥岩或硅质岩;CS. 碳酸盐质硅质泥岩或硅质岩;碳酸盐岩大类:C.(纯)碳酸盐岩;(S)C. 含硅碳酸盐岩;SC. 硅质碳酸盐岩;(A)C. 含黏土碳酸盐岩;AC. 黏土质碳酸盐岩;黏土岩大类:A.(纯)黏土岩;(S)A.(含硅)黏土岩;SA. 硅质黏土岩;(C)A.(含碳酸盐质)黏土岩;CA. 碳酸盐质黏土岩;M. 混合泥岩大类:ASM. 黏土质-硅质混合泥岩;CSM. 碳酸盐质-硅质混合泥岩;SAM. 硅质-黏土质混合泥岩;CAM. 碳酸盐质-黏土质混合泥岩;ACM. 黏土质-碳酸盐质混合泥岩;SCM. 硅质-碳酸盐质混合泥岩。

附图 1-2 泥岩或页岩或细粒混积岩的三端元分类方案

4)陆源碎屑岩-碳酸盐岩混积体系二端元分类方案

对于常见的陆源碎屑岩-碳酸盐岩混积体系,可采用简便的二端元分类方案(附表 1-4)。碳酸盐矿物包括方解石、白云石;陆源碎屑颗粒按成分可分为黏土、石英、长石、岩屑、有机质等,按粒级可分为泥、粉砂、砂、砾。例如,灰岩-含泥灰岩-泥质石灰岩-灰质泥岩-含灰泥岩-泥岩。此方案适合石灰岩-黏土岩系列、碳酸盐岩-砂岩系列等(朱筱敏,2008)。

附表 1-4 陆源碎屑岩-碳酸盐岩混积岩系列二端元分类方案

混积岩类型	(纯)碎屑岩	含碳酸盐碎屑岩	碳酸盐质碎屑岩	碎屑质碳酸盐岩	含碎屑碳酸盐岩	(纯)碳酸盐岩
陆源碎屑含量	陆源碎屑>90%	90%~75%	75%~50%	50%~25%	25%~10%	<10%

2. 碳酸盐岩分类方案

碳酸盐岩组分包括碳酸盐颗粒(相当于陆源碎屑岩的碎屑颗粒组分,具体包含内碎屑、鲕粒、球粒、生物颗粒和藻粒等,粒径大于泥级)、泥(相当于碎屑岩的杂基)、亮晶(成岩过程中结晶的或重结晶的)、晶粒(成岩过程中结晶的或重结晶的)。因此,可按照碳酸盐岩颗粒-填隙物(杂基和胶结物)相对含量进行分类(附表1-5)。

附表1-5 碳酸盐岩的颗粒-填隙物二端元结构分类方案

碳酸盐岩类型	(纯)填隙物碳酸盐岩	含颗粒填隙物碳酸盐岩	颗粒质填隙物碳酸盐岩	填隙物质颗粒碳酸盐岩	含填隙物颗粒碳酸盐岩	(纯)颗粒碳酸盐岩
填隙物含量	>90%	90%~75%	75%~50%	50%~25%	25%~10%	<10%

(1)若能区分填隙物中的亮晶胶结物和灰泥或泥晶杂基,则可划分出亮晶颗粒碳酸盐岩和泥晶颗粒碳酸盐岩。在很多情况下,作为杂基的泥晶常重结晶呈细晶、粗晶、巨晶等(与胶结物不可分),分类可增加粒度分级,如含生物碎屑粗晶灰岩。

(2)"颗粒"可以是碳酸盐颗粒(具体包含内碎屑、鲕粒、球粒、生物颗粒和藻粒等),也可以是陆源碎屑颗粒(外源屑),此时可按照陆源碎屑岩-碳酸盐岩混积岩体系分类。生物格架灰岩中的生物格架也可以等同于生物颗粒。

1.2 岩浆岩分类方案

1. 岩浆岩与变质岩的粒度分级(附表1-6)

附表1-6 岩浆岩与变质岩的矿物粒度分级结构对比表

岩浆岩矿物粒度分级结构		变质岩矿物粒度分级结构	
巨粒结构/伟晶结构	>10mm		
粗粒结构	10~5mm	粗粒变晶结构	>3mm
中粒结构	5~2mm	中粒变晶结构	1~3mm
细粒结构	2~0.2mm	细粒变晶结构	1~0.1mm
显微晶质结构/微粒结构	0.2~0.01mm	显微变晶结构/微粒变晶结构	0.1~0.01mm
隐晶质结构	<0.01mm	隐晶质变晶结构	<0.01mm

注:据常丽华等,2009;陈曼云等,2009。

2. 深成侵入岩分类

1)基于矿物含量的分类

决定深成侵入岩岩石大类名称的是石英(Q)、碱性长石(A)和斜长石(P),暗色矿物(黑云母、角闪石、辉石等)是辅助性定名。可利用石英(Q)-碱性长石(A)-斜长石(P)三端元矿物相对含量进行分类。本书采用了第24届国际地质科学联合会(International Union of Geological Sciences,IUGS)推荐的深成岩矿物定量分类方案QAPF双三角图解的上半部分QAP三角图解(附图1-3)。

在野外目测石英(Q)、碱性长石(A)、斜长石(P)和暗色矿物(M)。当M<90%时,利用Q、A、F相对含量,使用三角图进行分类。首先看石英:①如果放大镜看不到石英或偶见石英,即Q<5%,岩石属于闪长岩-二长岩-正长岩类;②如果比较容易看见石英,但觉得还不是那么多,不是随眼可见,那么估计Q 5%~20%,岩石定位为石英闪长岩、石英二长岩等;③如果石英很多,极其容易辨明和发现,那么Q>20%,定位为广义的花岗岩类。

再根据斜长石(P)和碱性长石(A)的相对比例,利用比值1/9、1/2、2/1、9/1进一步确定基本岩石名称。以酸性岩为例,P/A比值<1/9、1/9~1/2、1/2~2/1、2/1~9/1、>9/1,分别定位为碱长花岗岩(A≫P或A>90%)、正长花岗岩(A>P)、二长花岗岩(A=P)、花岗闪长岩(A<P)、英云闪长岩(P≫A或P>90%)。

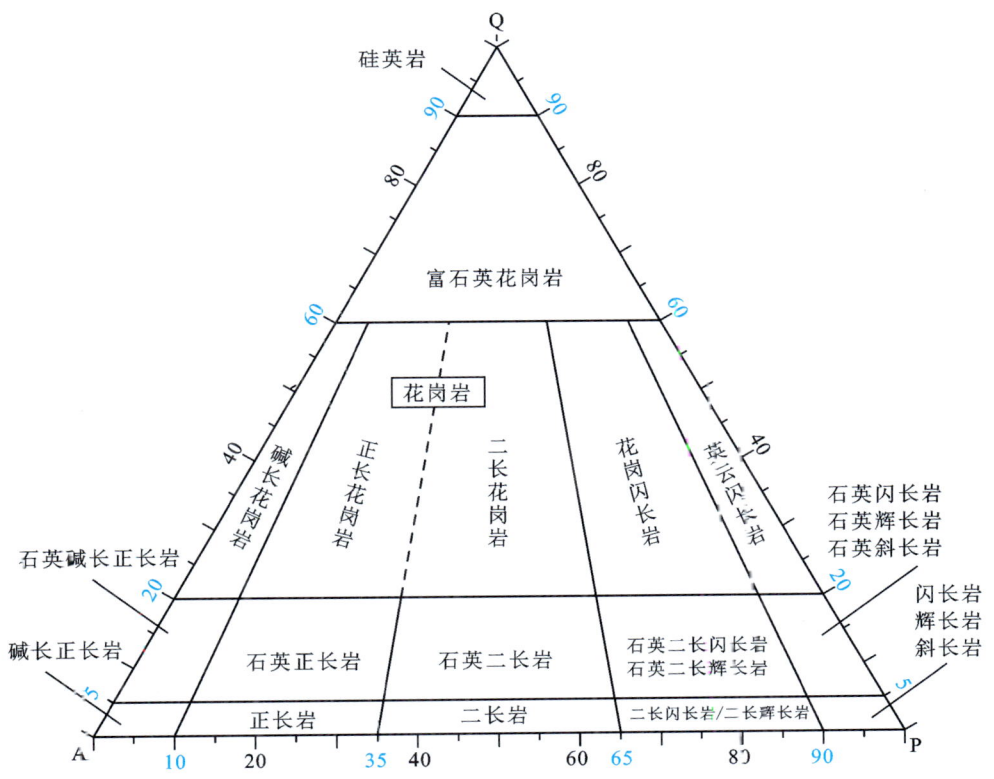

Q.石英;A.碱性长石[正长石、微斜长石、条纹长石、歪长石、钠长石(An<5)];P.斜长石(An5~100)、方柱石;M.铁镁矿物及与其有关的矿物[云母、角闪石、辉石、橄榄石、不透明矿物、副矿物(锆石、磷灰石、榍石等)、绿帘石、褐帘石、石榴子石、黄长石、钙镁橄榄石、原生碳酸盐矿物等];当M<90%时使用QAP三角图,Q+A+P=100%;花岗岩=正长花岗岩+二长花岗岩。

附图1-3 深成岩QAP矿物定量分类方案与命名(据Streckeisen,1976)

2)深成岩或岩浆岩的命名

①以次要矿物含量大于5%为前缀,如辉石闪长岩;②对于具斑状结构的浅成岩、次火山岩,当矿物以斜长石和暗色矿物为主时,则为玢岩,如闪长玢岩;若矿物主要为碱性长石、石英、似长石类时,则为斑岩,如正长斑岩;③特殊矿物无论含量多少都应该参加命名,如堇青石花岗岩;④特殊结构、特殊构造也应参加命名,如似斑状花岗岩、晶洞花岗岩;⑤如岩石遭受蚀变且需要在命名中加以强调时,需将蚀变矿物冠于基本名称之前,如蛇纹石化二辉橄榄岩、绢云母化闪长玢岩。

3. 浅成侵入岩分类

野外浅成主要类型和特征见附表1-7。

附表1-7 野外浅成岩主要类型和特征

结构	颜色	黑色、绿黑色、深灰色				肉红色、灰红色、灰黄色		黑色、绿黑色
斑状结构	浅色矿物斑晶	斜长石				碱性长石	碱性长石+石英	无
	暗色矿物斑晶	橄榄石	辉石	角闪石	黑云母	(黑云母)	无	辉石、角闪石、黑云母
	浅成岩名称	辉绿玢岩	闪长玢岩		黑云闪长玢岩	正长斑岩	花岗斑岩	煌斑岩
	潜火山岩名称	玄武玢岩	安山玢岩		黑云安山玢岩	粗面斑岩	流纹斑岩	
细晶隐晶结构	颜色	黑色、绿黑色、灰黑色		灰色		肉红色、红色		白色、灰白色
	岩石名称	辉绿岩、煌斑岩		微晶闪长岩		微晶正长岩	微晶花岗岩	细晶岩、霏细岩

注:据《岩石学简明教程》(朱勤文,1989)。

1.3 变质岩分类方案

1. 区域变质岩的分类表

以区域变质岩的构造-结构为分类基础,可分为具定向构造的区域变质岩和无(弱)定向构造的区域变质岩两类(附表1-8)。具面理构造的区域变质岩从低级变质到高级变质的典型岩石类型依次为板岩、千枚岩、片岩、片麻岩;无(弱)面理构造的区域变质岩的主要岩石类型有大理岩、石英岩、麻粒岩、变粒岩、角闪岩、榴辉岩等。

附表1-8 野外常见区域变质岩主要类型与特征综合表

岩石构造		岩石结构	岩石矿物组成	岩石类型	常见岩石类型
定向构造	板状构造、变余构造	隐晶质结构、变余泥质结构	绢云母(劈理面)、隐晶质的黏土矿物	板岩	钙质板岩、泥质板岩、碳质板岩
	千枚状构造	鳞片变晶结构	绢云母、绿泥石	千枚岩	绢云千枚岩、绿泥千枚岩、石英千枚岩
	片状构造	鳞片变晶结构、纤状变晶结构、斑状变晶结构	片柱状矿物有云母、绿泥石、角闪石;粒状矿物有石英、长石;特征变质矿物有石榴子石、红柱石	片岩	云母片岩、绿片岩、滑石蛇纹片岩、角闪石片岩、蓝闪石片岩
	片麻状构造	鳞片变晶结构、纤状变晶结构、粒状变晶结构	石英、长石(长石含量大于25%)、角闪石、黑云母	片麻岩	黑云斜长片麻岩、二长花岗片麻岩、A型花岗质片麻岩
弱定向至非定向构造	块状构造、条带状构造	粒状变晶结构	以方解石和白云石为主,含有硅灰石、滑石、透闪石、斜长石、石英	大理岩	方解石大理岩、白云石大理岩、硅灰石大理岩
	块状构造、条带状构造	粒状变晶结构	石英、长石、云母	石英岩	石英岩(石英含量大于90%)、长石石英岩(长石含量小于25%)
	块状构造、弱片麻状构造	粒状变晶结构	浅色矿物有石英、长石;暗色矿物为紫苏辉石、透辉石等无水矿物	麻粒岩	长英麻粒岩、辉石麻粒岩
	块状构造	粒状变晶结构	长石和石英(长石含量大于25%),铁镁矿物约占15%,片状柱状矿物占10%~30%	变粒岩	斜长变粒岩、角闪变粒岩
	块状构造、片状或片麻状构造	纤状变晶结构、粒状变晶结构	普通角闪石、斜长石,无石英或很少	斜长角闪岩(角闪岩)	斜长角闪岩
	块状构造	粒状变晶结构	绿辉石、镁铝榴石	榴辉岩	

注:据《岩石学简明教程》(朱勤文,1989)。

2. 混合岩的概念与分类

(1)混合岩的概念。国际地质科学联合会变质岩分类命名分委员会(SCMR)推荐的混合岩定义:在中等—肉眼观察尺度上,是一种渗透性混合的硅酸盐变质岩石,有较暗色和较浅色部分组成。暗色部分通常显示变质岩石的特征,而浅色部分具有火成岩特征。混合岩定义中的组构特点也可以出现在大理岩等非硅酸盐的岩石中。

Mehnert(1968)认为在原地成型的混合岩中一般能区分出古成体和新成体。古成体是指混合岩中未受改变或稍受改造的母岩或围岩,即片麻岩(过去泛称为基质)。新成体指混合岩中新形成的部分,包含两种类型:浅色体为混合岩中的浅色部分,以长英质矿物为主体(过去泛称为脉体);暗色体(残余体)是指混合岩中新生的暗色部分,一般由黑云母、角闪石、堇青石、石榴子石、夕线石等构成。通常表现为暗色矿物集中并结晶加大。Mehnert(1968)系统概括了混合岩常见的构造类型:角砾状构造、网状构造、碎块状构造、细脉状构造、层状(条带状)构造、布丁状构造、褶皱构造、肠状构造、眼球状构造、斑痕状构造、析离构造、云雾状构造。

(2)混合岩的分类。混合岩的分类和命名参考附表1-9。依混合岩化程度,由低到高分为混合质变质岩类、混合岩类、混合片麻岩类和混合花岗岩类;按混合岩构造分为角砾状混合岩、条带状混合岩、眼球状混合岩、肠状混合岩等。根据脉体的含量分类：①混合岩化变质岩（脉体含量小于15%），脉体＋混合构造＋混合岩化＋变质岩，如长英质细脉状混合岩化黑云母片岩或条带状混合岩化黑云母片岩等；②混合岩（15%＜脉体＜50%），脉体＋基质＋混合构造＋混合岩，如长英质斜长角闪质角砾状混合岩；③混合片麻岩（50%＜脉体＜85%），暗色矿物＋混合构造＋混合片麻岩，如角闪石眼球状混合片麻岩、黑云母条带状混合片麻岩；④混合花岗岩（脉体含量大于85%），暗色矿物＋混合构造＋混合花岗岩，如黑云云雾状混合花岗岩。

附表1-9 混合岩的分类-命名表

岩石构造	岩石结构	脉体含量	岩石分类	岩石命名	岩石实例
角砾状构造、透镜状构造、眼球状构造、细脉状构造、片麻状构造、条带状构造、流褶皱构造、云雾状构造	基体：变晶结构和交代结构 脉体：结晶结构和交代结构	＜15%	混合岩化变质岩	脉体＋混合构造＋混合岩化＋变质岩	长英质细脉状混合岩化黑云母片岩
		15%～50%	混合岩	脉体＋基质＋混合构造＋混合岩	长英质斜长角闪质角砾状混合岩
		50%～85%	混合片麻岩	暗色矿物＋混合构造＋混合片麻岩	黑云母条带状混合片麻岩
		＞85%	混合花岗岩	暗色矿物＋混合构造＋混合花岗岩	黑云云雾状混合花岗岩

（3）动力变质岩分类。动力变质作用指构造运动产生的定向压力使岩石发生变质的一种作用。在地壳浅层中发生的定向挤压作用温度较低，岩石表现为脆性变形，主要产生机械破碎，形成碎裂岩（包括断层角砾岩、碎粒岩、碎粉岩等）。在地壳的较深层中发生的定向挤压作用，温度较高，岩石可发生塑性变形和重结晶作用，产生糜棱岩、超糜棱岩和构造片岩。野外可在断裂带内观察到动力变质岩，这是其产出特色。首先，按照岩石是否具有定向或流动构造划分出碎裂岩系列和糜棱岩系列，再按基质的含量划分具体类型（附表1-10）。

附表1-10 动力变质岩的构造-结构分类表

岩石构造	岩石结构	基质含量	碎块/斑粒径	岩石系列	岩石类型
无定向或流动构造	块状构造，角砾状结构	0%～10%	＞2mm	碎裂岩系列	碎裂岩化岩（含断层角砾岩）
		10%～50%	＞2mm		初碎裂岩（含断层角砾岩）
	碎斑结构	50%～90%	2～0.1mm		碎裂岩（狭义）（碎斑岩/碎粒岩）
		90%～100%	＜0.1mm		超碎裂岩（含断层泥岩）
流动构造	条带状构造、眼球状构造、千糜状构造	0%～10%	＜0.1mm	糜棱岩系列	糜棱岩化岩
	糜棱结构 千糜结构	10%～50%			初糜棱岩
		50%～90%			糜棱岩（狭义）
		90%～100%			超糜棱岩（千糜岩）

注：据房立民等，1991修编。

F02 野外含量目测图版

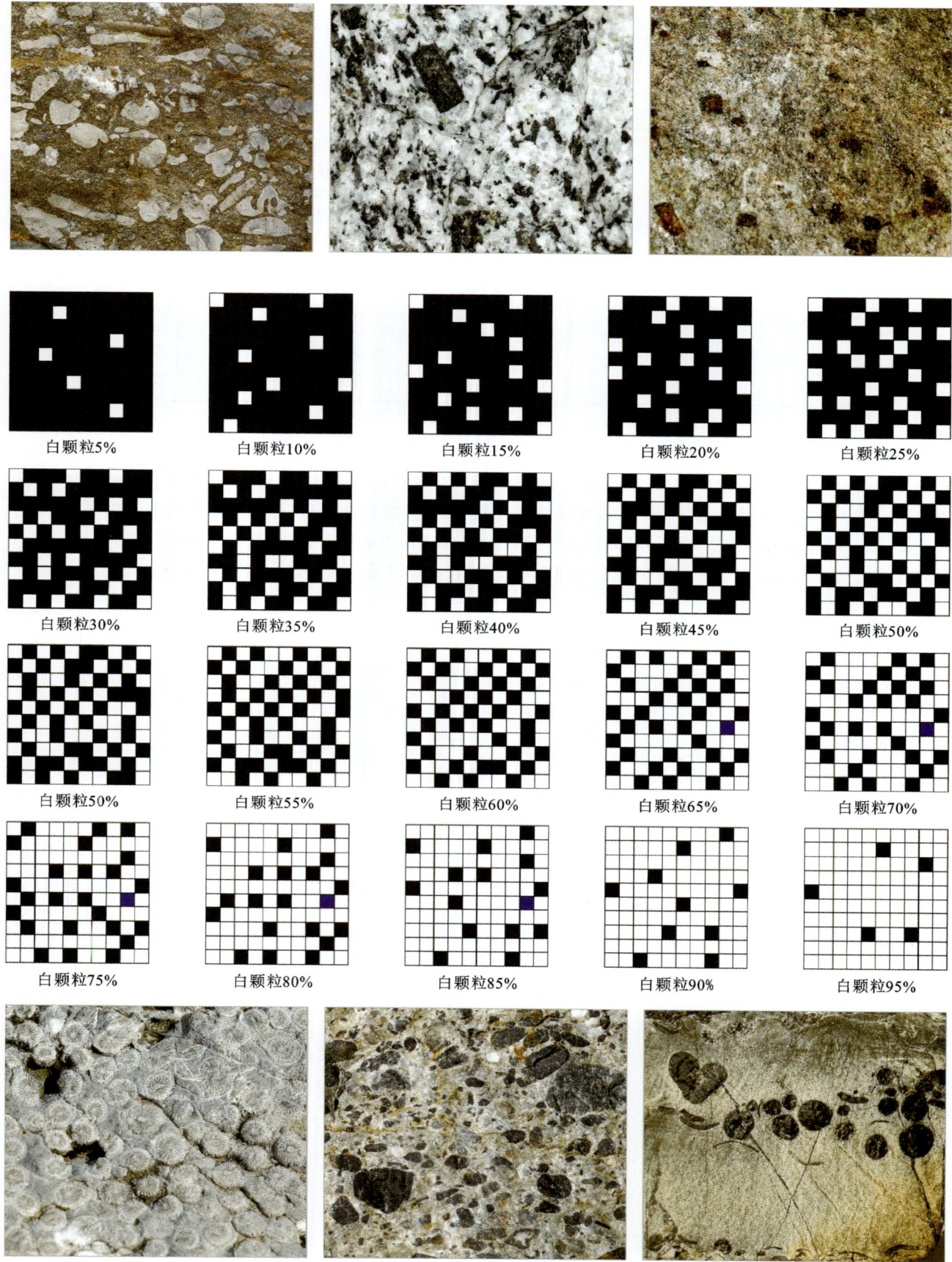

F03 野外岩石描述模版

3.1 沉积岩之碎屑岩野外描述参考模版

沉积岩定名		浅灰色泥砂质灰岩质中角砾岩
沉积岩颜色	新鲜色	浅灰色
	风化色	砖红色(填隙物砖红色,砾石普遍变黑)
沉积岩构造		块状构造(混杂堆积)
沉积岩结构	颗粒结构	中砾结构。砾石形态不规则,有椭圆状、长柱状、尖棱状等,大小不均匀,粒径以2~4cm占优势,个别粒径大于4cm;分选极差。砾石呈棱角状—次棱角状,少数为次圆状,属角砾岩。砾石无定向排列
	填隙物结构	填隙物为砂-泥混杂结构
	支撑关系	杂基支撑、颗粒无接触,呈漂浮状
	胶结类型	基底式胶结
沉积岩成分	颗粒成分	砾石(65%)主要为生物碎屑灰岩和白云岩,偶见燧石和石英岩砾(<5%),属于单成分砾岩
	填隙物成分	杂基(30%)为各粒级的砂和极少量的泥,主要成分为岩屑、黏土;钙质和泥质胶结物(5%)
沉积岩含有物		砾岩本身无化石,但灰岩砾石中含腹足类、腕足类、海百合茎、有孔虫等
沉积岩次生变化		砾石具有方解石充填裂隙
沉积岩成因		陡坡带扇三角洲平原泥石流沉积
沉积岩产状		高家堰下白垩统石门组,呈透镜体产出

沉积岩定名		浅灰色含砾岩屑长石粗砂岩
沉积岩颜色	新鲜色	浅灰色
	风化色	局部呈现砖红色
沉积岩构造		正粒序层理、槽状交错层理,砾石定向性、底部冲刷面
沉积岩结构	颗粒结构	粗粒砂状结构、含砾结构。颗粒形态有浑圆状、三角形、长柱状等,粒径以1~2mm占优势;含细砾,其中外源砾4~6mm,泥砾2~4cm,属中砾。分选极差。绝大多数砾石为棱角状—次棱角状,少数为次圆状。砾石沿层理定向排列
	填隙物结构	无法识别
	支撑关系	颗粒支撑,点接触
	胶结类型	孔隙式胶结
沉积岩成分	颗粒成分	颗粒(90%),以长石为主(40%),其次为黑色燧石岩屑(30%)、石英(20%),含黑色燧石细砾和砖红色泥砾(10%),为岩屑长石砂岩
	填隙物成分	杂基成分无法识别;钙质、黏土质胶结物(10%)
沉积岩含有物		未见化石,无油气显示
沉积岩次生变化		未见
沉积岩成因		扇三角洲前缘水下分流河道
沉积岩产状		桥边镇下白垩统五龙组,砂体呈透镜状

3.2 沉积岩之碳酸盐岩野外描述参考模版

沉积岩定名		灰白色粗晶生物碎屑灰岩
沉积岩颜色	新鲜色	灰白色
	风化色	深灰色，局部呈红褐色
沉积岩构造		块状构造
沉积岩结构	颗粒结构	粒屑结构或生物碎屑结构。颗粒为生物碎屑(70%)，生物碎屑呈圆形、椭圆形、扁平状或其他不规则形状，一般粒径0.5~2cm，个别较大，分选极差。生物碎屑呈自形—半自形，保存较好。颗粒无定向排列。颗粒表面生物结构保存完好
	填隙物结构	杂基无法识别
		胶结物为粗晶结构
	支撑关系	杂基-颗粒支撑
	胶结类型	基底式-孔隙式胶结
沉积岩成分	颗粒成分	颗粒（70%）主要为亮晶方解石生物碎屑，包括海百合茎、珊瑚、腕足碎屑等
	填隙物成分	填隙物仅见亮晶粗粒方解石胶结物（30%）
	孔隙类型	可见生物体腔原生孔隙与溶蚀孔隙
沉积岩含有物		化石有海百合茎（占生屑的50%）、珊瑚（占生屑的35%）、腕足（占生屑的5%），其他（占生屑的10%）
沉积岩次生变化		具有方解石充填裂隙，重结晶作用显著
沉积岩成因		滨海潮坪相潮间带生物碎屑滩，与珊瑚礁灰岩共生
沉积岩产状		琵琶溪志留系罗惹坪组丘状生物礁滩

沉积岩定名		深灰色泥晶风暴砾屑石灰岩
沉积岩颜色	新鲜色	深灰色
	风化色	颜色变浅灰色、褐灰色
沉积岩构造		块状构造
沉积岩结构	颗粒结构	颗粒为内碎屑（60%），以长椭圆形为主，少数浑圆状、竹叶状，砾径以2~6cm为主，个别较大，总体属中砾。分选差。砾屑有的磨圆较好，特别是燧石砾，呈次圆状；有的呈撕裂状、棱角状。砾屑排列杂乱，无定向性。砾屑周缘无氧化环
	填隙物结构	填隙物泥晶-粉晶结构
	支撑关系	杂基-颗粒支撑
	胶结类型	孔隙-基底式胶结
沉积岩成分	颗粒成分	颗粒（60%）成分单一，主要有灰色泥晶灰岩砾（占砾屑80%）和灰黑色隐晶质燧石砾（占砾屑20%）
	填隙物成分	杂基无法识别
		胶结物为细晶方解石（30%）
	孔隙类型	方解石充填裂隙的残余孔隙（晶洞孔隙）
沉积岩含有物		未见化石，无油气显示
沉积岩次生变化		白色方解石充填不规则张裂隙和颗粒间孔隙
沉积岩成因		碳酸盐陆棚风暴浪基面附近的风暴成因
沉积岩产状		周家坳灯影组灯二段，与丘状交错层理石灰岩相邻

3.3 岩浆岩野外描述参考模版

岩浆岩定名		肉红色—灰色中粗粒似斑状二长花岗岩
岩浆岩颜色	新鲜色	浅肉红色—灰色
	风化色	深肉红色—灰色
岩浆岩构造		块状构造
岩浆岩结构	矿物粒度	似斑状结构。基质为中—粗粒不等粒结构，以浅色矿物粒径3～8mm占优势，暗色矿物粒径一般小于3mm。斑晶长轴粒径3～5cm
	自形程度	半自形粒状结构
岩浆岩成分	主要矿物	斑晶为钾长石（5%），肉红色，自形的柱状、菱形，具有环带构造。基质中石英（30%）烟灰色，透明，油脂光泽，他形粒状。斜长石（30%）呈灰白色，半自形—他形粒状。钾长石（25%）肉红色，半自形板状，卡式双晶
	次要矿物	暗色矿物（10%）有六边形片状的黑云母和少量柱状角闪石，自形
	副矿物	未见
岩浆岩产状和相		深成侵入岩株中央相
岩浆岩次生变化		斜长石绿帘石化
岩浆岩产地		下岸溪新元古界黄陵复式花岗岩体内口单元

岩浆岩定名		浅灰色中粒角闪英云闪长岩
岩浆岩颜色	新鲜色	浅灰色
	风化色	浅褐灰色
岩浆岩构造		块状构造
岩浆岩结构	矿物粒度	中粒结构，浅色矿物以粒径3～4mm占优势，暗色矿物粒径1～3mm
	自形程度	半自形粒状结构
岩浆岩成分	主要矿物	斜长石（55%）呈灰白色，半自形—他形粒状，连片分布。石英（25%）深烟灰色，透明，油脂光泽，他形粒状
	次要矿物	角闪石（10%）黑色，玻璃光泽，自形长柱状，黑云母（5%）呈黑色，自形片状。钾长石（5%）肉红色，半自形粒状
	副矿物	未见
岩浆岩产状和相		深成侵入岩株边缘相
岩浆岩次生变化		斜长石绿帘石化
岩浆岩产地		花鸡坡黄陵复式花岗岩体三斗坪单元

3.4 变质岩野外描述参考模版

变质岩定名		灰色长英质斜长角闪质条带状混合片麻岩
变质岩颜色	新鲜色	灰色
	风化色	黄灰色，表面见褐铁矿斑
岩浆岩构造		条带状构造、流褶皱构造、透镜状构造
变质岩结构	基体结构	细粒粒状变晶结构
	脉体结构	中粒粒状变晶结构
变质岩成分	脉体矿物	灰白色长英质：石英（60%）他形粒状，长石（30%）半自形粒状，二者粒度为1～1.5mm；黑云母（10%）自形鳞片状，具有定向性，粒度0.5～1mm。脉体呈条带状、细脉状，脉宽1～15cm不等，含量占全岩的40%
	基质矿物	灰黑色斜长角闪质：角闪石（占基质的80%）黑色自形粒状，斜长石（占基质的20%）灰白色粒状，粒径0.5mm左右。灰黑色基质呈条带状、透镜状、角砾状，含量占全岩60%
	特征矿物	未见
变质岩次生变化		无
变质岩成因		混合岩化作用，变质程度角闪岩相
变质岩原岩		斜长角闪岩基质原岩为玄武岩；长英质脉体属新生体
变质岩产地		茅垭村古一中太古界古村坪岩组（TTG片麻岩）

变质岩定名		白色细粒硅灰石大理岩
变质岩颜色	新鲜色	白色
	风化色	浅褐黄色或灰黑色（植被污染）
变质岩构造		块状构造，也见条带状构造
变质岩结构	矿物绝对大小	细粒变晶结构。方解石粒径普遍为0.5～1mm。硅灰石颗粒长轴达2cm
	矿物相对大小	等粒变晶结构
变质岩成分	主要矿物	方解石（95%）呈白色，自形的菱形，滴酸剧烈起泡；呈白色糖状或亮片状外观。矿物均匀分布，无定向性
	次要矿物	硅灰石（5%）灰白色，放射状-纤维状集合体
	特征矿物	硅灰石反映中一高温变质条件
变质岩次生变化		无
变质岩成因		区域变质作用，中一高温条件
变质岩原岩		含硅质石灰岩
变质岩产地		茅垭村古元古界小以村岩组孔兹岩系

F04 野外地质编图模版

1. 野外地质编图的概念

野外地质编图是用抽象的地质符号解释地质现象、探索地质作用的科学方法。野外地质编图不是传统的"地质素描"——这个概念总是与作为绘画方式的素描艺术有着必然的关联。基于此,许多人强调"地质素描需要运用透视原理和绘画技巧来表达地质现象或地质作用。"事实上,许多传统的地质素描就是描绘地质现象以作为教材的插图。这些素描兼具着摄影的功能,特别是在数码相机和彩印书籍尚未普及的时代。地质编图既是探索科学问题的途径,也是表达科学认识的手段。地质编图不仅凝聚了人类探索自然的智慧,也向我们传递了真和美。地质编图在实践和传达着人类锲而不舍的探索精神以及丰富的想象力与自由的创造力。

2. 野外地质编图的要素

通常强调野外地质编图的五大要素:图形、图例、方位、比例尺和图名。作为野外地质素描的成果——图形,并不强调写实和光与影的掌控,而是强调抽象的表达。这样的图形,即使没有丝毫素描基础的人也能圆满完成。图形要表现的内容包括但不限于地质现象的解释,如地形线、分层线、标识线、岩性花纹、地质取样等,也包含必要的文字信息,如现象描述、产状要素、地层代号、地质点号、样品编号等。图例用来解释图形中线条和符号的含义,其必要性不言而喻。露头方位和线段比例尺是在编图之前就需要考虑的。最后,需要给予编制的成果图一个合适的图名,需要强调剖面地点、地质现象或作用和图件类型。

3. 野外地质编图的模版

对同一地质现象,本书提供了3种可供参考的地质编图模版。剖面图(模版1)和柱状图(模版2)适合展示地质现象垂向的变化,例如地层学编图、沉积学编图等;全景图(模版3)更适合展示地质现象的全貌与横向的变化,例如构造地质学编图、矿床学编图等。在野外可根据具体的编图内容选择适合的编图类型。

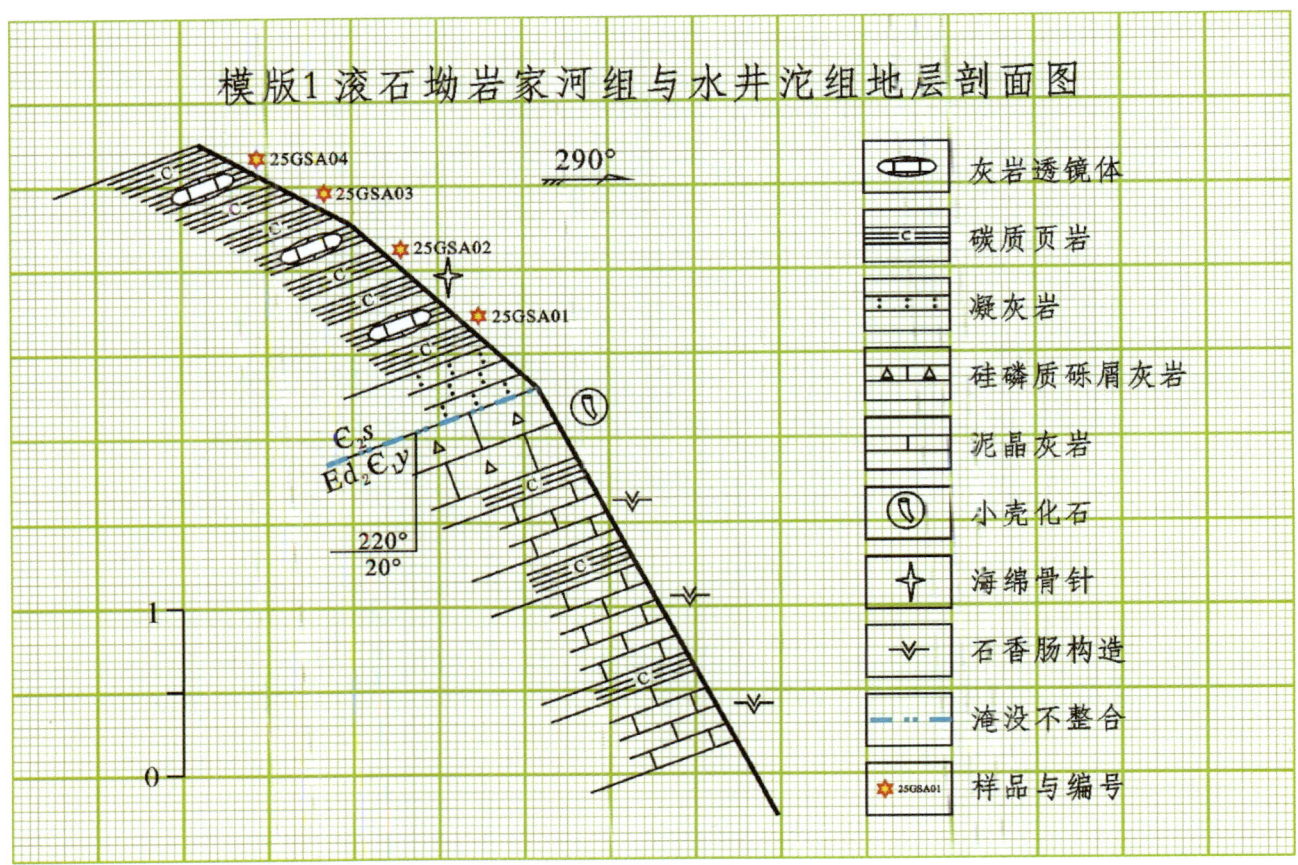

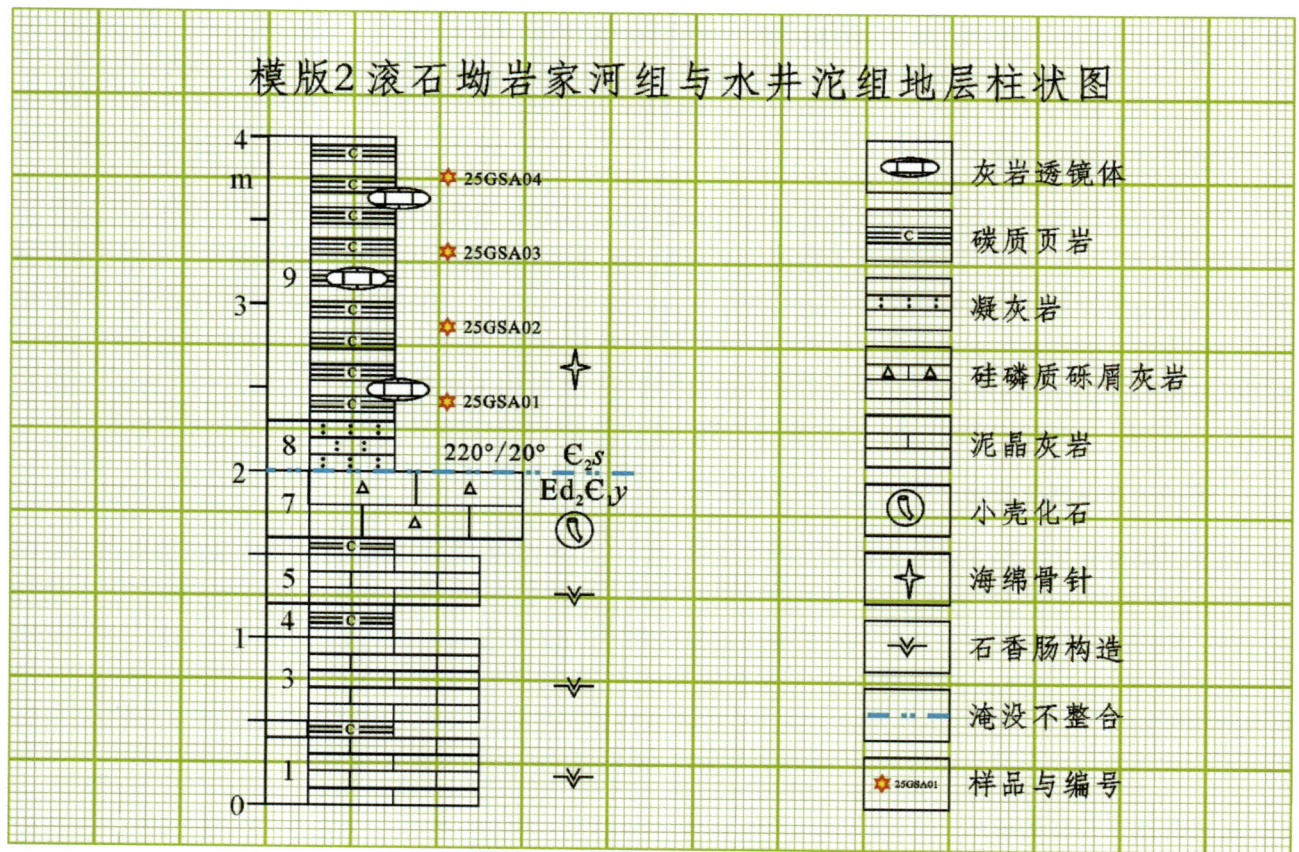

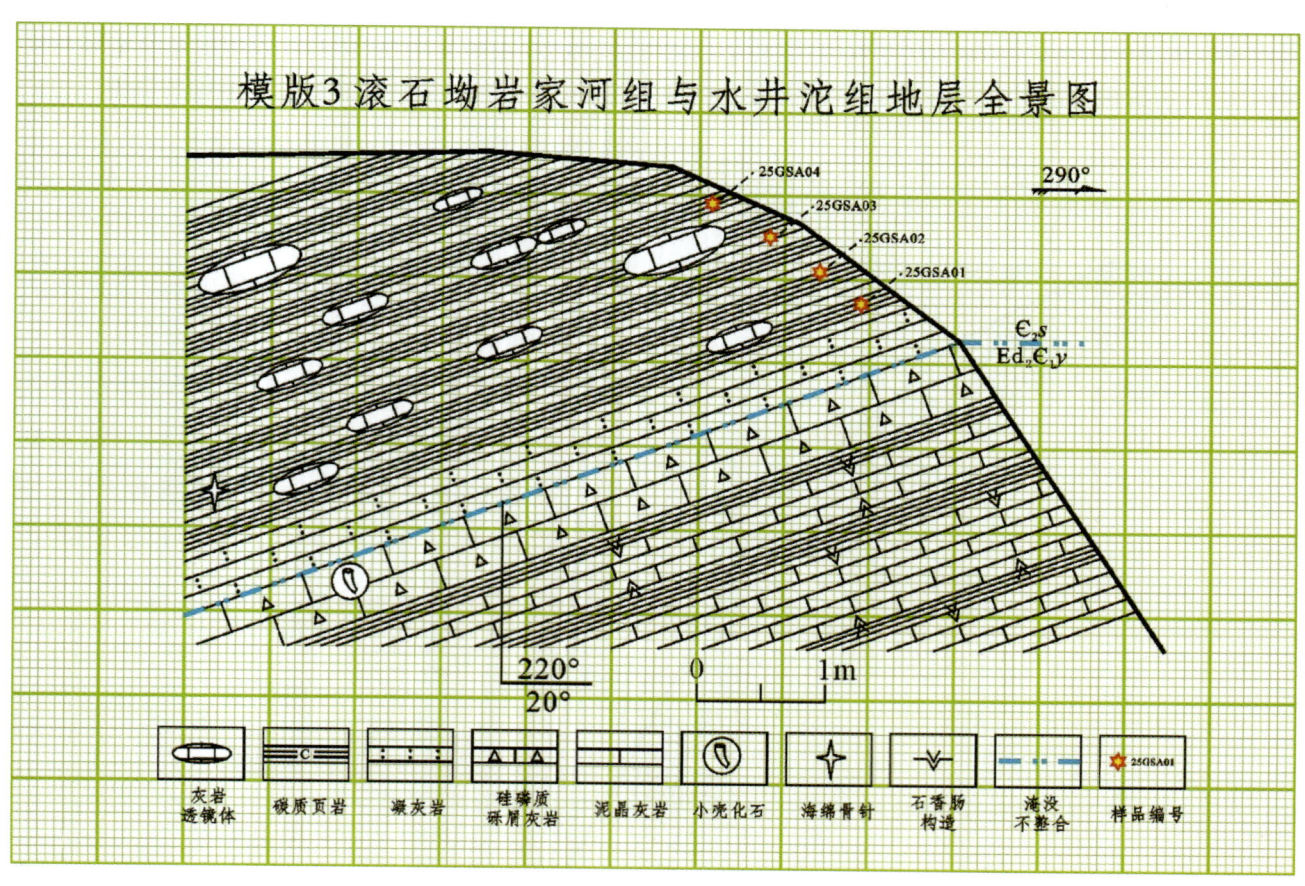

F05 野外地质编图图例

花纹或符号	名称或说明	花纹或符号	名称或说明	花纹或符号	名称或说明
矿物花纹与代号		~	绿泥石Chl	⊖	滞留泥岩砾
=	白云母Mu	⌐	普通辉石Aug	·	砂
◇	白云石Do	∪	蛇纹石Sep	··	粉砂
◣	赤铁矿Hm	—	石墨Gph	—	泥
■	磁铁矿Mt	Ⅲ	石膏Gy	∣	灰
◇	方解石Cal	⊡	石盐Ha	╱	云
∧	橄榄石Ol	∴	石英Qz	∶	凝灰
土	高岭石Kl	⊙	石榴子石Gr	⊙	鲕粒
◆	铬铁矿Chm	⬬	燧石Che	◎	核形石
◥	褐铁矿Lm	⊠	天青石Cls	含(成分)	10%<成分<25%
- -	黑云母Bit	÷	透辉石Di	(成分)质	25%<成分<50%
♯	海绿石Gt	⊢	透闪石Tl	**岩石特征成分——符号型**	
⌒	滑石Gt	N	斜长石Pl	C	碳质
Ⅲ	黄铁矿Py	※	阳起石Act	OM	有机质
⌐	辉石Prx	=	云母Mc(未细分)	Fe	铁质
K	钾长石Kf	▲	沥青Bi	Mn	锰质
<	角闪石Hb	**岩石特征成分——花纹型**		Cu	铜质
=	绢云母Ser	○	砾	Al	铝质
◇	菱锰矿Rc	△	角砾	Si	硅质
⊕	铝土矿Bx	⬠	冰碛砾	P	磷质
⊖	绿帘石Ep	⬯	竹叶状内碎屑(碳酸盐岩)	Ca	钙质

花纹或符号	名称或说明	花纹或符号	名称或说明	花纹或符号	名称或说明
	沉积岩花纹		石盐岩/盐岩		冲状交错层理
	碎屑岩基础岩性花纹		煤层或煤线		丘状交错层理
	砾岩(未细分)中砾岩		**具特殊成因沉积岩花纹**		变形层理
	角砾岩(未细分)		冰碛岩(未细分)		滑塌构造
	巨砾岩(>256mm)		岩溶角砾岩		叠瓦状构造
	粗砾岩(64~256mm)		风暴砾岩		缝合线
	中砾岩(4~64mm)		风成砂岩		对称波痕
	细砾岩(2~4mm)		礁灰岩		不对称波痕
	粗砂岩(0.5~2mm)		第四系沉积物(不画岩层线)		负载构造
	中砂岩(0.25~0.5mm)		**沉积构造花纹**		火焰构造
	细砂岩(0.0625~0.25mm)		水平层理		泥裂
	粉砂岩(0.0039~0.0625mm)		平行层理		刺穿构造
	泥岩(<0.0039mm)		块状层理		**岩层几何形态**
	黏土岩(<0.0039mm)		波状层理	+岩性	层状+岩性花纹
	页岩(未细分)		前积交错层理	+岩性	条带状+岩性花纹
	碳酸盐岩基础岩性花纹		槽状交错层理	+岩性	透镜体+岩性花纹
	灰岩/石灰岩		波状交错层理	+岩性	丘状+岩性花纹
	白云岩		透镜状层理	+岩性	谷状+岩性花纹
	其他沉积岩基础花纹		脉状层理	+岩性	团块+岩性花纹
—Si—	硅质岩		双向交错层理	+岩性	结核+岩性花纹
	石膏岩		正/反粒序层理		瘤状+岩性花纹

花纹或符号	名称或说明	花纹或符号	名称或说明	花纹或符号	名称或说明
常见化石花纹		⊙	瓶筐石	⊤⊤⊤	正长岩
e	生物碎屑（动物/未细分）	∪	潜穴	∨∨∨	安山岩
✿	植物化石（未细分）	沉积岩层厚花纹		酸性岩	
△C	碳化植物碎屑	▭	纹层状/页理（<1cm）	+++	花岗岩(未细分)
◉	叠层石	▭	极薄层状（1~3cm）	N⊥⊥	英云闪长岩
≈	藻类（未细分）	▭	薄层状（3~10cm）	⊥++	花岗闪长岩
◐	腕足类	▭	中层状（10~30cm）	+⁄+⁄+	二长花岗岩
◔	腹足类	▭	厚层状（30~100cm）	+⊤+	正长花岗岩
♡	双壳类	▭	巨厚层状（>100cm）	+K+	碱长花岗岩
⊚	菊石	岩浆岩花纹		∴⊥⊥	石英闪长岩
◉	蜓类	超基性岩花纹		×∀×	流纹岩
⩗	牙形刺	^^^	橄榄岩	火山碎屑岩	
☼	放射虫	–––	辉石岩	:∨:	凝灰岩
⊕	珊瑚	<<<	角闪石岩	:·:	沉凝灰岩或火山灰
𝄢	笔石	基性岩		岩浆岩结构花纹	
✯	海绵类	×××	辉长岩	+	细粒
✦	海绵骨针	λλλ	玢岩	+	中粒
◿	角石类	×××	辉绿岩	+	粗粒
⊙	海百合茎	⌐⌐⌐	玄武岩	++	不等粒
▽	三叶虫	中性岩		+	斑状
◎	古杯	⊥⊥⊥	闪长岩	+	似斑状

花纹或符号	名称或说明	花纹或符号	名称或说明	花纹或符号	名称或说明
变质岩花纹			矽卡岩	地层接触关系：剖面	
区域变质岩			石榴子石矽卡岩		整合面
	板岩	动力变质岩/构造岩			角度不整合面
	千枚岩	碎裂岩系列			平行不整合面
	片岩		断裂角砾 碎块>30%		淹没不整合面
	角闪片岩		断裂泥 碎块<30%		构造或断层接触面
	黑云片岩		碎裂岩化(花岗岩) 基质<10% 碎块>2mm	断层符号：平面	
	石英片岩		初碎裂岩/碎斑岩 基质10%~50% 碎块2~0.5mm		正断层 箭头示倾向
	含阳起石石英片岩		碎裂岩/碎粒岩 基质50%~90% 碎块0.5~0.02mm		逆断层 箭头示倾向
	含石榴子石石英片岩		超碎裂岩/碎粉岩 基质>90% 碎块<0.02mm		走滑断层 箭头示剪切方向
	正片麻岩	糜棱岩系列			走滑-伸展断层 箭头示剪切方向
	副片麻岩 片麻岩(未细分)		糜棱岩化 (闪长岩)		走滑-挤压断层 箭头示剪切方向
	花岗片麻岩		初糜棱岩	断层符号：剖面	
	斜长片麻岩		糜棱岩		正断层 箭头示倾向
	角闪斜长片麻岩		超糜棱岩		逆断层 箭头示倾向
	浅粒岩		千糜棱岩		走滑断层 点圈向观测者
	变粒岩	混合岩			走滑-伸展断层 点圈向观测者
	麻粒岩		混合岩化黑云片岩 (脉体<15%)		走滑-挤压断层 点圈向观测者
接触变质岩			混合岩 (15%<脉体<50%)	节理和裂隙符号	
	角岩		混合片麻岩 (50%<脉体<85%)		无充填裂隙
	大理岩		混合花岗岩 (脉体>85%)		充填裂隙 (成分用元素)

F06 湖北岩相古地理图

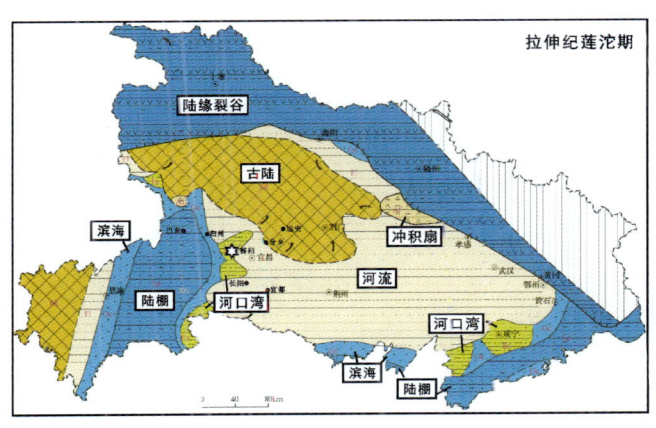

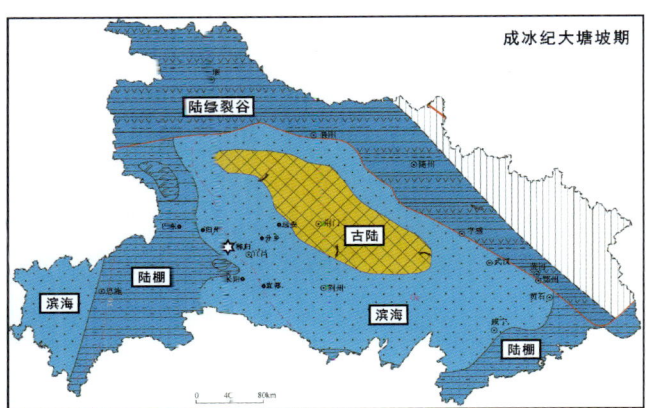

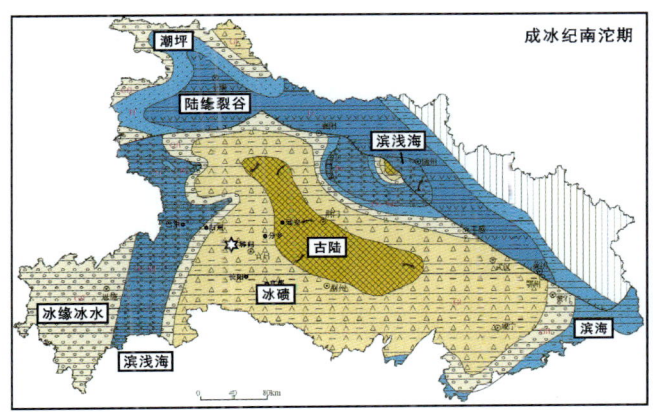

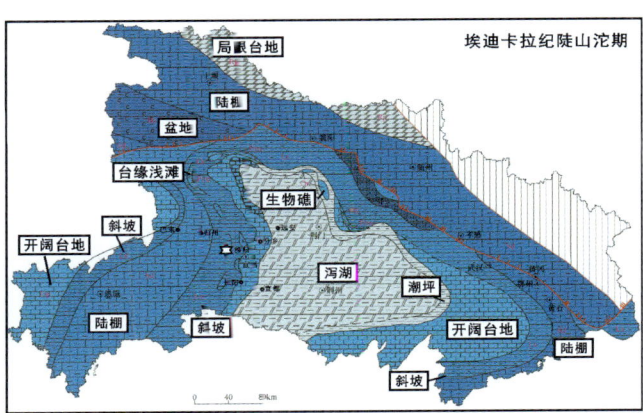

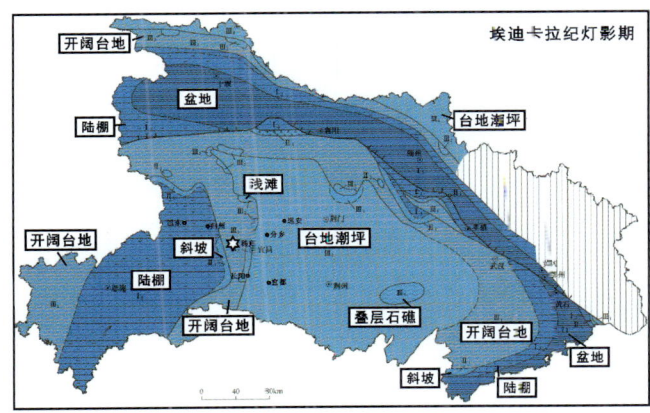

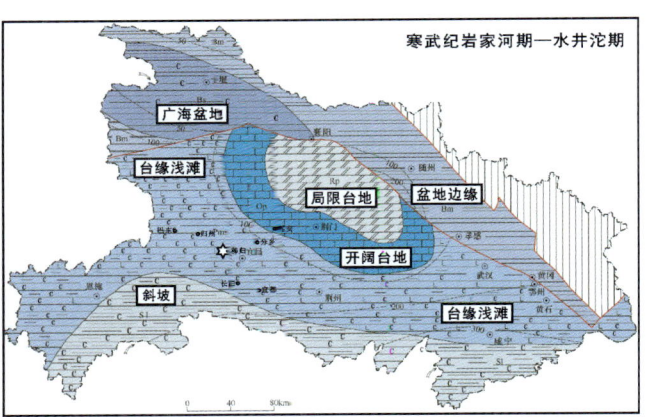

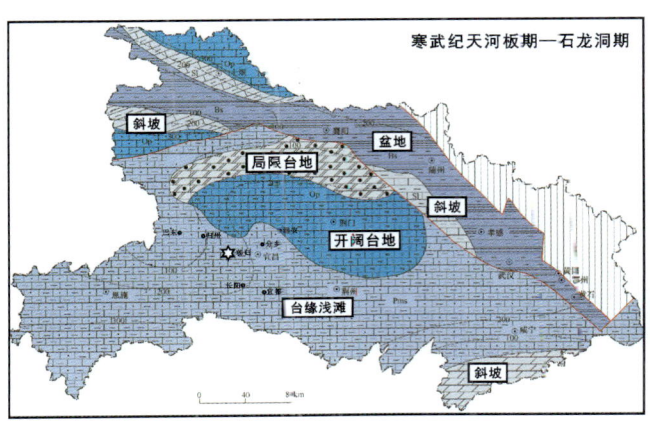

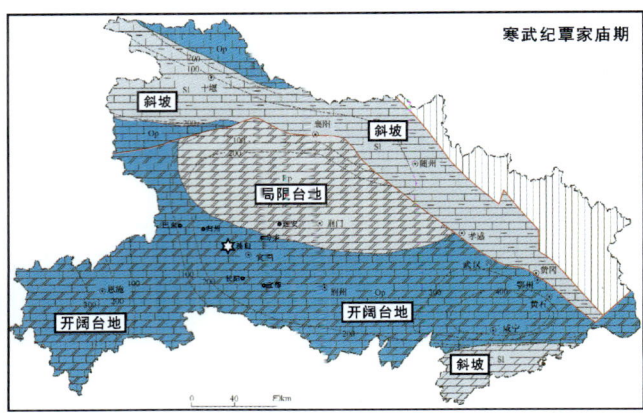

注：据《中国区域地质志·湖北志》(2021)。

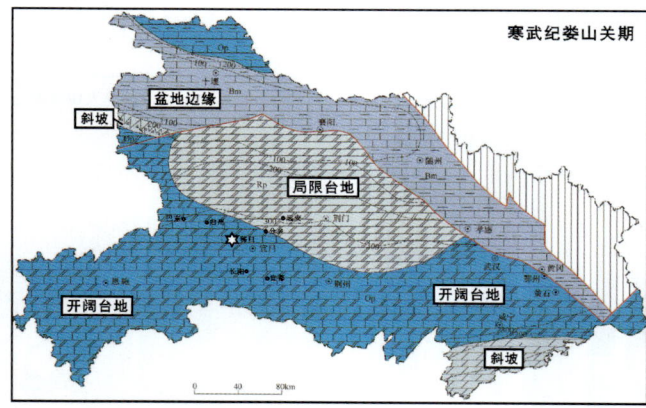
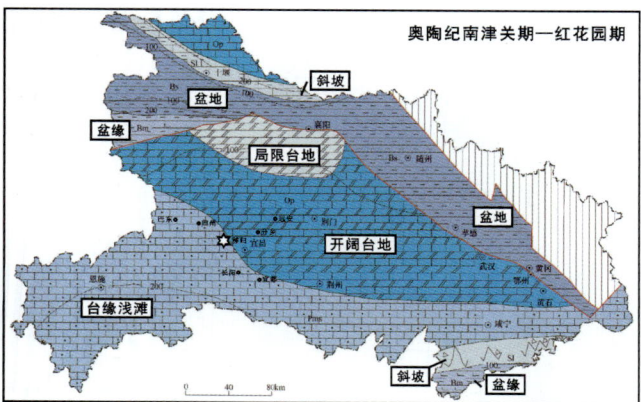
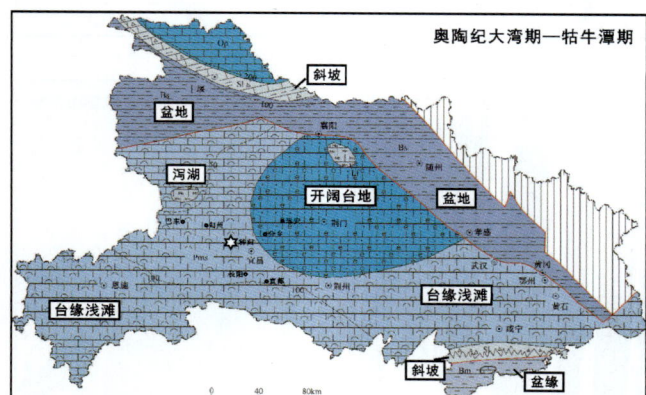
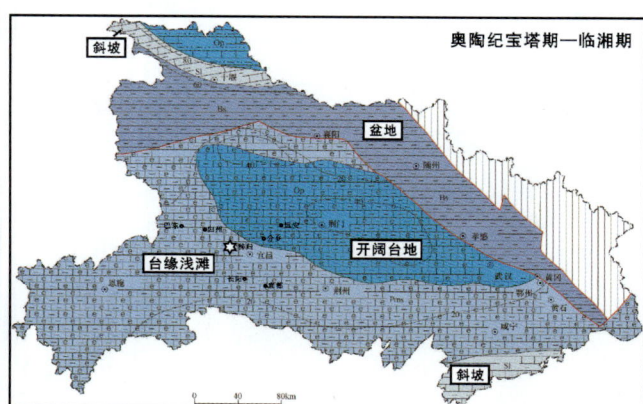
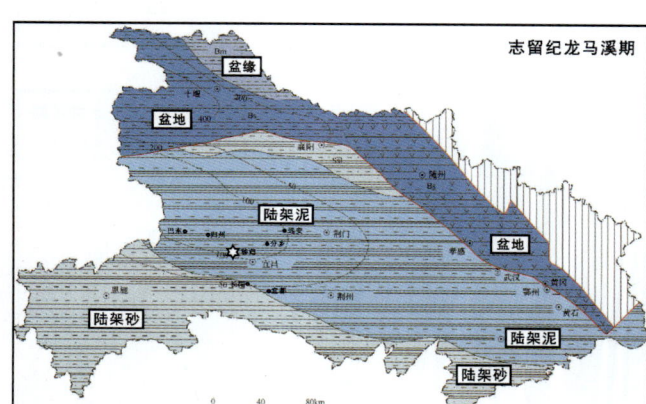
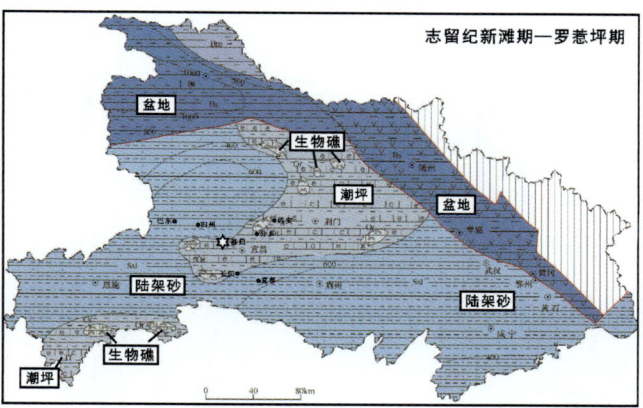
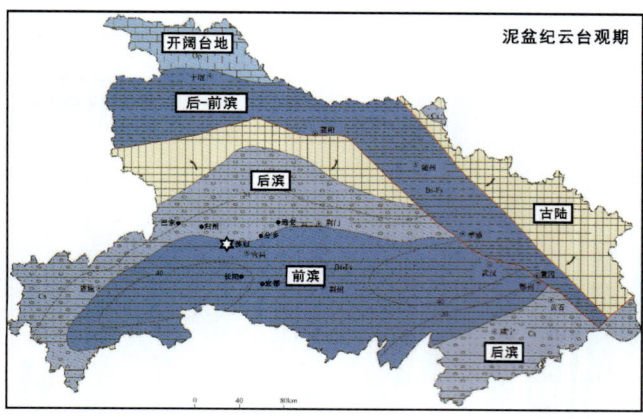
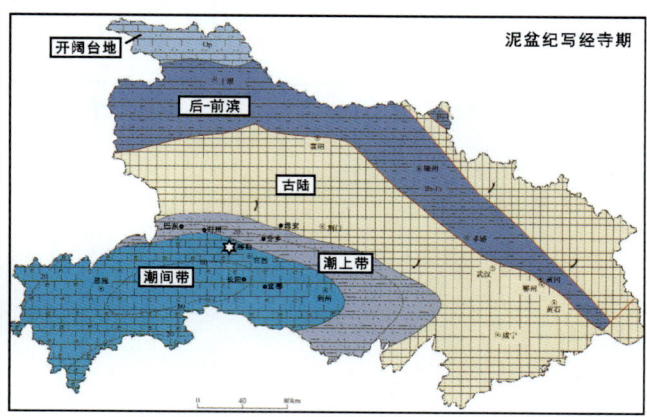

注：据《中国区域地质志·湖北志》(2021)。

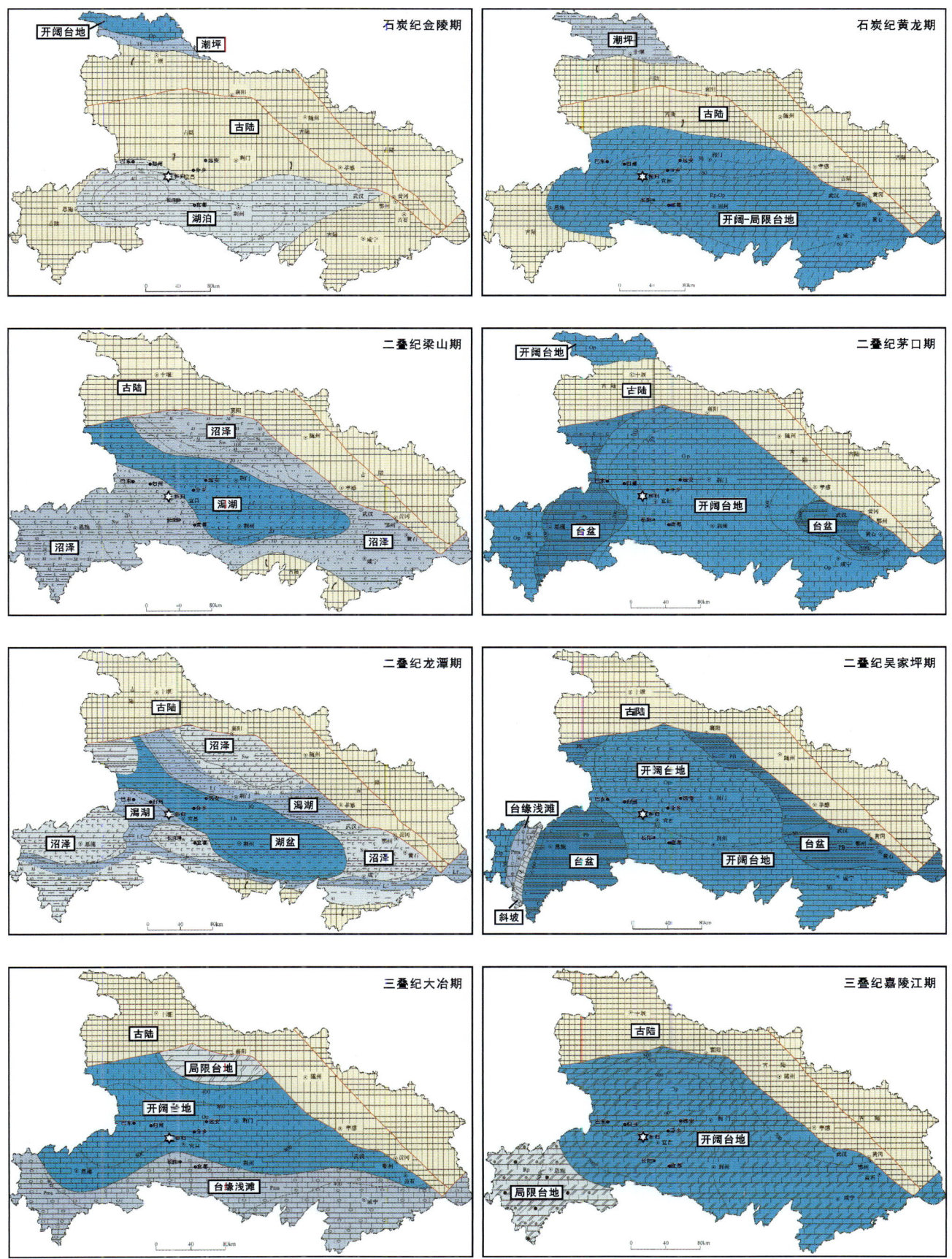

注：据《中国区域地质志·湖北志》（2021）。

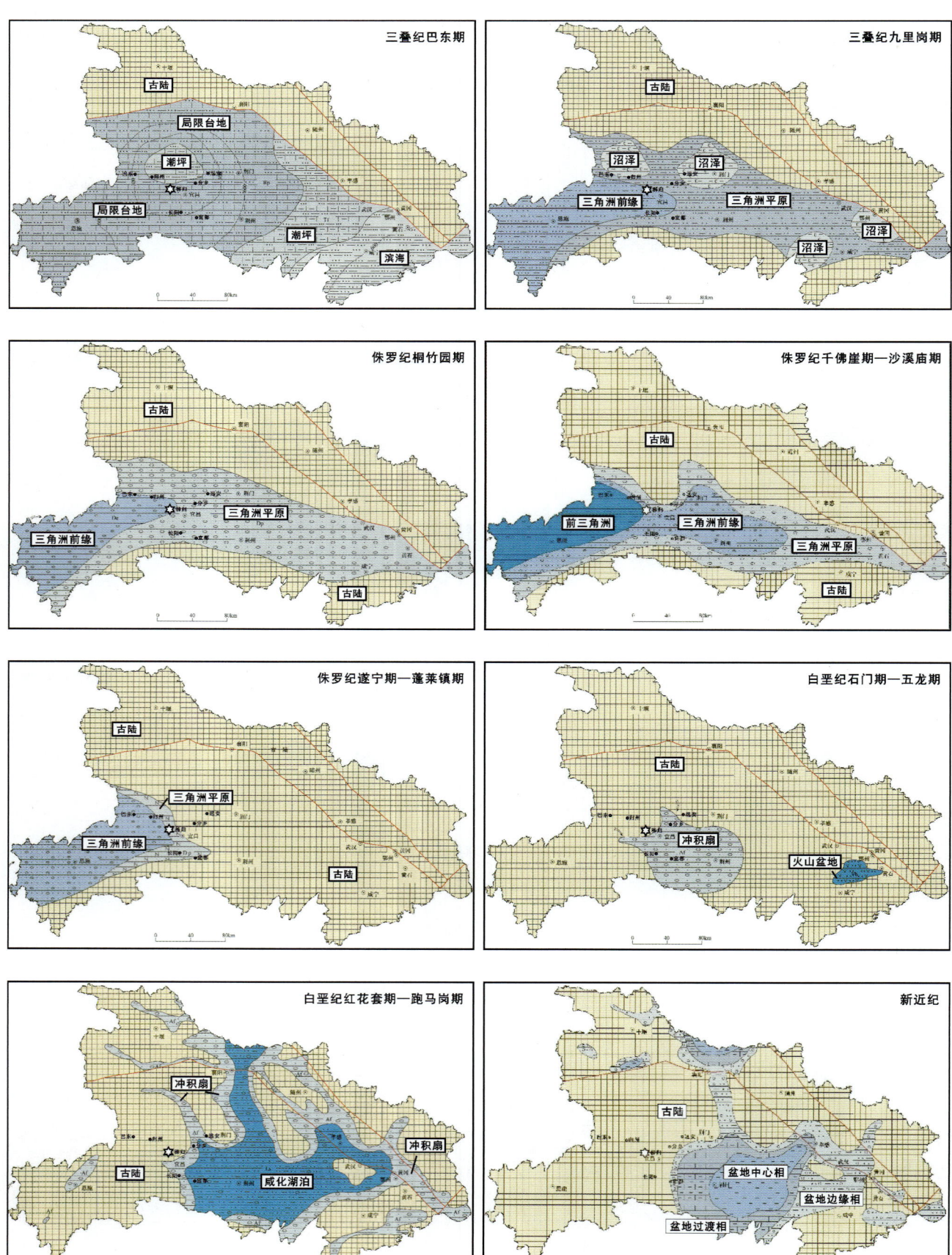

注：据《中国区域地质志·湖北志》(2021)。

F07 地质图幅统一图例

岩石地层单元代号与颜色

系	统	组	代号
第四系	全新统 更新统		Q
新近系	上新统 中新统	掇刀石组	$N_{1-2}d$
古近系	始新统	牌楼口组	E_2p
		洋溪组	E_2y
	古新统	龚家冲组	E_1g
白垩系	上白垩统	跑马岗组	K_2p
		红花套组	K_2h
		罗镜滩组	K_2l
	下白垩统	五龙组	K_1w
		石门组	K_1s
侏罗系	上侏罗统	蓬莱镇组	J_3p
		遂宁组	J_3s
	中侏罗统	沙溪庙组	J_2s
		千佛崖组	J_2q
	下侏罗统	桐竹园组	J_1t
三叠系	上三叠统	王龙滩组	T_3w
		九里岗组	T_3j
	中三叠统	巴东组	T_2b
	下三叠统	嘉陵江组	T_1j
		大冶组	T_1d
二叠系	上二叠统	吴家坪组	P_3w
		龙潭组	P_3l
	中二叠统	茅口组	P_2m
	下二叠统	栖霞组	P_1q
		梁山组	P_1l
石炭系	上石炭统	黄龙组	C_2h
		大埔组	C_2d
泥盆系	上泥盆统	写经寺组	D_3x
		黄家磴组	D_3h
	中泥盆统	云台观组	D_2y
志留系	下志留统(兰多维列统)	纱帽组	S_1s
		罗惹坪组	S_1lr
		新滩组	S_1x
		龙马溪组	O_3S_1l
奥陶系	上奥陶统	五峰组	O_3w
		临湘组	O_3l
		宝塔组	O_3b
		庙坡组	O_3m
	中奥陶统	牯牛潭组	O_2g
		大湾组	$O_{1-2}d$
	下奥陶统	红花园组	O_1h
		分乡组	O_1f
		南津关组	O_1n
寒武系	顶寒武统(芙蓉统)	娄山关组	ϵ_4O_1l
	上寒武统(苗岭统)	覃家庙组	ϵ_3q
		石龙洞组	ϵ_2sl
	中寒武统(第二统)	天河板组	ϵ_2t
		石牌组	ϵ_2sp
		水井沱组	ϵ_2s
	下寒武统(纽芬兰统)	岩家河组	$Ed_2\epsilon_1y$
埃迪卡拉系	上埃迪卡拉	灯影组	Ed_2dy
	下埃迪卡拉	陡山沱组	Ed_1d
成冰系	上成冰统	南沱组	Cr_3n
	中成冰统	大塘坡组	Cr_2d
	下成冰统	古城组	Cr_1g
拉伸系		莲沱组	Tol
狭带系 延展系		神农架群	Pt_2Sn
造山系		庙湾组	Pt_1m
层侵系 成铁系		小以村岩群	Pt_1x
		黄凉河岩群	Pt_1h
中太古界 古太古界		古村坪岩组	$Ar_{2-3}g$
		野马洞岩组	$Ar_{2-3}y$

侵入岩序列代号与颜色

超单元	单元	代号
晓峰超单元	七里峡岩墙群	$Pt_3Q\delta\mu$-$\gamma\pi$
大老岭超单元	马滑沟单元	$Pt_3Mh\eta\gamma$
	田家坪单元	$Pt_3Tj\eta\gamma\beta$
	鼓浆单元	$Pt_3G\eta\gamma$
	凤凰坪单元	$Pt_3F\eta\delta$
黄陵超单元庙	龙潭坪单元	$Pt_3Lty\beta$
	金龙沟单元	$Pt_3Jl\delta$
	总溪仿单元	$Pt_3Zx\eta\gamma$
	内口单元	$Pt_3N\pi\gamma\delta$
	茅坪沱单元	$Pt_3M\pi\gamma\delta$
	鹰子咀单元	$Pt_3Yz\gamma\delta$
	路溪坪单元	$Pt_3L\gamma o$
茅坪超单元	金盘寺单元	$Pt_3J\gamma o\beta$
	三斗坪单元	$Pt_3S\gamma o\beta$
	太平溪单元	$Pt_3T\delta o$
	中坝单元	$Pt_3Zb\delta o\psi$
梅子厂超单元	肚脐湾单元	$Pt_3D\delta\psi$
端坊溪超单元	寨包单元	$\supset t_3Z\delta\beta$
	垭子口单元	$Pt_3\gamma\delta\psi$
梅子厂超单元	肖家嘴单元	Pt_2Xv
	大坪单元	$Pt_3D\Sigma$
圈椅埫超单元	龚家湾单元	$Pt_3\gamma\gamma\xi$
	下阳坡单元	$Pt_{1-2}\eta\gamma\beta$
黄陵超单元	北部东冲河单元 南部太平溪单元	$Ar_{2-3}MLTTG$

岩脉岩性与代号

代号	岩脉岩性
γ	酸性岩脉
γ	花岗岩脉
$\gamma\tau$	花岗细晶岩脉
$\gamma\rho$	花岗伟晶岩脉
$\eta\gamma$	二长花岗岩脉
γo	斜长花岗岩脉
$\gamma o\beta$	黑云斜长花岗岩脉
$\gamma\beta$	黑云母花岗岩脉
$\gamma\pi$	花岗斑岩脉
η	二长岩脉
ηo	石英二长岩脉
ξ	正长岩脉
	中性岩脉
	闪长岩脉
$\gamma\delta$	花闪闪长岩脉
δo	石英闪长岩脉
$\delta\beta$	黑云母闪长岩脉
$\delta\psi$	角闪闪长岩脉
$\delta\mu$	闪长玢岩脉
	基性岩脉
N	基性岩脉(未分)
v	辉长岩脉
$\beta\mu$	辉绿岩/辉绿玢岩脉
q	石英岩脉
x	煌斑岩脉

岩层界线类型符号

- 实测整合岩层界线
- 推测整合岩层界线
- 实测角度不整合界线
- 实测平行不整合界线
- 相变界线
- 侵入岩超动界线
- 侵入岩脉动界线
- 侵入岩涌动界线

断层类型符号

- 性质不明断层
- 推测断层
- 正断层
- 逆断层
- 逆冲推覆断层
- 走滑断层
- 走滑伸展断层
- 走滑挤压断层
- 断层破碎带

产状类型符号

10°	层理产状
10°	倒转产状
	片理产状
10°	片麻理产状
	叶理产状
10°	线理倾伏向

矿产类型与规模代号

Ag-V	矿层及代号			
矿种	中型	小型	矿点	矿化
磁铁矿				●
铬铁矿			●	
镍钼矿			●	
铜钼矿			●	
铅矿			●	
铅锌矿			●	●
铜矿			●	●
铜金矿			●	
银钒矿			●	
金矿	●	●	●	
铌钽矿				●
橄榄石	▼			
蛇纹石	▼			
重晶石			▲	
黄铁矿	▲	▲		▲
石煤			■	

后 记

秭归（歌词）

让我难以忘怀的，不止链子崖陡
让我流连忘返的，不止三峡的秀
风景像海市蜃楼，映入我的眼眸
让我深深眷恋的，是地层的温柔

每天总有崎岖路，长江仍静静地流
爬遍起伏的山丘，野簿写满春秋
在这个黄陵的背斜里，满是地质记忆
秭归，最难忘的，还有你

和我在秭归的露头走一走
Wu oh Wu oh
直到所有地层都看透了，还想停留
你会跟在我的身后，我会牵着你的左手
走到大门垭的山口，眺望水与天的尽头

每天总在岸上走，长江仍静静地流
爬遍起伏的山丘，野簿写满春秋
在这个黄陵的背斜里，满是地质记忆
秭归，最难忘的，还有你

和我在秭归的露头走一走
Wu oh Wu oh
直到所有地层都看透了，还想停留
你会跟在我的身后，我会牵着你的左手
走到大门垭的山口，眺望水与天的尽头

和我在秭归的露头走一走
Wu oh Wu oh
直到所有地层都看透了，还想停留
和我在秭归的露头走一走
Wu oh Wu oh
直到所有地层都看透了，还想停留
你会跟在我的身后，我会牵着你的左手
走到大门垭的山口，眺望水与天的尽头

（童声）和我在秭归的露头走一走
Wu oh Wu oh
直到所有地层都看透了，还想停留
（据赵雷歌曲《成都》填词）